普通高等教育"十一五"规划教材辅助教材

《天线与电波传播(第二版)》
学习指导——题解与 CAD

宋　铮　张建华
黄　冶　武拥军　编著

西安电子科技大学出版社

内 容 简 介

本书围绕教材《天线与电波传播(第二版)》习题解答以及计算机辅助设计(CAD)两大部分(两篇)展开。全书共 3 章，各章内容分别为：习题与解答、简单天线的典型计算程序举例、线天线的矩量法计算。

本书力求实用，除了常规的教材题解之外，还充分展现了 MATLAB 在天线研究领域的有效应用。本书配套的大量典型天线的计算机辅助设计程序，将对读者有非常好的参考作用。

本书的适用对象为电子工程、通信工程专业的大学本科生以及研究生。此书还可供从事天线研究的科研人员和工程技术人员参考。

图书在版编目(CIP)数据

《天线与电波传播(第二版)学习指导》：题解与 CAD/宋铮等编著.
—西安：西安电子科技大学出版社，2011.3(2013.7 重印)
普通高等教育"十一五"规划教材. 辅助教材
ISBN 978 - 7 - 5606 - 2512 - 6

Ⅰ. ①天… Ⅱ. ①宋… Ⅲ. ①天线-高等学校-教学参考资料
②电波传播-高等学校-教学参考资料 Ⅳ. ① TN82 ② TN011

中国版本图书馆 CIP 数据核字(2010)第 231731 号

策　　划　马乐惠
责任编辑　夏大平　马乐惠
出版发行　西安电子科技大学出版社(西安市太白南路 2 号)
电　　话　(029)88242885　88201467　　　邮　编　710071
网　　址　www.xduph.com　　　　　　　电子邮箱　xdupfxb001@163.com
经　　销　新华书店
印刷单位　陕西天意印务有限责任公司
版　　次　2011 年 3 月第 1 版　2013 年 7 月第 2 次印刷
开　　本　787 毫米×1092 毫米　1/16　印张 13.875
字　　数　329 千字
印　　数　3001～6000 册
定　　价　24.00 元

ISBN 978 - 7 - 5606 - 2512 - 6/TN・0583

XDUP 2804001 - 2

前　言

　　1886 年，德国物理学家赫兹教授以终端加载的偶极子作为发射天线，以谐振方环作为接收天线，证实了电磁波的存在。1901 年，意大利籍物理学家马可尼，通过庞大的竖直天线系统完成了历史上第一次跨越大西洋的无线电发射实验。历史变革，科技发展，如今作为无线电系统的最前端器件，不同波段、不同用途、不同特性的天线纷繁复杂，无线电通信对天线的需求以及期望也增长到史无前例的程度。

　　天线的分析实际上就是复杂边值条件下的电磁场的求解，随着天线的形式越来越奇特，求解的过程也越来越困难，对其特性的理解以及优化设计也越来越不易。幸好，借助于计算机而展现出强大计算功能的 MATLAB 软件适时地诞生了，它给天线设计人员带来了巨大的帮助。借助于 MATLAB，可以以图表的形式直观地展现天线的基本特性，更可以将天线的数值计算方便地变为现实。理解天线的基本原理，建立天线的基本概念，熟练应用计算软件，对于一个即将从事天线研究的人员而言，是非常重要的。为此，我们编写了本书。鉴于众多高校电子工程、通信工程等专业开设"天线与电波传播"课程，因此，辅助本科生更好地理解该课程的教学内容，帮助天线技术人员尽快地进入天线的数值分析领域，是出版本书的两个目的。

　　现代科技的发展引领天线技术走向多姿多彩的时代，有许多科研人员为此付出了很多努力，希望本书能为此做出一点贡献。

　　本书围绕教材习题解答以及计算机辅助设计(CAD)两大部分(两篇)展开。全书共 2 篇 3 章。各章内容分别为：习题与解答、简单天线的典型计算程序举例、线天线的矩量法计算。第一篇仅 1 章，即第 1 章。第 1 章的习题全部来源于教材《天线与电波传播》(第二版)(宋铮、张建华、黄冶编著，西安电子科技大学出版社，2011 年出版)，题目的解答尽量做到详尽。第二篇共 2 章，其中，第 2 章简单天线的典型计算程序举例，是为本科学生提供的入门级教程，旨在帮助初学者顺利步入 MATLAB 计算机辅助天线分析与设计领域的大门；第 3 章线天线的矩量法计算，是进阶教程，旨在帮助天线研究人员方便、快速地掌握基于矩量法的天线数值分析技术。

　　读者在阅读此书时请注意以下几点：

　　1. 第 1 章为本书配套教材中的全部习题及其解答，但序号与教材各章序号编排不同，这点已在本书第 1 章各节首给予说明(即给出两书习题序号的对应关系)。

　　2. 第 3 章中，考虑到与原程序一致，电压一般用 V 表示，与教材及本书第 1 章有所不同。

　　3. 为了节省篇幅，各章在阐述有些问题时借用了教材中的图、式、表，并且未在本书中将此重现。

4. 在本书中的 E 面归一化方向图及其它方向图中，为了与程序描绘的一致，省去了角度符号度(°)，并在本书第一次出现时给予了详细说明。这一点与教材不同。

本书力求实用，重视细节，配套的程序以及注释都将为读者提供非常好的参考作用。

本书的适用对象为电子工程、通信工程专业的本科生以及相关专业的研究生，也可供从事天线研究的科研人员和工程技术人员参考。

本书由宋铮、张建华、黄冶、武拥军合作编著，其中，黄冶、武拥军提供习题解答及计算机辅助设计程序，宋铮、张建华负责全书的统编工作。

作者对西安电子科技大学出版社的大力支持表示感谢。本书在编著的过程中引用了大量的参考文献，这些文献均在书末一一列出，在此也对被参考和引用的文献作者表示诚挚的谢意。廖飞龙研究生也提供了部分程序，对此也深表谢意。

由于作者水平有限，书中难免存在一些缺点和疏漏，敬请广大读者批评指正。

作　者

2010 年 8 月于合肥

目 录

第一篇 习 题 解 答

第二篇 计算机辅助设计(CAD)

第 一 篇

习 题 解 答

第 1 章 习 题 与 解 答

天线与电波传播这门课程涉及到较多的基本理论以及基本概念,必须辅助以适当的习题训练,方能够对理论知识有较深刻的理解。本章所有的习题均来自于教材《天线与电波传播(第二版)》(宋铮、张建华、黄冶编著,西安电子科技大学出版社 2011 年出版。后面文中提及其均简称教材)。

1.1 天线基础知识

本节内容与教材第 1 章习题一相对应。

1-1-1 电基本振子如图放置在 z 轴上(见题 1-1-1 图),请解答下列问题:

(1) 指出辐射场的传播方向、电场方向和磁场方向;

(2) 辐射的是什么极化的波?

(3) 指出过 M 点的等相位面的形状。

(4) 若已知 M 点的电场 E,试求该点的磁场 H。

(5) 辐射场的大小与哪些因素有关?

(6) 指出最大辐射的方向和最小辐射的方向。

(7) 指出 E 面和 H 面,并概画方向图。

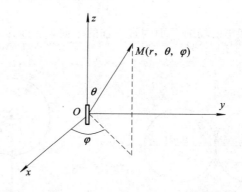

题 1-1-1 图

解 当电基本振子放置于 z 轴上时,其空间坐标如题 1-1-1 解图(一)所示。

(1) 以电基本振子产生的远区辐射场为例,其辐射场的传播方向为径向 e_r,电场方向为 e_θ,磁场方向为 e_φ,如题 1-1-1 解图(一)所示。

(2) 电基本振子辐射的是线极化波。

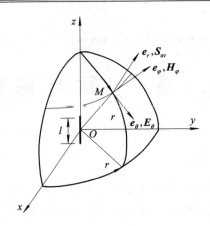

题 1-1-1 解图(一)

（3）由于过 M 点的等相位面是一个球面，所以电基本振子的远区辐射场是球面波；又因为 E_θ，H_φ 与 $\sin\theta$ 成正比，所以该球面波又是非均匀的。

（4）M 点的电场与磁场之间有如下关系：

$$\boldsymbol{H} = \frac{E_\theta}{\eta}\boldsymbol{e}_\varphi = \frac{E_\theta}{120\pi}\boldsymbol{e}_\varphi$$

（5）从电基本振子的远区辐射场表达式

$$\begin{cases} H_\varphi = \mathrm{j}\,\dfrac{Il}{2\lambda r}\,\sin\theta\mathrm{e}^{-\mathrm{j}kr} \\[2mm] E_\theta = \mathrm{j}\,\dfrac{60\pi Il}{\lambda r}\,\sin\theta\mathrm{e}^{-\mathrm{j}kr} \\[2mm] H_r = H_\theta = E_r = E_\varphi = 0 \end{cases}$$

可见，E_θ、H_φ 与电流 I、空间距离 r、电长度 l/λ 以及子午角 θ 有关。

（6）从电基本振子辐射场的表达式可知，当 $\theta=0°$ 或 $180°$ 时，电场有最小值 0；$\theta=90°$ 时，电场有最大值。因此，电基本振子在 $\theta=0°$ 或 $180°$ 方向的辐射最小，为 0，在 $\theta=90°$ 方向的辐射最大。

（7）电基本振子远区辐射场的 E 面为过 z 轴的平面，H 面为 xOy 平面，其方向图如题 1-1-1 解图(二)所示。

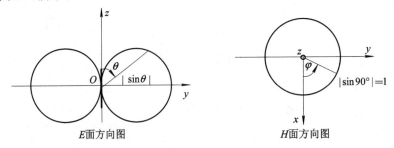

E面方向图　　　　　　　H面方向图

题 1-1-1 解图(二)

1-1-2　一电基本振子的辐射功率为 25 W，试求 $r=20$ km 处，$\theta=0°$，$60°$，$90°$ 的场强，θ 为射线与振子轴之间的夹角。

解　电基本振子向自由空间辐射的总功率为

$$P_r = \oiint_S \boldsymbol{S}_{\mathrm{av}} \cdot \mathrm{d}\boldsymbol{s} = 40\pi^2 I^2 \left(\frac{l}{\lambda}\right)^2 \quad \mathrm{W}$$

则

$$\left(\frac{Il}{\lambda}\right)^2 = \frac{P_r}{40\pi^2}$$

因此

$$\frac{\pi Il}{\lambda} = \left(\frac{P_r}{40}\right)^{\frac{1}{2}} = \frac{\sqrt{10}}{4}$$

再由

$$E_\theta = \mathrm{j}\,\frac{60\pi Il}{\lambda r}\,\sin\theta\;\mathrm{e}^{-jkr}$$

可得

$$|\,E_\theta\,| = \frac{60\pi Il}{\lambda r}\,|\,\sin\theta\,|$$

而且

$$H_\varphi = \frac{E_\theta}{\eta} = \frac{E_\theta}{120\pi}$$

所以，当 $\theta = 0°$ 时，在 $r = 20 \times 10^3$ m 处，$|\,E_\theta\,| = 0$，$|\,H_\varphi\,| = 0$。

当 $\theta = 60°$ 时，在 $r = 20 \times 10^3$ m 处，有

$$|\,E_\theta\,| = \frac{60\pi Il}{\lambda r}\,\sin 60° = \frac{3\sqrt{30}}{8 \times 10^3} = 2.1 \times 10^{-3}\ \mathrm{V/m}$$

$$|\,H_\varphi\,| = \frac{E_\theta}{120\pi} = \frac{\sqrt{30}}{3.2 \times 10^5 \pi} = 5.45 \times 10^{-6}\ \mathrm{A/m}$$

当 $\theta = 90°$ 时，在 $r = 20 \times 10^3$ m 处，有

$$|\,E_\theta\,| = \frac{60\pi Il}{\lambda r}\,\sin 90° = \frac{3\sqrt{10}}{4 \times 10^3} = 2.4 \times 10^{-3}\ \mathrm{V/m}$$

$$|\,H_\varphi\,| = \frac{E_\theta}{120\pi} = \frac{\sqrt{10}}{1.6 \times 10^5 \pi} = 6.29 \times 10^{-6}\ \mathrm{A/m}$$

1-1-3 一基本振子密封在塑料盒中作为发射天线，用另一电基本振子接收，按天线极化匹配的要求，它仅在与之极化匹配时感应产生的电动势为最大，你怎样鉴别密封盒内装的是电基本振子还是磁基本振子？

解 根据极化匹配的原理及电基本振子与磁基本振子的方向性和极化特点来确定。

(1) 将接收的电基本振子垂直放置；

(2) 任意转动密封的盒子，使接收信号最大；

(3) 水平转动盒子（即绕垂直地面的轴线转动盒子），若接收信号不发生变化，则盒内装的是电基本振子；若接收信号由大变小，则盒内装的是磁基本振子。

1-1-4 一小圆环与一电基本振子共同构成一组合天线，环面和振子轴置于同一平面内，两天线的中心重合。试求此组合天线 E 面和 H 面的方向图。设两天线在各自的最大辐射方向上远区同距离点产生的场强相等。

解　设电基本振子上的电流为 I_e，小圆环上的电流为 I_m，它们构成的组合天线及其空间坐标如题 1-1-4 解图（一）（a）所示。由于小圆环的辐射可以等效为一个磁基本振子 I_m，所以组合天线可以等效为两个相互正交放置的基本振子，如题 1-1-4 解图（一）（b）所示。

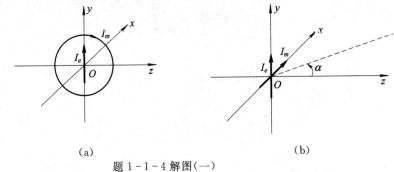

（a）　　　　　　　　　　　　　　　　（b）

题 1-1-4 解图（一）

先求解 E 面方向图。根据题 1-1-4 解图（一）（b）所示的等效结构，E 面应该是包含电基本振子，并与磁基本振子相垂直的平面，即 yOz 平面。在远区的某点 P 上，电基本振子产生的辐射场为

$$E_e = \mathrm{j} \frac{60\pi I_e l_e}{\lambda r} \sin\theta \mathrm{e}^{-\mathrm{j}kr} e_\theta$$

磁基本振子产生的辐射场为

$$E_m = -\mathrm{j} \frac{I_m l_m}{2\lambda r} \sin 90° \, \mathrm{e}^{-\mathrm{j}kr} e_a = -\mathrm{j} \frac{I_m l_m}{2\lambda r} \mathrm{e}^{-\mathrm{j}kr} e_a$$

由于两个天线在各自的最大辐射方向上远区同距离点产生的场强相等，则有

$$\frac{60\pi I_e l_e}{\lambda r} = \frac{I_m l_m}{2\lambda r}$$

考虑到 $e_\theta = -e_a$，如题 1-1-4 解图（二）（a）所示。所以，远区场点 P 的合成电场为

$$E_E = \mathrm{j} \frac{60\pi I_e l_e}{\lambda r} (1 + \sin\theta) \mathrm{e}^{-\mathrm{j}kr} e_\theta$$

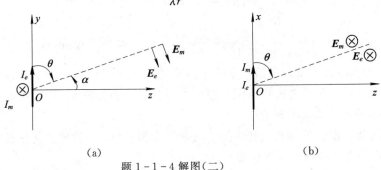

（a）　　　　　　　　　　　　　　　　（b）

题 1-1-4 解图（二）

再求 H 面方向图。根据定义，H 面应该是包含磁基本振子，并与电基本振子相垂直的平面，即 xOz 平面。在远区的某点 P 上，电基本振子产生的辐射场为

$$E_e = \mathrm{j} \frac{60\pi I_e l_e}{\lambda r} \sin 90° \, \mathrm{e}^{-\mathrm{j}kr} e_\varphi = \mathrm{j} \frac{60\pi I_e l_e}{\lambda r} \mathrm{e}^{-\mathrm{j}kr} e_\varphi$$

磁基本振子产生的辐射场为

$$E_m = \mathrm{j} \frac{I_m l_m}{2\lambda r} \sin\theta \mathrm{e}^{-\mathrm{j}kr} e_\varphi$$

同样，由题设条件可得

$$\frac{60\pi I_e l_e}{\lambda r} = \frac{I_m l_m}{2\lambda r}$$

所以，远区场点 P 的合成场为

$$\boldsymbol{E}_H = j\frac{60\pi I_e l_e}{\lambda r}(1+\sin\theta)\mathrm{e}^{-\mathrm{j}kr}\boldsymbol{e}_\varphi$$

由此可以求得 E 面和 H 面的归一化方向函数均为

$$F_E(\theta) = F_H(\theta) = \frac{1}{2}\,|\,1+\sin\theta\,|$$

组合天线 E 面和 H 面的归一化方向图见题 1-1-4 解图(三)所示。

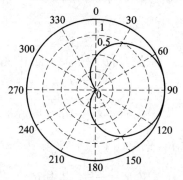

题 1-1-4 解图(三)

注意：图中外圆弧边依逆时针序的 0，30，60，…，300，330 数的单位均为度(°)，均略写度(°)，以下图同。

1-1-5 计算基本振子 E 面方向图的半功率点波瓣宽度 $2\theta_{0.5E}$ 和零功率点波瓣宽度 $2\theta_{0E}$。

解 (1) 电基本振子的归一化方向函数为

$$F(\theta,\varphi) = |\,\sin\theta\,|$$

由于零功率点波瓣宽度 $2\theta_{0E}$ 是指主瓣最大值两边两个零辐射方向之间的夹角，由此可知

$$F(\theta,\varphi) = |\,\sin\theta\,| = 0$$

所以

$$\theta = 0° \text{ 或 } 180°$$

取 $\theta=0°$，则

$$2\theta_{0E} = 180° - 2\theta = 180°$$

而半功率点波瓣宽度 $2\theta_{0.5E}$ 是指主瓣最大值两边场强等于最大值的 0.707 倍的两个辐射方向之间的夹角。由此可知

$$F(\theta,\varphi) = |\,\sin\theta\,| = 0.707$$

所以

$$\theta = 45°, 135°, 225°, 315°$$

取 $\theta=45°$，则

$$2\theta_{0E} = 180° - 2\times 45° = 90°$$

(2) 磁基本振子的 E 面图为电基本振子的 H 面图，磁基本振子的 H 面图为电基本振子的 E 面图。所以，其 $2\theta_{0H}$ 和 $2\theta_{0.5H}$ 的计算过程与电基本振子的类似，$2\theta_{0H}=180°$，$2\theta_{0.5H}=90°$。

1-1-6 试利用

$$D=\frac{4\pi}{\int_0^{2\pi}\int_0^{\pi}F^2(\theta,\varphi)\sin\theta\,\mathrm{d}\theta\,\mathrm{d}\varphi}$$

的公式计算基本振子的方向系数。

解 对于电基本振子，其归一化方向函数为

$$F(\theta,\varphi)=|\sin\theta|$$

则其方向系数为

$$D=\frac{4\pi}{\int_0^{2\pi}\int_0^{\pi}F^2(\theta,\varphi)\sin\theta\,\mathrm{d}\theta\,\mathrm{d}\varphi}=\frac{4\pi}{\int_0^{2\pi}\int_0^{\pi}\sin^3\theta\,\mathrm{d}\theta\,\mathrm{d}\varphi}$$

$$=\frac{4\pi}{2\pi\int_0^{\pi}\sin^3\theta\,\mathrm{d}\theta}=\frac{2}{-\int_0^{\pi}\sin^2\theta\,\mathrm{d}\cos\theta}=\frac{3}{2}$$

1-1-7 试计算长度为 $1\,\mathrm{m}$，铜导线半径 $a=3\times10^{-3}\,\mathrm{m}$ 的电基本振子工作于 $10\,\mathrm{MHz}$ 时的天线效率。(提示：导体损耗电阻 $R_e=\dfrac{lR_s}{2\pi a}$，其中 $R_s=\sqrt{\dfrac{\omega\mu}{2\sigma}}$ 为导体表面电阻，a 为导线半径，l 为导线长度。对于铜导线 $\mu=\mu_0=4\pi\times10^{-7}\,\mathrm{H/m}$，$\sigma=5.7\times10^7\,\mathrm{S/m}$。)

解 天线效率为

$$\eta_A=\frac{P_r}{P_r+P_l}=\frac{R_r}{R_r+R_l}$$

因此要分别求出辐射电阻 R_r 和损耗电阻 R_l。

因为 $f=10\,\mathrm{MHz}$，所以 $\lambda=\dfrac{c}{f}=\dfrac{3\times10^8}{10\times10^6}=30\,\mathrm{m}$，且 $a=3\times10^{-3}\,\mathrm{m}$，$l=1\,\mathrm{m}$，则电基本振子的辐射电阻 R_r 为

$$R_r=80\pi^2\left(\frac{l}{\lambda}\right)^2=80\pi^2\left(\frac{1}{30}\right)^2=0.876\,\Omega$$

损耗电阻 R_l 为

$$R_l=\frac{lR_s}{2\pi a}=\frac{l}{2\pi a}\sqrt{\frac{\omega\mu}{2\sigma}}$$

$$=\frac{1}{2\pi\times3\times10^{-3}}\sqrt{\frac{2\pi\times10\times10^6\times4\pi\times10^{-7}}{2\times5.7\times10^7}}$$

$$=0.044\,15\,\Omega$$

则天线效率为

$$\eta_A=\frac{R_r}{R_r+R_l}=95.2\%$$

1-1-8 某天线在 yOz 面的方向图如题 $1-1-8$ 图所示，已知 $2\theta_{0.5}=78°$，求点 $M_1(r_0,51°,90°)$ 与点 $M_2(2r_0,90°,90°)$ 的辐射场的比值。

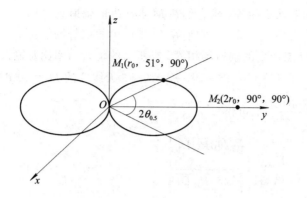

题 1-1-8 图

解 本题考察对半功率点波瓣宽度 $2\theta_{0.5}$ 的理解。

因为 $2\theta_{0.5}=78°$，所以 $\theta_{0.5}=39°$；从图上可以看出 $M_1(r_0, 51°, 90°)$ 点是半功率点，其场强大小为

$$E_1 = \frac{\sqrt{2}}{2} E_2'$$

其中，E_2' 为 $M_2'(r_0, 90°, 90°)$ 的场强。

由于场强与空间距离 r 成反比，则 $M_2(2r_0, 90°, 90°)$ 的场强是 $M_2'(r_0, 90°, 90°)$ 点场强的 $1/2$，即

$$E_2 = \frac{E_2'}{2}$$

故有

$$\frac{E_1}{E_2} = \frac{\dfrac{\sqrt{2}}{2}E_2'}{\dfrac{1}{2}E_2'} = \sqrt{2}$$

1-1-9 已知某天线的归一化方向函数为

$$F(\theta) = \begin{cases} \cos^2\theta & |\theta| \leqslant \dfrac{\pi}{2} \\ 0 & |\theta| > \dfrac{\pi}{2} \end{cases}$$

试求其方向系数 D。

解 将归一化方向函数 $F(\theta)$ 代入方向系数 D 的表达式中，则有

$$D = \frac{4\pi}{\displaystyle\int_0^{2\pi}\int_0^{\pi} F^2(\theta,\varphi)\sin\theta\,\mathrm{d}\theta\,\mathrm{d}\varphi} = \frac{4\pi}{2\pi\displaystyle\int_0^{\pi} F^2(\theta)\sin\theta\,\mathrm{d}\theta}$$

$$= \frac{2}{\displaystyle\int_0^{\pi/2}\cos^4\theta\,\sin\theta\,\mathrm{d}\theta} = \frac{2}{-\displaystyle\int_0^{\pi/2}\cos^4\theta\,\mathrm{d}\cos\theta} = 10$$

1-1-10 一天线的方向系数 $D_1=10$ dB，天线效率 $\eta_{A1}=0.5$。另一天线的方向系数 $D_2=10$ dB，天线效率 $\eta_{A2}=0.8$。若将两副天线先后置于同一位置且主瓣最大方向指向同一点 M。

(1) 若二者的辐射功率相等，求它们在 M 点产生的辐射场之比。

(2) 若二者的输入功率相等，求它们在 M 处产生的辐射场之比。

(3) 若二者在 M 点产生的辐射场相等，求所需的辐射功率比及输入功率比。

解 已知天线 1 的 $D_1 = 10$ dB $= 10$，$\eta_{A1} = 0.5$；天线 2 的 $D_2 = 10$ dB $= 10$，$\eta_{A2} = 0.8$。

(1) 由 $E_{max} = \dfrac{\sqrt{60 P_r D}}{r}$，可得

$$\frac{E_{max1}}{E_{max2}} = \left.\frac{\dfrac{\sqrt{60 P_{r1} D_1}}{r_1}}{\dfrac{\sqrt{60 P_{r2} D_2}}{r_2}}\right|_{P_{r1}=P_{r2},\, r_1=r_2} = \frac{\sqrt{D_1}}{\sqrt{D_2}} = 1$$

(2) 由 $E_{max} = \dfrac{\sqrt{60 P_r D}}{r} = \dfrac{\sqrt{60 P_{in} \eta_A D}}{r}$，可得

$$\frac{E_{max1}}{E_{max2}} = \left.\frac{\dfrac{\sqrt{60 P_{in1} \eta_{A1} D_1}}{r_1}}{\dfrac{\sqrt{60 P_{in2} \eta_{A2} D_2}}{r_2}}\right|_{P_{in1}=P_{in2},\, r_1=r_2} = \frac{\sqrt{\eta_{A1} D_1}}{\sqrt{\eta_{A2} D_2}} = \sqrt{\frac{5}{8}}$$

其中，P_{in} 为天线输入功率。

(3) 由 $E_{max} = \dfrac{\sqrt{60 P_r D}}{r} = \dfrac{\sqrt{60 P_{in} \eta_A D}}{r}$，可得

$$\frac{E_{max1}}{E_{max2}} = \left.\frac{\dfrac{\sqrt{60 P_{r1} D_1}}{r_1}}{\dfrac{\sqrt{60 P_{r2} D_2}}{r_2}}\right|_{r_1=r_2} = \frac{\sqrt{P_{r1} D_1}}{\sqrt{P_{r2} D_2}} = 1$$

因此

$$\frac{P_{r1}}{P_{r2}} = \frac{D_2}{D_1} = 1$$

再由 $P_r = P_{in} \eta_A$，可得

$$\frac{P_{in1} \eta_{A1}}{P_{in2} \eta_{A2}} = 1$$

故有

$$\frac{P_{in1}}{P_{in2}} = \frac{\eta_{A2}}{\eta_{A1}} = \frac{8}{5}$$

1-1-11 在通过比较法测量天线增益时，测得标准天线（$G = 10$ dB）的输入功率为 1 W，被测天线的输入功率为 1.4 W。在接收天线处标准天线相对被测天线的场强指示为 1:2，试求被测天线的天线增益。

解 已知标准天线的增益为 $G_1 = 10$ dB $= 10$，输入功率为 $P_{in1} = 1$ W，被测天线的输入功率为 $P_{in2} = 1.4$ W，且已知 $\dfrac{E_{max1}}{E_{max2}} = \dfrac{1}{2}$。

由 $E_{max} = \dfrac{\sqrt{60 P_{in} G}}{r}$，可得

$$\frac{E_{\mathrm{max1}}}{E_{\mathrm{max2}}} = \frac{\dfrac{\sqrt{60P_{\mathrm{in1}}G_1}}{r_1}}{\dfrac{\sqrt{60P_{\mathrm{in2}}G_2}}{r_2}}\Bigg|_{r_1=r_2} = \frac{\sqrt{P_{\mathrm{in1}}G_1}}{\sqrt{P_{\mathrm{in2}}G_2}} = \frac{1}{2}$$

即

$$\frac{P_{\mathrm{in1}}G_1}{P_{\mathrm{in2}}G_2} = \frac{1}{4}$$

而

$$\frac{G_1}{G_2} = \frac{1}{4} \cdot \frac{P_{\mathrm{in2}}}{P_{\mathrm{in1}}} = \frac{1}{4} \cdot \frac{1.4}{1} = \frac{7}{20}$$

因此

$$G_2 = \frac{20}{7}G_1 = 28.57 = 14.56 \text{ dB}$$

所以，被测天线的增益为 28.57（或 14.56 dB）。

1-1-12　已知两副天线的方向函数分别是 $f_1(\theta) = \sin^2\theta + 0.5$，$f_2(\theta) = \cos^2\theta + 0.4$，试计算这两副天线方向图的半功率角 $2\theta_{0.5}$。

解　首先将方向函数归一化，则由 $f_1(\theta) = \sin^2\theta + 0.5$ 和 $f_2(\theta) = \cos^2\theta + 0.4$，可得

$$F_1(\theta) = \frac{f(\theta)}{f_{\mathrm{max}}} = \frac{2}{3}(\sin^2\theta + 0.5)$$

$$F_2(\theta) = \frac{f(\theta)}{f_{\mathrm{max}}} = \frac{5}{7}(\cos^2\theta + 0.4)$$

对于 $F_1(\theta)$，当 $\theta = \dfrac{\pi}{2}$ 时有最大值 1。令

$$F_1(\theta) = \frac{2}{3}(\sin^2\theta + 0.5) = \frac{\sqrt{2}}{2}$$

可得 $\theta = 48.5°$，所以 $2\theta_{0.5} = 180° - 2\times\theta = 83°$。

对于 $F_2(\theta)$，当 $\theta = 0$ 时有最大值 1。令

$$F_2(\theta) = \frac{5}{7}(\cos^2\theta + 0.4) = \frac{\sqrt{2}}{2}$$

可得 $\theta = 39.8°$，所以 $2\theta_{0.5} = 2\theta = 79.6°$。

1-1-13　简述天线接收无线电波的物理过程。

解　接收天线工作的物理过程是，天线导体在空间电场的作用下产生感应电动势，并在导体表面激励起感应电流，在天线的输出端产生电压，在接收机回路中产生电流，所以，接收天线是一个把空间电磁波能量转换成高频电流能量或导波能量的转换装置，其工作过程是发射天线的逆过程。

1-1-14　某天线的增益系数为 20 dB，工作波长 $\lambda = 1$ m，试求其有效接收面积 A_e。

解　接收天线的有效接收面积为

$$A_e = \frac{\lambda^2}{4\pi}G$$

将 $G = 20$ dB $= 100$，$\lambda = 1$ m 代入，则可得

$$A_e = \frac{1}{4\pi} \times 100 = 7.96 \text{ m}^2$$

1-1-15　有二线极化接收天线，均用最大接收方向对准线极化发射天线，距离分别为 10 km 和 20 km。甲、乙天线分别位于发射天线方向图的最大值和半功率点上，甲天线的极化与来波极化方向成 45°角，乙天线极化方向与来波极化方向平行，二天线均接匹配负载。已知甲天线负载接收功率为 0.1 μW，乙天线为 0.2 μW，求二天线最大增益之比。

解　接收天线收到的功率为

$$P_{re} = S_{av} A_e v_p$$

式中，S_{av} 为接收点的平均功率密度；$A_e = \lambda^2 G/4\pi$；v_p 为极化失配因子(极化失配因子是表征天线与来波极化匹配程度的系数，简称极化系数，其定义式为 $v_p = |\hat{e}_R^* \cdot \hat{e}|^2$，式中 $\hat{e}_R^*$ 和 $\hat{e}$ 分别为天线与来波的复单位矢量)，对于线极化天线与来波而言，$v_p = |\cos\theta|^2$，θ 为接收天线的极化与来波极化之间的夹角。

对于甲天线

$$P_{re甲} = S_{av甲} \cdot A_{e甲} \cdot v_{p甲} = S_{av甲} \cdot \frac{\lambda^2}{4\pi} G_甲 \cdot |\cos 45°|^2 = \frac{\lambda^2}{8\pi} G_甲 S_{av甲}$$

对于乙天线

$$P_{re乙} = S_{av乙} \cdot A_{e乙} \cdot v_{p乙} = S_{av乙} \cdot \frac{\lambda^2}{4\pi} G_乙 \cdot |\cos 0°|^2 = \frac{\lambda^2}{4\pi} G_乙 S_{av乙}$$

由 $\dfrac{P_{re甲}}{P_{re乙}} = \dfrac{1}{2}$，可得

$$\frac{P_{re甲}}{P_{re乙}} = \frac{\dfrac{\lambda^2}{8\pi} G_甲 S_{av甲}}{\dfrac{\lambda^2}{4\pi} G_乙 S_{av乙}} = \frac{G_甲 S_{av甲}}{2 G_乙 S_{av乙}} = \frac{1}{2}$$

因此

$$\frac{G_甲}{G_乙} = \frac{S_{av乙}}{S_{av甲}}$$

而

$$\frac{S_{av甲}}{S_{av乙}} = \frac{4 S_{av}'}{\dfrac{1}{2} S_{av}'} = 8$$

其中 S_{av}' 为发射天线方向图最大方向上距离 20 km 处的平均功率密度。因此有

$$\frac{G_甲}{G_乙} = \frac{S_{av乙}}{S_{av甲}} = \frac{1}{8}$$

1-1-16　某天线接收远方传来的圆极化波，接收点的功率密度为 1 mW/m²，接收天线为线极化天线，增益系数为 3 dB，$\lambda = 1$ m，天线的最大接收方向对准来波方向，求该天线的接收功率；设阻抗失配因子 $\mu = 0.8$，求进入负载的功率。

解　用线极化天线接收圆极化来波，极化失配因子为 $v_p = 1/2$。且已知接收点的功率密度为 $S_{av} = 1$ mW/m²，$\lambda = 1$ m，$G = 3$ dB $= 10^{0.3} = 2$，则该天线的接收功率为

$$P_{re} = S_{av} A_e v_p = \frac{1}{2} S_{av} \frac{\lambda^2}{4\pi} G = \frac{1}{4\pi} = 7.96 \times 10^{-2} \text{ mW}$$

由于阻抗失配因子为 $\mu = 0.8$，则可得进入负载的功率为

$$P_{re}' = \mu P_{re} = \frac{1}{5\pi} = 6.37 \times 10^{-2} \text{ mW}$$

1-1-17　一半波振子作接收天线，$R_{in} = 73$ Ω，接收点场强 $E = 100$ μV/m，频率为

75 MHz，设来波方向在 H 面内且电场与天线平行，试求接收天线的等效电势及可能传送给负载的最大功率。

解 **解法一：** 由于已知接收点场强 $E = 100\ \mu\text{V/m}$，要求接收天线的等效电动势，因此首先要求出它的有效长度。假设半波振子上的电流分布为 $I(z) = I_m \sin k\left(\dfrac{\lambda}{4} - |z|\right)$，将其代入下式：

$$I_m l_{em} = \int_0^{\lambda/4} I(z)\ \mathrm{d}z$$

可得

$$l_{em} = \frac{\lambda}{2\pi}$$

因此半波振子的有效长度为

$$2l_{em} = 2 \times \frac{\lambda}{2\pi} = \frac{\lambda}{\pi}$$

且已知来波频率为 $f = 75\ \text{MHz}$，其波长 $\lambda = 3 \times 10^8 / 75 \times 10^6 = 4\ \text{m}$，由此可以求出半波振子的等效感应电动势为

$$\widetilde{E} = E \cdot 2l_{ein} = 100 \times \frac{4}{\pi} = 127.4\ \mu\text{V}$$

它传送给负载的最大功率为

$$P_{L\max} = \frac{\widetilde{E}}{8R_{in}} = 2.78 \times 10^{-11}\ \text{W}$$

解法二： 由来波的频率可以求出其波长为 $\lambda = 3 \times 10^8 / 75 \times 10^6 = 4\ \text{m}$，且由半波振子的归一化方向函数 $F(\theta) = \left| \dfrac{\cos\left(\dfrac{\pi}{2}\cos\theta\right)}{\sin\theta} \right|$，可以求出它的方向系数为 1.64。又已知半波振子的辐射电阻 $R_{in} = 73.1\ \Omega$，则由

$$D = \frac{30k^2 l_e^2}{R_r}$$

可以求出

$$l_e = \frac{\sqrt{DR_r}}{\sqrt{30}k} = \frac{\lambda}{2\pi} \frac{\sqrt{DR_r}}{\sqrt{30}} = 1.2726\ \text{m}$$

因此，半波振子的等效电动势为

$$\widetilde{E} = El_e = 100 \times 1.2726 = 127.3\ \mu\text{V}$$

它传送给负载的最大功率为

$$P_{L\max} = \frac{\widetilde{E}}{8R_{in}} = 2.78 \times 10^{-11}\ \text{W}$$

1-1-18 $2l \ll \lambda$ 的对称振子上电流分布的近似函数是什么？它的方向图、方向系数、辐射电阻等与同长电流元有何异同？

解 已知对称振子上电流分布近似为 $I(z) = I_m \sin k(1 - |z|)$，当 $2l \ll \lambda$ 时，

$$I(z) \approx I_m k(l - |z|) = I_{in}\left(1 - \frac{z}{l}\right)$$

可以将电流分布近似看作三角形分布，其等效长度 $l_e = l$，又因为 $2l \ll \lambda$，因此，它与同长的电

流元相比，可以近似认为是相同的，所以它们的方向图、方向系数、辐射电阻等近似相等。

1-1-19 自由空间对称振子上为什么会存在波长缩短现象？对天线尺寸选择有什么实际影响？

解 当振子足够粗时，振子上的电流分布除了在输入端及波节点上与近似正弦函数有区别外，振子末端还具有较大的端面电容，使得末端电流实际上不为零，从而使振子的等效长度增加了，相当于波长缩短了，这种现象称为末端效应。通常，天线越粗，波长缩短现象越明显。因此，在选择天线尺寸时，要尽量选用较细的振子或将振子长度适当缩短。

1-1-20 什么是对称振子的谐振长度？为什么谐振长度与振子尺寸$(2l/a)$有关？

解 所谓谐振长度，是指对应于输入电抗为零的振子长度。

由对称振子的输入阻抗公式

$$Z_{in} = Z_{OA} \frac{1}{ch(2\alpha l) - ch(\beta l)} \left[\left(sh(2\alpha l) - \frac{\alpha}{\beta} \sin(2\beta l) \right) - j\left(\frac{\alpha}{\beta} sh(2\alpha l) + \sin(2\beta l) \right) \right]$$

可得，当谐振时，有

$$\frac{\alpha}{\beta} sh(2\alpha l) + \sin(2\beta l) = 0$$

此式中的衰减常数 α 和相移常数 β 都与特性阻抗 Z_{OA} 有关，而 Z_{OA} 是 $2l/a$ 的函数，因此谐振长度与振子尺寸 $2l/a$ 有关。

1-1-21 总损耗为 1 Ω(归于波腹电流)的半波振子，与内阻为 $50+j25$ Ω 的信号源相连接。假定信号源电压峰值为 2 V，振子辐射阻抗为 $73.1+j42.5$ Ω，求：

(1) 电源供给的实功率；

(2) 天线的辐射功率；

(3) 天线的损耗功率。

解 已知信号源电压峰值为 $U=2$ V，内阻为 $Z_{in}=50+j25$ Ω，半波振子的辐射阻抗为 $Z_r=73.1+j42.5$ Ω，损耗电阻为 $R_l=1$ Ω，如果忽略输入阻抗与辐射阻抗的差别，则回路中的电流为

$$I_{in} = \frac{U}{Z_{in} + Z_r + R_l} = \frac{2}{124.1 + j67.5} = 0.0124 - j0.0068 \text{ A}$$

则有：(1) 电源供给的实功率为

$$P = \frac{1}{2} |I_{in}|^2 (Z_{in} + Z_r + R_l) = 12.4 + j6.7 \text{ mW}$$

即为 12.4 mW。

(2) 天线的辐射功率为

$$P_r = \frac{1}{2} |I_{in}|^2 Z_r = 7.3 + j4.3 \text{ mW}$$

即为 7.3 mW。

(3) 天线的损耗功率为

$$P_l = \frac{1}{2} |I_{in}|^2 R_l = 0.1 \text{ mW}$$

即损耗功率为 0.1 mW。

1-1-22 一半波振子处于谐振状态，它的 $2l/a=1000$，输入电阻 $R_{in}=65$ Ω。试计算

当用特性阻抗为 300 Ω 的平行无耗传输线馈电时的馈线上的驻波比。

解 根据微波技术理论，驻波比用下式求解：

$$\rho = \frac{1+|\Gamma|}{1-|\Gamma|}$$

式中 Γ 为馈线上的反射系数。

平行无耗传输线的特性阻抗 $Z_0 = 300$ Ω，负载半波振子处于谐振状态，输入阻抗 $Z_{in} = R_{in} = 65$ Ω，则半波振子输入端的反射系数为

$$\Gamma = \frac{Z_{in} - Z_0}{Z_{in} + Z_0} = -0.6438$$

所以驻波比为

$$\rho = \frac{1+|\Gamma|}{1-|\Gamma|} = \frac{1 + 0.6438}{1 - 0.6438} = 4.615$$

1-1-23 设一直线对称振子，$2l = \lambda/2$，沿线电流为等幅同相分布。根据场的叠加原理，求出此天线的方向函数及方向系数。

解 在长度 $2l = \lambda/2$ 的对称振子上，沿线电流分布等幅同相，则有

$$I(z) = I_m e^{j\alpha}$$

式中，I_m 为电流幅度，α 为电流相位。

为求该振子的远区辐射场，将其置于题 1-1-23 解图所示的坐标中。

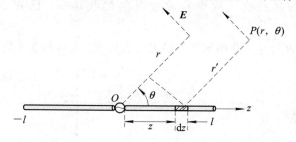

题 1-1-23 解图

在对称振子上距中心 z 处取一个辐射单元，它的远区辐射场为

$$dE_\theta = j\frac{60\pi I_m\,dz}{r'\lambda}\sin\theta e^{-jkr'}e^{j\alpha}$$

式中，r' 和 r 的关系为 $r' \approx r - z\cos\theta$。

根据叠加原理，$r - r' \approx z\cos\theta \ll r$，它对振幅的影响可以忽略不计；$r - r' \approx z\cos\theta$ 与波长是可比的，它对相位的影响不可忽略。因此，从 $-l$ 到 l 积分，可得振子的远区辐射场

$$E_\theta(r,\theta,\varphi) = j\frac{60\pi I_m}{\lambda}\frac{e^{-jkr+j\alpha}}{r}\sin\theta\int_{-l}^{l}e^{-jkz\cos\theta}\,dz$$

$$= j\frac{60\pi I_m}{\lambda r}e^{-j(kr-\alpha)}\sin\theta \cdot \frac{1}{jk\cos\theta}(e^{jkl\cos\theta} - e^{-jkl\cos\theta})$$

$$= j\frac{60\pi I_m}{\lambda r}e^{-j(kr-\alpha)} \cdot \frac{2}{k}\frac{\sin\theta}{\cos\theta}\sin(kl\cos\theta)$$

$$= j\frac{60 I_m}{r}e^{-j(kr-\alpha)} \cdot \tan\theta\sin(kl\cos\theta)$$

方向函数为

$$f(\theta, \varphi) = \left| \frac{E_\theta(r, \theta, \varphi)}{60 I_m/r} \right| = | \tan\theta \, \sin(kl \, \cos\theta) |$$

易知，当 $\theta = 90°$ 时，$f_{max}(\theta, \varphi) = kl = \frac{\pi}{2}$，则归一化方向函数为

$$F(\theta, \varphi) = \frac{f(\theta, \varphi)}{f_{max}(\theta, \varphi)} = \frac{2}{\pi} \left| \tan\theta \, \sin\left(\frac{\pi}{2} \, \cos\theta \right) \right|$$

再求方向系数

$$D = \frac{4\pi}{\int_0^{2\pi} \int_0^\pi F^2(\theta, \varphi) \sin\theta \, d\theta \, d\varphi} = \frac{4\pi}{2\pi \int_0^\pi \frac{4}{\pi^2} \tan^2\theta \, \sin^2\left(\frac{\pi}{2} \, \cos\theta \right) \sin\theta \, d\theta}$$

$$= \frac{\pi^2}{2} \left[\int_{-1}^1 \frac{1 - \cos^2\theta}{\cos^2\theta} \sin^2\left(\frac{\pi}{2} \cos\theta \right) d \cos\theta \right]^{-1}$$

$$= \frac{\pi^2}{2} \left[\int_{-1}^1 \frac{1 - x^2}{x^2} \sin^2\left(\frac{\pi}{2} x \right) dx \right]^{-1} = 1.751$$

1-1-24 如题 1-1-24 图所示的二半波振子一发一收，均为谐振匹配状态。接收点在发射点的 θ 角方向。两天线相距为 r，辐射功率为 P_r，$\lambda = 1$ m。

(1) 求发射天线和接收天线平行放置时的接收功率。已知 $\theta = 60°$，$r = 5$ km，$P_r = 10$ W。

(2) 求接收天线在上述参数情况下的最大接收功率。此时接收天线应如何放置？

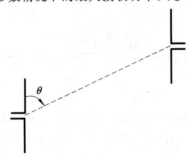

题 1-1-24 图

解 空间任一点的接收功率为

$$P_{re} = A_e S_{av} v_p$$

其中，A_e 为接收天线的有效接收面积，S_{av} 为来波在接收点的平均功率密度，v_p 为极化失配因子，它们的表达式分别为

$$A_e = \frac{\lambda^2}{4\pi} G = \frac{\lambda^2}{4\pi} \eta_A D_{max} F^2(\theta)$$

$$S_{av} = S_0 D_{max} F^2(\theta, \varphi) = \frac{P_r}{4\pi r^2} D_{max} F^2(\theta)$$

$$v_p = | \hat{e}_{收} \cdot \hat{e}_{来波} |^2$$

(1) 对于题设条件，半波振子在 $\theta = 60°$ 方向，有

$$F(60°) = \left| \frac{\cos\left(\dfrac{\pi}{2}\cos\theta\right)}{\sin\theta} \right|_{\theta=60°} = \sqrt{\frac{2}{3}}$$

且可知 $D_{max}=1.64$，并且收发天线处于极化匹配状态，因此 $v_p = |\hat{e}_{收} \cdot \hat{e}_{来波}|^2 = 1$，则有

$$P_{re} = A_e S_{av} v_p$$

$$= \frac{\lambda^2}{4\pi} \eta_A D_{max} F^2(\theta) \frac{P_r}{4\pi r^2} D_{max} F^2(\theta) v_p$$

$$= \frac{1}{4\pi} \cdot 1.64 \cdot \frac{2}{3} \cdot \frac{10}{4\pi \times (5\times 10^3)^2} \cdot 1.64 \cdot \frac{2}{3}$$

$$\approx 3\times 10^{-9} \text{ W} \qquad \eta_A \approx 1$$

（2）对于给定接收点来说，当接收天线与来波极化匹配，且接收天线以最大接收方向对准来波时，有最大接收功率，则在极化匹配的条件下，只需将接收振子逆时针旋转 30° 即可，此时最大接收功率为

$$P_{re} = A_e S_{av} v_p$$

$$= \frac{\lambda^2}{4\pi} \eta_A D_{max} \frac{P_r}{4\pi r^2} D_{max} F^2(\theta) v_p$$

$$= \frac{1}{4\pi} \cdot 1.64 \cdot \frac{10}{4\pi \times (5\times 10^3)^2} \cdot 1.64 \cdot \frac{2}{3} \cdot 1$$

$$= 4.54\times 10^{-9} \text{ W}$$

1-1-25 欲采用谐振半波振子收看频率为 171 MHz 的六频道电视节目，若该振子用直径为 12 mm 的铝管制作，试计算该天线的长度。

附：振子波长缩短率相对于 $2l/a$ 的经验数据

$2l/a$	5000	2500	500	350	50	10	5
缩短率/(%)	2	2	4	4.5	5	9	12

解 由频率 $f=171$ MHz 可知，$\lambda = c/f = 1.754$ m，则半波振子的长度为 $2l = \lambda/2 = 0.8772$ m，所以 $2l/a = 146$。

已知 $2l/a = 350$ 时，缩短率为 4.5%；$2l/a = 50$ 时，缩短率为 5%，则由内插公式可求得 $2l/a = 146$ 时，缩短率为 4.84%。

因此，实际的天线应缩短

$$2l \times 4.84\% = 0.8772 \times 4.84\% = 0.0425 \text{ m}$$

即天线的实际长度为

$$2l - 2l \times 4.84\% = 0.8772 - 0.0425 = 0.8347 \text{ m}$$

1-1-26 形成天线阵不同方向性的主要因素有哪些？

解 根据天线阵的方向图乘积定理

$$f(\theta, \varphi) = f_1(\theta, \varphi) \cdot f_a(\theta, \varphi)$$

可知，天线阵的方向性与元因子和阵因子有关。而元因子 $f_1(\theta, \varphi)$ 取决于单元天线的结构和架设方位，阵因子 $f_a(\theta, \varphi)$ 取决于各天线单元上的电流分布关系以及各阵元之间的相对位置。

1-1-27 二半波振子等幅同相激励，如题 1-1-27 图放置，间距分别为 $d=\lambda/2,\lambda$，计算其 E 面和 H 面方向函数并概画方向图。

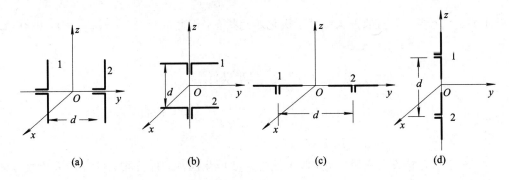

(a)　　　　　(b)　　　　　(c)　　　　　(d)

题 1-1-27 图

解 二半波振子等幅同相激励，则 $m=1$，$\xi=0$，且已知振子之间的距离分别为 $d=\lambda/2,\lambda$。

(1) 当两个振子如题 1-1-27 图(a)放置时，其 E 面为包含两个振子的 yOz 平面，H 面为与两个振子垂直的 xOy 平面，如题 1-1-27 解图(一)所示。

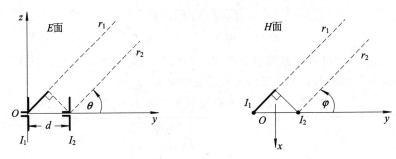

题 1-1-27 解图(一)

在 E 面内，两个振子到场点的波程差为 $\Delta r=r_1-r_2=d\cos\theta$，相应的相位差为

$$\psi=\xi+k\Delta r=kd\cos\theta$$

阵因子为

$$f_a(\theta)=\mid 1+me^{j\psi}\mid=\left|2\cos\frac{\psi}{2}\right|=\left|2\cos\left(\frac{1}{2}kd\cos\theta\right)\right|$$

元因子为

$$f_1(\theta)=\left|\frac{\cos\left(\dfrac{\pi}{2}\sin\theta\right)}{\cos\theta}\right|$$

于是，根据方向图乘积定理，可得 E 面方向函数为

$$f_E(\theta)=\left|\frac{\cos\left(\dfrac{\pi}{2}\sin\theta\right)}{\cos\theta}\right|\times\left|2\cos\left(\frac{1}{2}kd\cos\theta\right)\right|$$

当 $d=\lambda/2$ 时，E 面方向函数为

$$f_E(\theta) = \left| \frac{\cos\left(\dfrac{\pi}{2}\sin\theta\right)}{\cos\theta} \right| \times \left| 2\cos\left(\dfrac{\pi}{2}\cos\theta\right) \right|$$

相应的 E 面归一化方向图如题 $1-1-27$ 解图(二)所示。

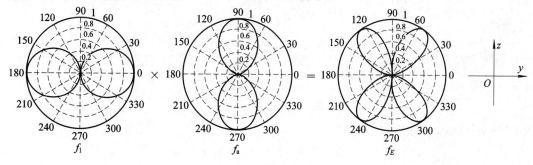

题 $1-1-27$ 解图(二)

当 $d=\lambda$ 时，E 面方向函数为

$$f_E(\theta) = \left| \frac{\cos\left(\dfrac{\pi}{2}\sin\theta\right)}{\cos\theta} \right| \times \left| 2\cos(\pi\cos\theta) \right|$$

相应的 E 面归一化方向图如题 $1-1-27$ 解图(三)所示。

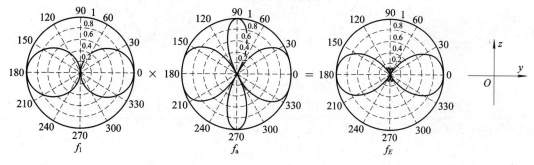

题 $1-1-27$ 解图(三)

在 H 面内，两个振子到场点的波程差为 $\Delta r = r_1 - r_2 = d\cos\varphi$，相应的相位差为

$$\psi = \xi + k\Delta r = kd\cos\varphi$$

阵因子为

$$f_a(\varphi) = |1 + me^{j\psi}| = \left| 2\cos\frac{\psi}{2} \right| = \left| 2\cos\left(\frac{1}{2}kd\cos\varphi\right) \right|$$

元因子为

$$f_1(\varphi) = 1$$

于是，根据方向图乘积定理，可得 H 面方向函数为

$$f_H(\varphi) = \left| 2\cos\left(\frac{1}{2}kd\cos\varphi\right) \right|$$

当 $d=\lambda/2$ 时，H 面方向函数为

$$f_H(\varphi) = \left| 2\cos\left(\frac{\pi}{2}\cos\varphi\right) \right|$$

相应的 H 面归一化方向图如题 $1-1-27$ 解图(四)所示。

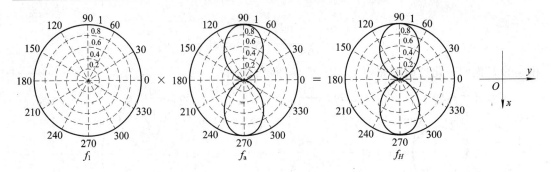

题 1 - 1 - 27 解图(四)

当 $d=\lambda$ 时，H 面方向函数为

$$f_H(\varphi) = \big|\, 2 \cos(\pi \cos\varphi)\, \big|$$

相应的 H 面归一化方向图如题 1 - 1 - 27 解图(五)所示。

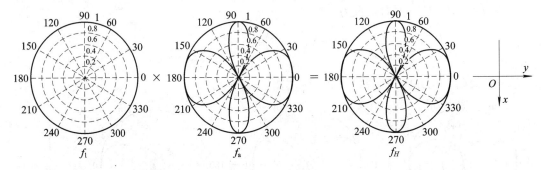

题 1 - 1 - 27 解图(五)

(2) 当两个振子如题 1 - 1 - 27 图(b)放置时，其 E 面为包含两个振子的 yOz 平面，H 面为与两个振子垂直的 xOz 平面，如题 1 - 1 - 27 解图(六)所示。

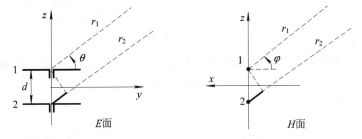

题 1 - 1 - 27 解图(六)

在 E 面内，两个振子到场点的波程差为 $\Delta r = r_1 - r_2 = -d \sin\theta$，相应的相位差为

$$\psi = \xi + k \Delta r = -kd \sin\theta$$

阵因子为

$$f_a(\theta) = \left|\, 2 \cos\frac{\psi}{2}\, \right| = \left|\, 2 \cos\left(\frac{1}{2}kd \sin\theta\right)\, \right|$$

元因子为

$$f_1(\theta) = \left|\, \frac{\cos\left(\dfrac{\pi}{2} \cos\theta\right)}{\sin\theta}\, \right|$$

于是，根据方向图乘积定理，可得 E 面方向函数为

$$f_E(\theta) = \left| \frac{\cos\left(\dfrac{\pi}{2}\cos\theta\right)}{\sin\theta} \right| \times \left| 2\cos\left(\frac{1}{2}kd\ \sin\theta\right) \right|$$

当 $d=\lambda/2$ 时，E 面方向函数为

$$f_E(\theta) = \left| \frac{\cos\left(\dfrac{\pi}{2}\cos\theta\right)}{\sin\theta} \right| \times \left| 2\cos\left(\frac{\pi}{2}\ \sin\theta\right) \right|$$

相应的 E 面归一化方向图如题 $1-1-27$ 解图（七）所示。

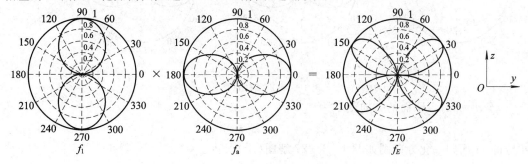

题 $1-1-27$ 解图（七）

当 $d=\lambda$ 时，E 面方向函数为

$$f_E(\theta) = \left| \frac{\cos\left(\dfrac{\pi}{2}\cos\theta\right)}{\sin\theta} \right| \times \left| 2\cos(\pi\ \sin\theta) \right|$$

相应的 E 面归一化方向图如题 $1-1-27$ 解图（八）所示。

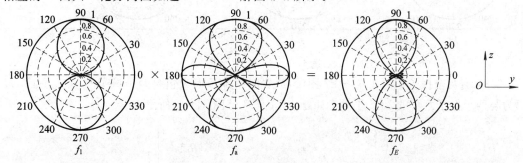

题 $1-1-27$ 解图（八）

在 H 面内，两个振子到场点的波程差为 $\Delta r = r_1 - r_2 = -d\ \sin\varphi$，相应的相位差为

$$\psi = \xi + k\Delta r = -kd\ \sin\varphi$$

阵因子为

$$f_a(\varphi) = \left| 2\cos\frac{\psi}{2} \right| = \left| 2\cos\left(\frac{1}{2}kd\ \sin\varphi\right) \right|$$

元因子为

$$f_1(\varphi) = 1$$

于是，根据方向图乘积定理，可得 H 面方向函数为

$$f_H(\varphi) = \left| 2\cos\left(\frac{1}{2}kd\ \sin\varphi\right) \right|$$

当 $d=\lambda/2$ 时，H 面方向函数为

$$f_H(\varphi) = \left| 2\cos\left(\frac{\pi}{2}\sin\varphi\right) \right|$$

相应的 H 面归一化方向图如题 1-1-27 解图（九）所示。

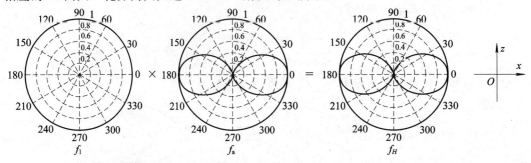

题 1-1-27 解图（九）

当 $d=\lambda$ 时，H 面的方向函数为

$$f_H(\varphi) = \left| 2\cos(\pi\sin\varphi) \right|$$

相应的 H 面归一化方向图如题 1-1-27 解图（十）所示。

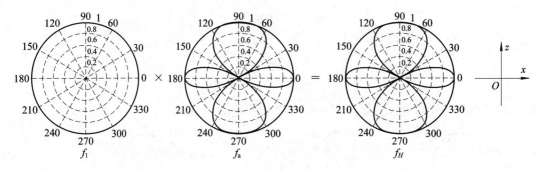

题 1-1-27 解图（十）

（3）当两个振子如题 1-1-27 图（c）放置时，其 E 面为包含两个振子的 yOz 平面，H 面为与两个振子垂直的 xOz 平面，如题 1-1-27 解图（十一）所示。

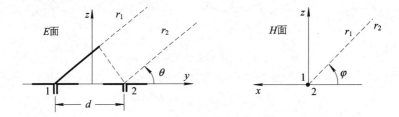

题 1-1-27 解图（十一）

在 E 面内，两个振子到场点的波程差为 $\Delta r = r_1 - r_2 = d\cos\theta$，相应的相位差为

$$\psi = \xi + k\,\Delta r = kd\,\sin\theta$$

阵因子为

$$f_a(\theta) = \left| 1 + m\mathrm{e}^{\mathrm{j}\psi} \right| = \left| 2\cos\frac{\psi}{2} \right| = \left| 2\cos\left(\frac{1}{2}kd\,\cos\theta\right) \right|$$

元因子为

$$f_1(\theta) = \left| \frac{\cos\left(\dfrac{\pi}{2}\cos\theta\right)}{\sin\theta} \right|$$

于是，由方向图乘积定理可得 E 面方向函数为

$$f_E(\theta) = \left| \frac{\cos\left(\dfrac{\pi}{2}\cos\theta\right)}{\sin\theta} \right| \times \left| 2\cos\left(\frac{1}{2}kd\,\cos\theta\right) \right|$$

当 $d = \lambda/2$ 时，E 面方向函数为

$$f_E(\theta) = \left| \frac{\cos\left(\dfrac{\pi}{2}\cos\theta\right)}{\sin\theta} \right| \times \left| 2\cos\left(\frac{\pi}{2}\cos\theta\right) \right|$$

相应的 E 面归一化方向图如题 $1-1-27$ 解图（十二）所示。

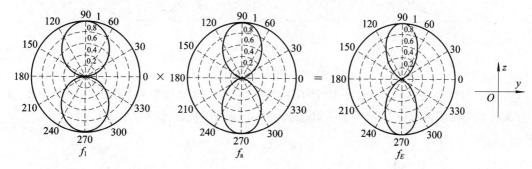

题 $1-1-27$ 解图（十二）

当 $d = \lambda$ 时，E 面方向函数为

$$f_E(\theta) = \left| \frac{\cos\left(\dfrac{\pi}{2}\cos\theta\right)}{\sin\theta} \right| \times \left| 2\cos(\pi\cos\theta) \right|$$

相应的 E 面归一化方向图如题 $1-1-27$ 解图（十三）所示。

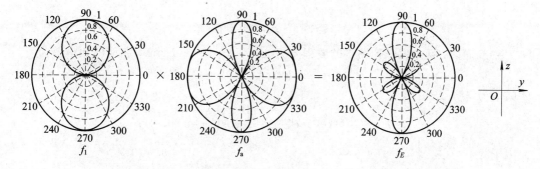

题 $1-1-27$ 解图（十三）

在 H 面内，两个振子到场点的波程差为 $\Delta r = r_1 - r_2 = 0$，所以相应的相位差为

$$\psi = \xi + k\,\Delta r = 0$$

阵因子为

$$f_a(\varphi) = \left| 1 + m\mathrm{e}^{\mathrm{j}\psi} \right| = \left| 2\cos\frac{\psi}{2} \right| = 2$$

元因子为

$$f_1(\varphi) = 1$$

于是，由方向图的乘积定理可得 H 面方向函数为

$$f_H(\varphi) = 1 \times 2 = 2$$

可见，当 $d = \lambda/2$ 和 $d = \lambda$ 时，H 面的方向函数均为 $f_H(\varphi) = 2$，其归一化的方向图为单位圆，如题 1-1-27 解图（十四）所示。

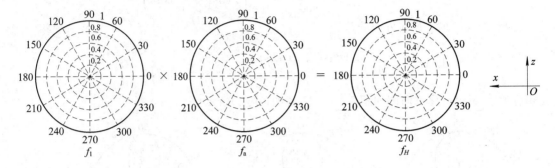

题 1-1-27 解图（十四）

（4）当两个振子如题 1-1-27 图(d)放置时，其 E 面为包含两个振子的 yOz 平面，H 面为与两个振子垂直的 xOy 平面，如题 1-1-27 解图（十五）所示。

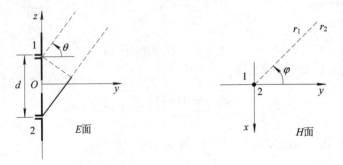

题 1-1-27 解图（十五）

在 E 面内，两个振子到场点的波程差为 $\Delta r = r_1 - r_2 = -d \sin\theta$，相应的相位差为

$$\psi = \xi + k \, \Delta r = -kd \, \sin\theta$$

阵因子为

$$f_a(\theta) = |1 + me^{j\psi}| = \left| 2\cos\left(\frac{1}{2}kd \, \sin\theta\right) \right|$$

元因子为

$$f_1(\theta) = \left| \frac{\cos\left(\dfrac{\pi}{2} \, \sin\theta\right)}{\cos\theta} \right|$$

于是，由方向图的乘积定理，可得 E 面方向函数为

$$f_E(\theta) = \left| \frac{\cos\left(\dfrac{\pi}{2} \, \sin\theta\right)}{\cos\theta} \right| \times \left| 2\cos\left(\frac{1}{2}kd \, \sin\theta\right) \right|$$

当 $d=\lambda/2$ 时，E 面方向函数为

$$f_E(\theta) = \left| \frac{\cos\left(\frac{\pi}{2}\sin\theta\right)}{\cos\theta} \right| \times \left| 2\cos\left(\frac{\pi}{2}\sin\theta\right) \right|$$

相应的 E 面归一化方向图如题 1-1-27 解图（十六）所示。

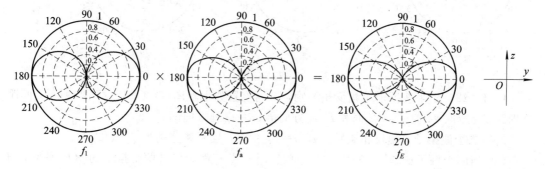

题 1-1-27 解图（十六）

当 $d=\lambda$ 时，E 面方向函数为

$$f_E(\theta) = \left| \frac{\cos\left(\frac{\pi}{2}\sin\theta\right)}{\cos\theta} \right| \times |2\cos(\pi\sin\theta)|$$

相应的 E 面归一化方向图如题 1-1-27 解图（十七）所示。

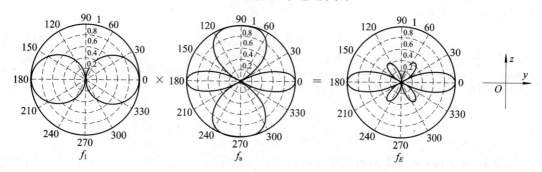

题 1-1-27 解图（十七）

在 H 面内，两个振子到场点的波程差为 $\Delta r = r_1 - r_2 = 0$，所以相应的相位差为

$$\psi = \xi + k\,\Delta r = 0$$

阵因子为

$$f_a(\varphi) = |1 + me^{j\psi}| = \left| 2\cos\frac{\psi}{2} \right| = 2$$

元因子为

$$f_1(\varphi) = 1$$

于是，由方向图的乘积定理，可得 H 面方向函数为

$$f_H(\varphi) = 1 \times 2 = 2$$

可见，当 $d=\lambda/2$ 和 $d=\lambda$ 时，H 面的方向函数均为 $f_H(\varphi)=2$，其归一化的方向图为单位圆，如题 1-1-27 解图（十八）所示。

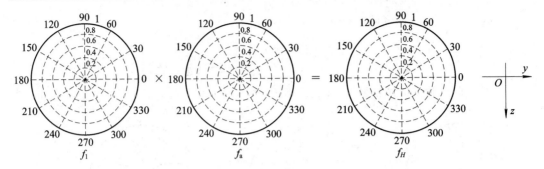

题 $1-1-27$ 解图(十八)

$1-1-28$　二半波振子等幅反相激励,排列位置如上题图(题 $1-1-27$ 图)所示,间距分别为 $d=\lambda/2$、λ,计算其 E 面和 H 面方向函数并概画方向图。

解　二半波振子等幅反相激励,则 $m=1$,$\xi=\pi$,且距离分别为 $d=\lambda/2$、λ 。

(1) 当两个振子如题 $1-1-27$ 图(a)放置时,其 E 面为包含两个振子的 yOz 平面,H 面为与两个振子垂直的 xOy 平面,如题 $1-1-27$ 解图(一)所示。

在 E 面内,两个振子到场点的波程差为 $\Delta r=r_1-r_2=d\cos\theta$,相应的相位差为

$$\psi=\xi+k\Delta r=\pi+kd\cos\theta$$

阵因子为

$$f_a(\theta)=|\,1+me^{j\psi}\,|=\left|\,2\cos\frac{\psi}{2}\,\right|=\left|\,2\sin\left(\frac{1}{2}kd\cos\theta\right)\,\right|$$

元因子为

$$f_1(\theta)=\left|\,\frac{\cos\left(\dfrac{\pi}{2}\sin\theta\right)}{\cos\theta}\,\right|$$

于是,根据方向图乘积定理,可得 E 面方向函数为

$$f_E(\theta)=\left|\,\frac{\cos\left(\dfrac{\pi}{2}\sin\theta\right)}{\cos\theta}\,\right|\times\left|\,2\sin\left(\frac{1}{2}kd\cos\theta\right)\,\right|$$

当 $d=\lambda/2$ 时,E 面方向函数为

$$f_E(\theta)=\left|\,\frac{\cos\left(\dfrac{\pi}{2}\sin\theta\right)}{\cos\theta}\,\right|\times\left|\,2\sin\left(\frac{\pi}{2}\cos\theta\right)\,\right|$$

相应的 E 面归一化方向图如题 $1-1-28$ 解图(一)所示。

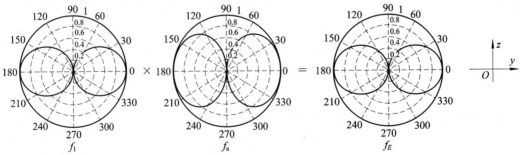

题 $1-1-28$ 解图(一)

当 $d = \lambda$ 时，E 面方向函数为

$$f_E(\theta) = \left| \frac{\cos\left(\dfrac{\pi}{2}\sin\theta\right)}{\cos\theta} \right| \times |\, 2\sin(\pi\cos\theta)\,|$$

相应的 E 面归一化方向图如题 $1-1-28$ 解图（二）所示。

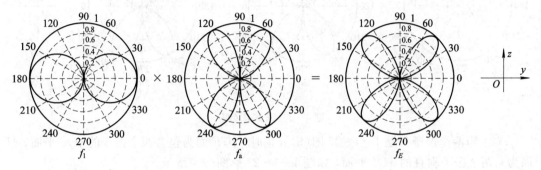

题 $1-1-28$ 解图（二）

在 H 面内，两个振子到场点的波程差为 $\Delta r = r_1 - r_2 = d\cos\varphi$，相应的相位差为

$$\psi = \xi + k\Delta r = \pi + kd\cos\varphi$$

阵因子为

$$f_a(\varphi) = |\,1 + me^{j\psi}\,| = \left|\, 2\cos\frac{\psi}{2}\,\right| = \left|\, 2\sin\left(\frac{1}{2}kd\cos\varphi\right)\,\right|$$

元因子为

$$f_1(\varphi) = 1$$

于是，根据方向图乘积定理，可得 H 面方向函数为

$$f_H(\varphi) = \left|\, 2\sin\left(\frac{1}{2}kd\cos\varphi\right)\,\right|$$

当 $d = \lambda/2$ 时，H 面方向函数为

$$f_H(\varphi) = \left|\, 2\sin\left(\frac{\pi}{2}\cos\varphi\right)\,\right|$$

相应的 H 面归一化方向图如题 $1-1-28$ 解图（三）所示。

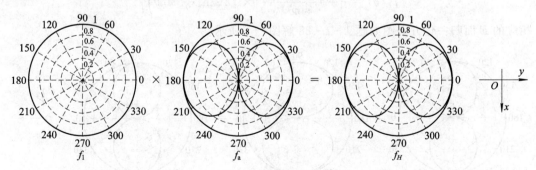

题 $1-1-28$ 解图（三）

当 $d = \lambda$ 时，H 面方向函数为

$$f_H(\varphi) = |\, 2\sin(\pi\cos\varphi)\,|$$

相应的 H 面归一化方向图如题 $1-1-28$ 解图(四)所示。

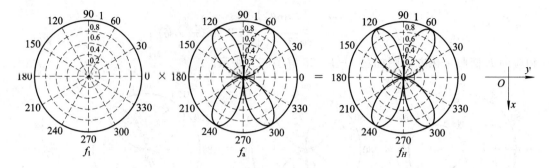

题 $1-1-28$ 解图(四)

(2) 当两个振子如题 $1-1-27$ 图(b)放置时,其 E 面为包含两个振子的 yOz 平面,H 面为与两个振子垂直的 xOz 平面,如题 $1-1-27$ 解图(六)所示。

在 E 面内,两个振子到场点的波程差为 $\Delta r = r_1 - r_2 = -d \sin\theta$,相应的相位差为

$$\psi = \xi + k\, \Delta r = \pi - kd\, \sin\theta$$

阵因子为

$$f_a(\theta) = \left| 2\cos\frac{\psi}{2} \right| = \left| 2\sin\left(\frac{1}{2}kd\,\sin\theta\right) \right|$$

元因子为

$$f_1(\theta) = \left| \frac{\cos\left(\dfrac{\pi}{2}\,\cos\theta\right)}{\sin\theta} \right|$$

于是,根据方向图乘积定理,可得 E 面方向函数为

$$f_E(\theta) = \left| \frac{\cos\left(\dfrac{\pi}{2}\,\cos\theta\right)}{\sin\theta} \right| \times \left| 2\sin\left(\frac{1}{2}kd\,\sin\theta\right) \right|$$

当 $d = \lambda/2$ 时,E 面方向函数为

$$f_E(\theta) = \left| \frac{\cos\left(\dfrac{\pi}{2}\,\cos\theta\right)}{\sin\theta} \right| \times \left| 2\sin\left(\frac{\pi}{2}\,\sin\theta\right) \right|$$

相应的 E 面归一化方向图如题 $1-1-28$ 解图(五)所示。

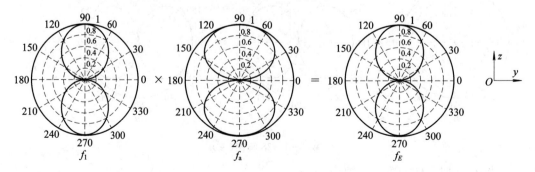

题 $1-1-28$ 解图(五)

当 $d=\lambda$ 时，E 面方向函数为

$$f_E(\theta) = \left| \frac{\cos\left(\dfrac{\pi}{2}\cos\theta\right)}{\sin\theta} \right| \times |\, 2\,\sin(\pi\,\sin\theta)\,|$$

相应的 E 面归一化方向图如题 $1-1-28$ 解图(六)所示。

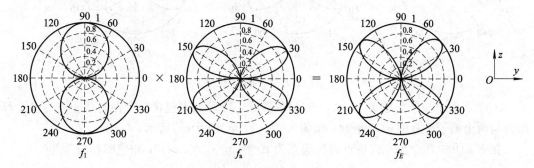

题 $1-1-28$ 解图(六)

在 H 面内，两个振子到场点的波程差为 $\Delta r = r_1 - r_2 = -d\,\sin\varphi$，相应的相位差为

$$\psi = \xi + k\Delta r = \pi - kd\,\sin\varphi$$

阵因子为

$$f_a(\varphi) = \left| 2\cos\frac{\psi}{2} \right| = \left| 2\sin\left(\frac{1}{2}kd\,\sin\varphi\right) \right|$$

元因子为

$$f_1(\varphi) = 1$$

于是，根据方向图乘积定理，可得 H 面方向函数为

$$f_H(\varphi) = \left| 2\sin\left(\frac{1}{2}kd\,\sin\varphi\right) \right|$$

当 $d=\lambda/2$ 时，H 面方向函数为

$$f_H(\varphi) = \left| 2\sin\left(\frac{\pi}{2}\,\sin\varphi\right) \right|$$

相应的 H 面归一化方向图如题 $1-1-28$ 解图(七)所示。

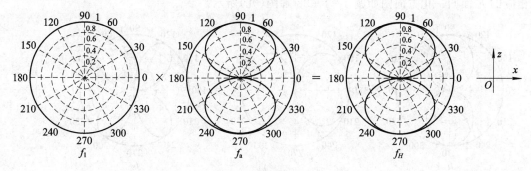

题 $1-1-28$ 解图(七)

当 $d=\lambda$ 时，H 面的方向函数为

$$f_H(\varphi) = |\, 2\,\sin(\pi\,\sin\varphi)\,|$$

相应的 H 面归一化方向图如题 $1-1-28$ 解图(八)所示。

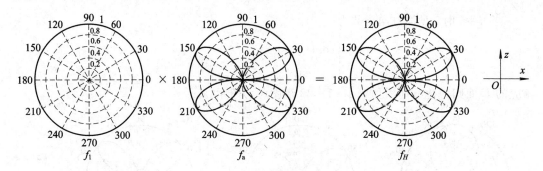

题 1-1-28 解图（八）

（3）当两个振子如题 1-1-27 图（c）放置时，其 E 面为包含两个振子的 yOz 平面，H 面为与两个振子垂直的 xOz 平面，如题 1-1-27 解图（十一）所示。

在 E 面内，两个振子到场点的波程差为 $\Delta r = r_1 - r_2 = d\cos\theta$，相应的相位差为

$$\psi = \xi + k\,\Delta r = \pi + kd\,\sin\theta$$

阵因子为

$$f_a(\theta) = |\,1 + m\mathrm{e}^{\mathrm{j}\psi}\,| = \left|\,2\cos\frac{\psi}{2}\,\right| = \left|\,2\sin\left(\frac{1}{2}kd\,\cos\theta\right)\right|$$

元因子为

$$f_1(\theta) = \left|\frac{\cos\left(\dfrac{\pi}{2}\,\cos\theta\right)}{\sin\theta}\right|$$

于是，由方向图乘积定理，可得 E 面方向函数为

$$f_E(\theta) = \left|\frac{\cos\left(\dfrac{\pi}{2}\,\cos\theta\right)}{\sin\theta}\right| \times \left|\,2\sin\left(\frac{1}{2}kd\,\cos\theta\right)\right|$$

当 $d = \lambda/2$ 时，E 面方向函数为

$$f_E(\theta) = \left|\frac{\cos\left(\dfrac{\pi}{2}\,\cos\theta\right)}{\sin\theta}\right| \times \left|\,2\sin\left(\frac{\pi}{2}\,\cos\theta\right)\right|$$

相应的 E 面归一化方向图如题 1-1-28 解图（九）所示。

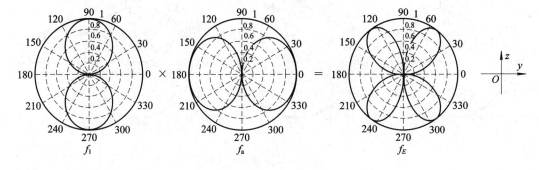

题 1-1-28 解图（九）

当 $d = \lambda$ 时，E 面方向函数为

$$f_E(\theta) = \left| \frac{\cos\left(\dfrac{\pi}{2}\cos\theta\right)}{\sin\theta} \right| \times \left| 2\sin(\pi\cos\theta) \right|$$

相应的 E 面归一化方向图如题 $1-1-28$ 解图(十)所示。

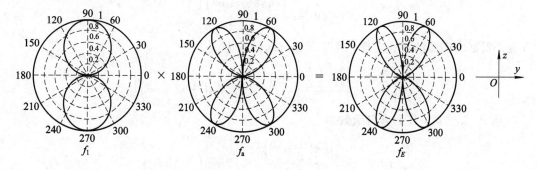

题 $1-1-28$ 解图(十)

在 H 面内，两个振子到场点的波程差为 $\Delta r = r_1 - r_2 = 0$，所以相应的相位差为

$$\psi = \xi + k\,\Delta r = \pi$$

阵因子为

$$f_a(\varphi) = \left| 1 + m\mathrm{e}^{\mathrm{j}\psi} \right| = \left| 2\cos\frac{\psi}{2} \right| = 0$$

元因子为

$$f_1(\varphi) = 1$$

于是，由方向图的乘积定理，可得 H 面方向函数为

$$f_H(\varphi) = 1 \times 0 = 0$$

可见，当 $d = \lambda/2$ 和 $d = \lambda$ 时，H 面的方向函数均为 $f_H(\varphi) = 0$，其归一化的方向图为零，如题 $1-1-28$ 解图(十一)所示。

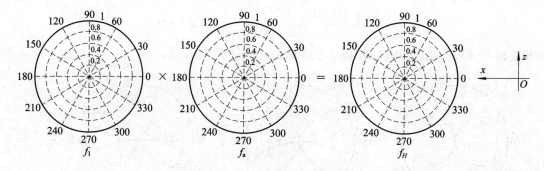

题 $1-1-28$ 解图(十一)

(4) 当两个振子如题 $1-1-27$ 图(d)放置时，其 E 面为包含两个振子的平面，H 面为与两个振子垂直的 xOy 平面，如题 $1-1-27$ 解图(十五)所示。

在 E 面内，两个振子到场点的波程差为 $\Delta r = r_1 - r_2 = -d\,\sin\theta$，相应的相位差为

$$\psi = \xi + k\,\Delta r = \pi - kd\,\sin\theta$$

阵因子为

$$f_\mathrm{a}(\theta) = |\,1+m\mathrm{e}^{\mathrm{j}\psi}\,| = \left|\,2\,\sin\!\left(\frac{1}{2}kd\,\sin\theta\right)\right|$$

元因子为

$$f_1(\theta) - \left|\frac{\cos\!\left(\dfrac{\pi}{2}\,\sin\theta\right)}{\cos\theta}\right|$$

于是，根据方向图的乘积定理，可得 E 面方向函数为

$$f_E(\theta) = \left|\frac{\cos\!\left(\dfrac{\pi}{2}\,\sin\theta\right)}{\cos\theta}\right| \times \left|\,2\,\sin\!\left(\frac{1}{2}kd\,\sin\theta\right)\right|$$

当 $d=\lambda/2$ 时，E 面方向函数为

$$f_E(\theta) = \left|\frac{\cos\!\left(\dfrac{\pi}{2}\sin\theta\right)}{\cos\theta}\right| \times \left|\,2\,\sin\!\left(\frac{\pi}{2}\,\sin\theta\right)\right|$$

相应的 E 面归一化方向图如题 $1-1-28$ 解图（十二）所示。

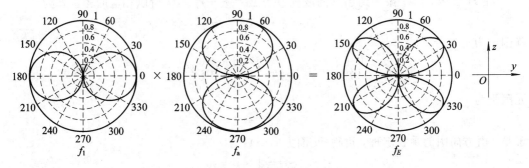

题 $1-1-28$ 解图（十二）

当 $d=\lambda$ 时，E 面方向函数为

$$f_E(\theta) = \left|\frac{\cos\!\left(\dfrac{\pi}{2}\,\sin\theta\right)}{\cos\theta}\right| \times |\,2\,\sin(\pi\,\sin\theta)\,|$$

相应的 E 面归一化方向图如题 $1-1-28$ 解图（十三）所示。

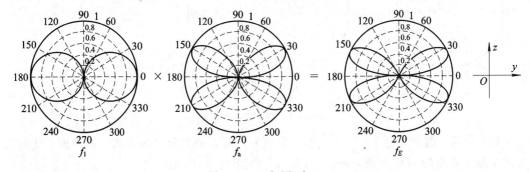

题 $1-1-28$ 解图（十三）

在 H 面内，两个振子到场点的波程差为 $\Delta r = r_1 - r_2 = 0$，所以相应的相位差为

$$\psi = \xi + k\,\Delta r = \pi$$

阵因子为

$$f_a(\varphi) = |1 + me^{j\psi}| = \left|2\cos\frac{\psi}{2}\right| = 0$$

元因子为

$$f_1(\varphi) = 1$$

于是，由方向图的乘积定理，可得 H 面方向函数为

$$f_H(\varphi) = 1 \times 0 = 0$$

可见，当 $d = \lambda/2$ 和 $d = \lambda$ 时，H 面的方向函数均为 $f_H(\varphi) = 0$，其归一化的方向图为零，如题 $1-1-28$ 解图(十四)所示。

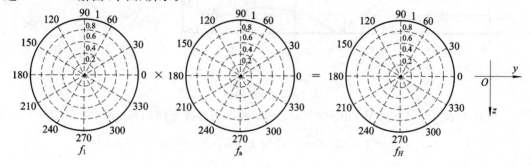

题 $1-1-28$ 解图(十四)

1-1-29 四个电基本振子排列如题 $1-1-29$ 图所示，各振子的激励相位依图中所标序号依次为：① $e^{j0°}$；② $e^{j90°}$；③ $e^{j180°}$；④ $e^{j270°}$。$d = \lambda/4$，试写出 E 面和 H 面的方向函数并概画出极坐标方向图。

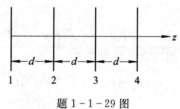

题 $1-1-29$ 图

解 如题 $1-1-29$ 解图(一)所示，这是一个四元均匀直线阵，$N = 4$，$\xi = \dfrac{\pi}{2}$，$d = 0.25\lambda$。

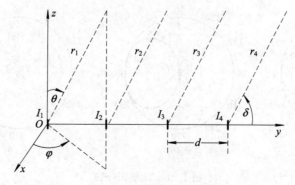

题 $1-1-29$ 解图(一)

各阵元间的相位差 $\psi = \xi + kd\cos\delta = \dfrac{\pi}{2} + \dfrac{\pi}{2}\cos\delta$，可视区 $0 \leqslant \psi \leqslant \pi$，归一化阵因子为

$$F_a[\psi(\delta)] = \frac{1}{4}\left|\frac{\sin 2\psi(\delta)}{\sin\dfrac{\psi(\delta)}{2}}\right|$$

对应的直线阵通用阵因子图如题 1-1-29 解图（二）所示。

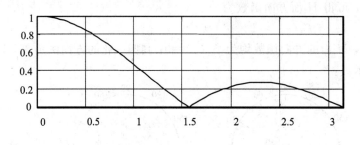 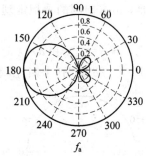

题 1-1-29 解图（二）

先求 E 面（yOz）方向图。由于 $\delta = \pi/2 - \theta$，所以相邻阵元间的相位差为

$$\psi(\theta) = \xi + kd\,\sin\theta = \frac{\pi}{2} + k\,\frac{\lambda}{4}\,\sin\theta = \frac{\pi}{2} + \frac{\pi}{2}\,\sin\theta$$

式中，θ 为射线与 z 轴的夹角。

阵因子为

$$F_a(\theta) = \frac{1}{4}\left|\frac{\sin 2\psi(\theta)}{\sin\left[\dfrac{\psi(\theta)}{2}\right]}\right|$$

元因子为

$$F_1(\theta) = |\sin\theta|$$

则由方向图乘积定理，可得 E 面的方向函数为

$$F_E(\theta) = F_a(\theta)F_1(\theta) = \frac{1}{4}\left|\frac{\sin 2\psi(\theta)}{\sin\left[\dfrac{\psi(\theta)}{2}\right]}\right| \times |\sin\theta|$$

相应的 E 面归一化方向图如题 1-1-29 解图（三）所示。

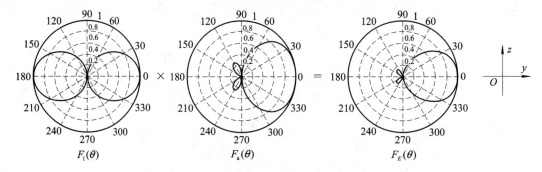

题 1-1-29 解图（三）

再求 H 面（xOy）方向图。由于 $\delta = \pi/2 - \varphi$，相邻阵元之间的相位差仍为

$$\psi(\varphi) = \xi + kd\,\sin\varphi = \frac{\pi}{2} + k\,\frac{\lambda}{4}\,\sin\varphi = \frac{\pi}{2} + \frac{\pi}{2}\,\sin\varphi$$

式中，φ 为射线与 x 轴的夹角。

由于阵因子为

$$F_a(\varphi) = \frac{1}{4} \left| \frac{\sin 2\psi(\varphi)}{\sin\left[\frac{\psi(\varphi)}{2}\right]} \right|$$

元因子为

$$f_1(\varphi) = 1$$

则由方向图的乘积定理，可得 H 面的方向函数为

$$F_H(\varphi) = F_a(\varphi) F_1(\varphi) = \frac{1}{4} \left| \frac{\sin 2\psi(\varphi)}{\sin\left[\frac{\psi(\varphi)}{2}\right]} \right|$$

相应的 H 面归一化方向图如题 $1-1-29$ 解图（四）所示。

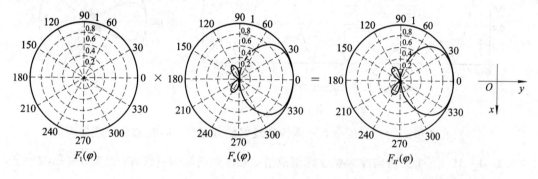

题 $1-1-29$ 解图（四）

1-1-30 一均匀直线阵，阵元间距离 $d = 0.25\lambda$，欲使其最大辐射方向偏离天线阵轴线 $\pm60°$，相邻单元间的电流相位差应为多少？在设计均匀直线阵时，阵元间距离有没有最大限制？为什么？

解 均匀直线阵的方向性主要通过调控阵因子来实现，所以要在 $\pm60°$ 方向上获得最大辐射，即 $\delta_{max} = \pm\frac{\pi}{3}$ 方向有最大辐射时，要求

$$\xi + kd\cos\delta_{max} = 0$$

且已知 $d = \frac{\lambda}{4}$，则 $\xi = -\frac{kd}{2} = -\frac{\pi}{4}$，即相邻单元天线之间的电流相位差为 $-\frac{\pi}{4}$。

例如，$N = 6$，$d = \frac{\lambda}{4}$，$\xi = -\frac{\pi}{4}$ 的均匀直线阵方向图如题 $1-1-30$ 解图（一）所示。

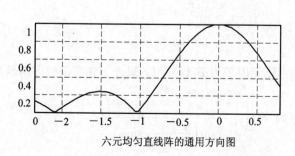

六元均匀直线阵的通用方向图

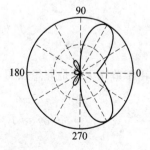

题 $1-1-30$ 解图（一）

在设计均匀直线阵时，对阵元间距是有一定的要求的，这主要是为了防止栅瓣的出现。

此题避免栅瓣出现的条件是：$\delta = 180°$时，$\psi = \xi - kd > -2\pi$，将$\xi = -\dfrac{1}{2}kd$代入，可得

$$d < \frac{2\lambda}{3}$$

题$1-1-30$解图(二)就是$N=6$，$d=\dfrac{2\lambda}{3}$，$\xi=-\dfrac{1}{2}kd=-\dfrac{2\pi}{3}$的极限情况，此时出现了栅瓣。

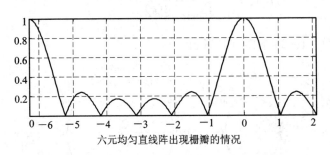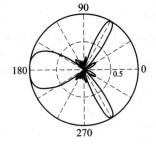

六元均匀直线阵出现栅瓣的情况

题$1-1-30$解图(二)

总之，只有ξ和d的相互配合，才能得到较好的方向性，同时避免出现栅瓣。

1-1-31　五个无方向性理想点源组成沿z轴排列的均匀直线阵。已知$d=\dfrac{\lambda}{4}$，$\xi=\dfrac{\pi}{2}$，应用归一化阵因子图绘出含z轴平面及垂直于z轴平面的方向图。

解　五个无方向性理想点源沿z轴放置时，相邻点源之间的相位差为

$$\psi(\delta) = \xi + k\Delta r = \frac{\pi}{2} + kd\ \sin\delta = \frac{\pi}{2} + \frac{\pi}{2}\ \sin\delta$$

式中，δ为射线与y轴的夹角。

五元均匀直线阵的阵因子为

$$f_a(\delta) = |\ 1 + e^{j\psi(\delta)} + e^{j2\psi(\delta)} + e^{j3\psi(\delta)} + e^{j4\psi(\delta)}\ |$$

$$= \left|\frac{\sin\left[\dfrac{5}{2}\psi(\delta)\right]}{\sin\dfrac{\psi(\delta)}{2}}\right| = \left|\frac{\sin\left[\dfrac{5}{2}\left(\dfrac{\pi}{2} + \dfrac{\pi}{2}\ \sin\delta\right)\right]}{\sin\left(\dfrac{\pi}{4} + \dfrac{\pi}{4}\ \sin\delta\right)}\right|$$

阵因子的最大值为5，则可得归一化阵因子为

$$F_a(\delta) = \frac{1}{5}\left|\frac{\sin\left[\dfrac{5}{2}\left(\dfrac{\pi}{2} + \dfrac{\pi}{2}\ \sin\delta\right)\right]}{\sin\left(\dfrac{\pi}{4} + \dfrac{\pi}{4}\ \sin\delta\right)}\right|$$

由于单元天线是理想点源，其归一化元因子为$F_1(\delta)=1$，则含z轴平面的方向函数为

$$F(\delta) = F_1(\delta)F_a(\delta) = \frac{1}{5}\left|\frac{\sin\left[\dfrac{5}{2}\left(\dfrac{\pi}{2} + \dfrac{\pi}{2}\ \sin\delta\right)\right]}{\sin\left(\dfrac{\pi}{4} + \dfrac{\pi}{4}\ \sin\delta\right)}\right|$$

再求与z轴垂直的平面内的方向函数。此时，$\psi(\varphi) = \xi + k\Delta r = \dfrac{\pi}{2}$，式中，$\varphi$为射线与$x$

轴的夹角。

由于阵因子为

$$f_a(\varphi) = |\, 1 + e^{j\psi(\varphi)} + e^{j2\psi(\varphi)} + e^{j3\psi(\varphi)} + e^{j4\psi(\varphi)} \,|$$

$$= \left| \frac{\sin\left[\frac{5}{2}\psi(\varphi)\right]}{\sin\frac{\psi(\varphi)}{2}} \right| = \left| \frac{\sin\frac{5\pi}{4}}{\sin\frac{\pi}{4}} \right| = 1$$

元因子为

$$F_1(\varphi) = 1$$

则垂直于 z 轴平面的方向函数为

$$F(\varphi) = F_1(\varphi)F_a(\varphi) = 1$$

含 z 轴平面的方向图及与 z 轴垂直平面的方向图如题 $1-1-31$ 解图所示。

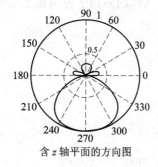
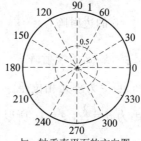

含 z 轴平面的方向图　　　　与 z 轴垂直平面的方向图

题 $1-1-31$ 解图

1 - 1 - 32 证明普通端射阵的阵元间距离应满足下式：

$$d \leqslant \frac{\lambda}{2}\left(1 - \frac{1}{2N}\right)$$

证明 对于普通端射阵来说，$\xi = \pm kd$，因而 $\psi = \pm kd + kd\cos\delta$。当 $\delta = 0° \sim 180°$ 时，可视区为 $0 \leqslant \psi \leqslant 2kd$ 或 $-2kd \leqslant \psi \leqslant 0$，为了避免出现栅瓣或过大的非主瓣，还需要在可视区中减去零功率点波瓣宽度的一半，即要求

$$|\,\Delta\psi_{max}\,| = 2kd \leqslant 2\pi - \frac{\pi}{N}$$

则有

$$2\frac{2\pi}{\lambda}d \leqslant 2\pi - \frac{\pi}{N}$$

可得

$$d \leqslant \frac{\lambda}{2}\left(1 - \frac{1}{2N}\right)$$

1 - 1 - 33 证明强方向性端射阵的阵元间距离应满足下式：

$$d \leqslant \frac{\lambda}{2}\left(1 - \frac{1}{N}\right)$$

证明 对于强方向性端射阵来说，$\xi = \pm kd \pm \frac{\pi}{N}$，因此 $\psi = \pm kd \pm \frac{\pi}{N} + kd\cos\delta$。当 $\delta = 0° \sim 180°$ 时，可视区为 $\frac{\pi}{N} \leqslant \psi \leqslant 2kd + \frac{\pi}{N}$ 或 $-\frac{\pi}{N} - 2kd \leqslant \psi \leqslant -\frac{\pi}{N}$，为了避免出现栅瓣或

过大的非主瓣，还需要在可视区中减去零功率点波瓣宽度的一半，即要求

$$2kd + \frac{\pi}{N} \leqslant 2\pi - \frac{\pi}{N}$$

即

$$|\Delta\psi_{\max}| = 2kd \leqslant 2\pi - \frac{\pi}{N} - \frac{\pi}{N}$$

则有

$$2 \cdot \frac{2\pi}{\lambda} \cdot d \leqslant 2\pi - \frac{2\pi}{N}$$

可得

$$d \leqslant \frac{\lambda}{2}\left(1 - \frac{1}{N}\right)$$

1-1-34 证明满足下列条件的 N 元均匀直线阵的阵因子方向图无副瓣：

(1) $d = \dfrac{\lambda}{N}$，$\xi = 0$ 的边射阵；

(2) $d = \dfrac{\lambda}{2N}$，$\xi = \pm kd$ 的端射阵。

式中，d 为阵元间距；ξ 为阵元相位差。

证明　(1) 因为 $d = \dfrac{\lambda}{N}$，$\xi = 0$，所以相位差为

$$\psi(\delta) = \xi + k\Delta r = \xi + kd\cos\delta = \frac{2\pi}{N}\cos\delta$$

因为 δ 的取值范围为 $0° \sim 180°$，所以可视区为 $-\dfrac{2\pi}{N} \leqslant \psi \leqslant \dfrac{2\pi}{N}$。

从均匀直线阵的通用方向图可知，N 元均匀直线阵除函数值为 1 的极大值外，还有 $N-2$ 个函数值小于 1 的极大值，分别位于

$$\psi_m = \pm\frac{2m+1}{N}\pi \qquad m = 1, 2, 3, \cdots, N-2$$

$$\psi_m = \pm\frac{3\pi}{N}, \pm\frac{5\pi}{N}, \pm\frac{7\pi}{N}, \cdots$$

处，而

$$\psi_m \not\subset \left(-\frac{2\pi}{N}, \frac{2\pi}{N}\right)$$

即在可视区内没有 ψ_m，这表明在可视区内除了值为 1 的主瓣外，没有其它极大值，即没有副瓣。

(2) 因为 $d = \dfrac{\lambda}{2N}$，$\xi = \pm kd$，所以相位差为

$$\psi(\delta) = \xi + k\Delta r = \xi + kd\cos\delta = \pm kd + \frac{2\pi}{\lambda}\frac{\lambda}{2N}\cos\delta = \pm\frac{\pi}{N} + \frac{\pi}{N}\cos\delta$$

因为 $\delta = 0° \sim 180°$，所以可视区为 $-\dfrac{2\pi}{N} \leqslant \psi \leqslant \dfrac{2\pi}{N}$。

从均匀直线阵的通用方向图可知，N 元均匀直线阵除函数值为 1 的极大值外，还有 $N-2$ 个极大值，分别位于

$$\psi_m = \pm \frac{3\pi}{N}, \pm \frac{5\pi}{N}, \pm \frac{7\pi}{N}, \cdots$$

处，而

$$\psi_m \not\subset \left(-\frac{2\pi}{N}, \frac{2\pi}{N}\right)$$

即在可视区内没有 ψ_m，这表明可视区内除了值为 1 的极大值外，没有其它极大值，等价于只有一个主瓣，而无副瓣。

1-1-35 两半波细振子如题 1-1-35 图所示排列，间距 $d = \frac{\lambda}{2}$，用特性阻抗为 200 Ω 的平行双线馈电，试求下列两种情况下 AA' 点的输入阻抗：

(1) 输入端在馈线的中央(图(a))；

(2) 输入端在馈线的一端(图(b))。

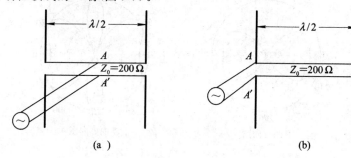

(a)   (b)

题 1-1-35 图

解 (1) 当输入端在馈线中央时，$I_{m1} = I_{m2}$，则振子 1 的辐射阻抗为

$$Z_{r1} = Z_{11} + \frac{I_{m2}}{I_{m1}} Z_{12} = Z_{11} + Z_{12}$$

$$= (73.1 + j42.5) + (-16 - j26) = 57.1 + j16.5 \ \Omega$$

同理可求得振子 2 的辐射阻抗为

$$Z_{r2} = Z_{22} + \frac{I_{m1}}{I_{m2}} Z_{21} = Z_{22} + Z_{21} = 57.1 + j16.5 \ \Omega$$

输入阻抗经过 $\lambda/4$ 传输线到 AA' 点，则该点的阻抗为

$$Z_{in} = \frac{Z_0^2}{Z_{r1}} \parallel \frac{Z_0^2}{Z_{r2}} = 323.3 - j93.4 \ \Omega$$

即 AA' 点的输入阻抗为 $323.3 - j93.4 \ \Omega$。

(2) 当输入端在馈线一端时，由于 $d = \lambda/2$，所以 $I_{m2} = -I_{m1}$，则可求得振子 1 的辐射阻抗为

$$Z_{r1} = Z_{11} + \frac{I_{m2}}{I_{m1}} Z_{12} = Z_{11} - Z_{12}$$

$$= (73.1 + j42.5) - (-16 - j26) = 89.1 + j68.5 \ \Omega$$

而振子 2 的辐射阻抗为

$$Z_{r2} = Z_{r1}$$

再由 $\lambda/2$ 传输线的阻抗重复性可得 AA' 点的阻抗为

$$Z_{in} = Z_{r1} \parallel Z_{r2} = 44.55 + j34.25 \ \Omega$$

即 AA' 点的输入阻抗为 $44.55+\mathrm{j}34.25\ \Omega$。

1 − 1 − 36 两等幅同相半波振子平行排列，间距为 1.2λ，试计算该二元阵的方向系数。已知相距 1.2λ 的二平行半波振子之间的互阻抗为 $15.2+\mathrm{j}1.9\ \Omega$。

解 当两个等幅同相的半波振子平行排列时，利用方向图乘积定理可以求出其方向函数为

$$f_E(\delta)=\left|\frac{\cos\left(\dfrac{\pi}{2}\sin\delta\right)}{\cos\delta}\right|\times\left|2\cos\left(\frac{6}{5}\pi\cos\delta\right)\right|$$

$$f_H(\varphi)=\left|2\cos\left(\frac{6}{5}\pi\cos\varphi\right)\right|$$

式中，δ 为射线与阵轴的夹角；φ 为方位角。它们的方向图如题 $1-1-36$ 解图所示。

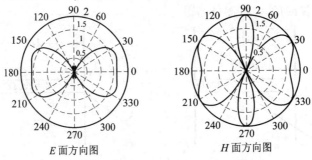

E 面方向图   H 面方向图

题 $1-1-36$ 解图

从 H 面的方向函数可得该二元阵的最大方向函数值为 $f_{\max(1)}=2$。

计算时，该二元阵的振子"2"的电流可归算到振子"1"，故二元阵的总辐射阻抗为

$$Z_{r\Sigma(1)}=Z_{r1}+\left|\frac{I_{\mathrm{m}2}}{I_{\mathrm{m}1}}\right|^2 Z_{r2}$$

其中

$$Z_{r1}=Z_{11}+\frac{I_{\mathrm{m}2}}{I_{\mathrm{m}1}}Z_{12}=(73.1+\mathrm{j}42.5)+(15.2+\mathrm{j}1.9)=88.2+\mathrm{j}44.4\ \Omega$$

$$Z_{r2}=Z_{22}+\frac{I_{\mathrm{m}1}}{I_{\mathrm{m}2}}Z_{21}=(73.1+\mathrm{j}42.5)+(15.2+\mathrm{j}1.9)=88.2+\mathrm{j}44.4\ \Omega$$

则

$$Z_{r\Sigma(1)}=Z_{r1}+\left|\frac{I_{\mathrm{m}2}}{I_{\mathrm{m}1}}\right|^2 Z_{r2}=176.4+\mathrm{j}88.8\ \Omega$$

总辐射电阻为 $R_{r\Sigma(1)}=176.4\ \Omega$，因此该二元阵的方向系数为

$$D=\frac{120 f_{\max(1)}^2}{R_{r\Sigma(1)}}=\frac{120\times 2^2}{176.4}=2.7$$

1 − 1 − 37 已知相距 $\lambda/4$，互相平行的两元半波天线阵的波腹处的电流有效值之比为 $I_{\mathrm{m}1}/I_{\mathrm{m}2}=\mathrm{e}^{\mathrm{j}\pi/2}$，并且 $I_{\mathrm{m}1}=1.85\ \mathrm{A}$，计算振子"1"和"2"的总辐射阻抗，以及该二元阵的总辐射功率。

解 以振子"1"的波腹电流为归算电流时，总辐射阻抗为

$$Z_{r\Sigma(1)}=Z_{r1}+\left|\frac{I_{\mathrm{m}2}}{I_{\mathrm{m}1}}\right|^2 Z_{r2}$$

$$= Z_{11} + \frac{I_{m2}}{I_{m1}} Z_{12} + \left| \frac{I_{m2}}{I_{m1}} \right|^2 \left(Z_{22} + \frac{I_{m1}}{I_{m2}} Z_{21} \right)$$

$$= Z_{11} + e^{-j\frac{\pi}{2}} Z_{12} + Z_{22} + e^{j\frac{\pi}{2}} Z_{21}$$

$$= 2Z_{11}$$

$$= 146.2 + j85 \ \Omega$$

所以，总辐射电阻 $R_{r\Sigma(1)} = 146.2 \ \Omega$。

总辐射功率为

$$P_{r\Sigma} = \frac{1}{2} \mid I_{m1} \mid^2 R_{r\Sigma(1)} = 250.2 \ \text{J}$$

又因为

$$f_E(\delta) = \left| \frac{\cos\left(\frac{\pi}{2} \sin\delta\right)}{\cos\delta} \right| \times \left| 2 \cos\left(\frac{\pi}{4} + \frac{\pi}{4} \cos\delta\right) \right|$$

$$f_H(\varphi) = \left| 2 \cos\left(\frac{\pi}{4} + \frac{\pi}{4} \cos\varphi\right) \right|$$

可见，方向函数的最大值 $f_{\max(1)} = 2$。所以，方向系数为

$$D = \frac{120 f_{\max(1)}^2}{R_{r\Sigma(1)}} = \frac{120 \times 2^2}{146.2} = 3.28$$

E 面和 H 面的方向图如题 $1-1-37$ 解图所示。

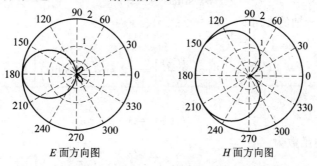

题 $1-1-37$ 解图

1 - 1 - 38　一半波振子水平架设地面上空，距地面高度 $h = 3\lambda/4$，设地面为理想导体，试画出该振子的镜像，写出 E 面、H 面的方向图函数，并概画方向图。

解　半波振子水平架设在地面上空，其镜像为负镜像，如题 $1-1-38$ 解图（一）所示。

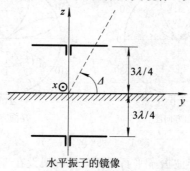

水平振子的镜像

题 $1-1-38$ 解图（一）

利用半波振子及其镜像组成的二元阵，可以等效地面的影响，此时 E 面为 yOz 平面，两个振子到场点的相位差为

$$\psi(\Delta) = \xi + kd\,\sin\Delta = \pi - \frac{2\pi}{\lambda} \cdot 2 \cdot \frac{3\lambda}{4}\,\sin\Delta$$

$$= \pi - 3\pi\,\sin\Delta$$

阵因子为

$$f_a(\Delta) = \left| 2\cos\frac{\psi(\Delta)}{2} \right| = \left| 2\sin\left(\frac{3\pi}{2}\,\sin\Delta\right) \right|$$

元因子为

$$f_1(\Delta) = \left| \frac{\cos\left(\dfrac{\pi}{2}\,\cos\Delta\right)}{\sin\Delta} \right|$$

于是，由方向图的乘积定理可得 E 面方向函数为

$$f_E(\Delta) = f_1(\Delta)f_a(\Delta) = \left| \frac{\cos\left(\dfrac{\pi}{2}\,\cos\Delta\right)}{\sin\Delta} \right| \times \left| 2\sin\left(\frac{3\pi}{2}\,\sin\Delta\right) \right|$$

H 面为 xOz 平面，两个振子到场点的相位差为

$$\psi(\varphi) = \xi + kd\,\sin\varphi = \pi - \frac{2\pi}{\lambda} \cdot 2 \cdot \frac{3\lambda}{4}\,\sin\varphi$$

$$= \pi - 3\pi\,\sin\varphi$$

式中，φ 为射线与 x 轴的夹角。

阵因子为

$$f_a(\varphi) = \left| 2\cos\frac{\psi(\varphi)}{2} \right| = \left| 2\sin\left(\frac{3\pi}{2}\,\sin\varphi\right) \right|$$

元因子为

$$f_1(\varphi) = 1$$

所以，H 面的方向函数为

$$f_H(\varphi) = f_1(\varphi)f_a(\varphi) = \left| 2\sin\left(\frac{3\pi}{2}\,\sin\varphi\right) \right|$$

E 面和 H 面的归一化方向图如题 $1-1-38$ 解图(二)所示。

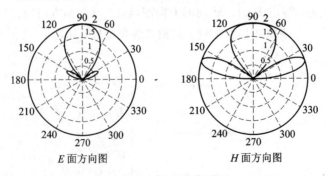

E 面方向图 H 面方向图

题 $1-1-38$ 解图(二)

1-1-39 二等幅同相半波振子平行排列，垂直架设在理想导电地面上空 $\lambda/2$ 处(见题 $1-1-39$ 图)，试求其 E 面和 H 面的方向函数并概画方向图。

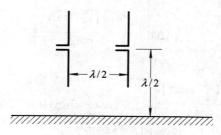

题 1 - 1 - 39 图

解　两个半波振子平行排列，并垂直架设在理想导电面上空 $\lambda/2$ 处，则它们的镜像为正镜像，如题 1 - 1 - 39 解图（一）所示。

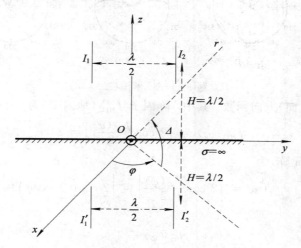

题 1 - 1 - 39 解图（一）

在考虑了这两个振子和它们的镜像组成的半波振子阵后，可以等效理想导电面的影响。

空间的总辐射场为

$$E = E_1 + E_2 + E_{1'} + E_{2'}$$
$$= E_1 f_{12} + E_{1'} f_{1'2'}$$
$$= (E_1 + E_{1'}) f_{12}$$
$$= E_1 f_{11'} f_{12}$$

由此可以推出

$$f = f_1 f_{11'} f_{12}$$

先求 E 面（yOz 面）方向函数。其中，阵因子 $f_{E11'}$（地因子）为

$$f_{E11'}(\Delta) = \left| 2 \cos \frac{\psi_{11'}(\Delta)}{2} \right| = |\, 2 \cos(\pi \sin\Delta)\,|$$

阵因子 f_{E12}（平行二元阵）为

$$f_{E12}(\Delta) = \left| 2 \cos \frac{\psi_{12}(\Delta)}{2} \right| = \left| 2 \cos\left(\frac{\pi}{2} \cos\Delta \right) \right|$$

元因子为

$$f_{E1}(\Delta) = \left| \frac{\cos\left(\dfrac{\pi}{2}\sin\Delta\right)}{\cos\Delta} \right|$$

则 E 面方向函数为

$$f_E(\Delta) = \left| \frac{\cos\left(\dfrac{\pi}{2}\sin\Delta\right)}{\cos\Delta} \right| \times |\, 2\cos(\pi\sin\Delta)\,| \times \left| 2\cos\left(\dfrac{\pi}{2}\cos\Delta\right) \right|$$

相应的归一化方向图如题 $1-1-39$ 解图（二）所示。

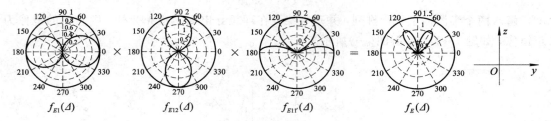

题 $1-1-39$ 解图（二）

再求 H 面（xOy 面）方向函数。其中，阵因子 $f_{H11'}$（地因子）为

$$f_{H11'}(\varphi) = \left| 2\cos\frac{\psi_{11'}(\varphi)}{2} \right| = 2$$

阵因子 f_{H12}（平行二元阵）为

$$f_{H12}(\varphi) = \left| 2\cos\frac{\psi_{12}(\varphi)}{2} \right| = \left| 2\cos\left(\frac{\pi}{2}\cos\varphi\right) \right|$$

元因子为

$$f_{H1}(\varphi) = 1$$

则 H 面方向函数为

$$f_H(\varphi) = f_{H1}(\varphi)f_{H11'}(\varphi)f_{H12}(\varphi) = \left| 4\cos\left(\frac{\pi}{2}\cos\varphi\right) \right|$$

相应的归一化方向图如题 $1-1-39$ 解图（三）所示。

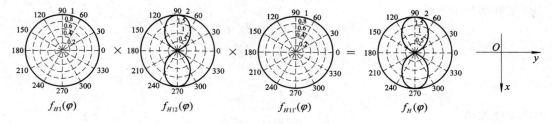

题 $1-1-39$ 解图（三）

1-1-40 一半波振子水平架设在理想导电地面上，高度为 0.45λ，试求其方向系数。

解 半波振子水平架设在理想导电地面上，其镜像为负镜像。当半波振子和其镜像组成一个二元阵时，可以等效地面的影响。此时

$$\psi(\Delta) = \xi + kd\,\sin\Delta = \pi - \frac{2\pi}{\lambda}\cdot 2\cdot\frac{9\lambda}{20}\sin\Delta = \pi - \frac{9\pi}{5}\sin\Delta$$

阵因子（地因子）为

$$f_a(\Delta) = \left| 2\cos\left(\frac{\psi(\Delta)}{2}\right) \right| = \left| 2\sin\left(\frac{9\pi}{10}\sin\Delta\right) \right|$$

元因子为

$$f_1(\Delta) = \left| \frac{\cos\left(\dfrac{\pi}{2}\cos\Delta\right)}{\sin\Delta} \right|$$

则由方向图乘积定理，可得方向函数为

$$f_E(\Delta) = f_1(\Delta)f_a(\Delta) = \left| \frac{\cos\left(\dfrac{\pi}{2}\cos\Delta\right)}{\sin\Delta} \right| \times \left| 2\sin\left(\frac{9\pi}{10}\sin\Delta\right) \right|$$

$$f_H(\varphi) = f_1(\varphi)f_a(\varphi) = \left| 2\sin\left(\frac{9\pi}{10}\sin\varphi\right) \right|$$

其方向图如题 1-1-40 解图所示。

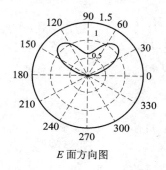 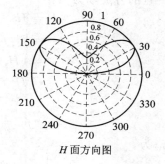

E 面方向图　　　　　　H 面方向图

题 1-1-40 解图

可见，方向函数的最大值 $f_{\max}=2$。

总辐射阻抗为

$$Z_r = Z_{11} - Z_{12} = (73.1 - \mathrm{j}42.5) - (0 + \mathrm{j}17) = 73.1 - \mathrm{j}59.5 \ \Omega$$

方向系数为

$$D = \frac{120 f_{\max(1)}^2}{R_{r\Sigma(1)}} = \frac{120 \times 2^2}{73.1} = 6.57$$

1-1-41 如题 1-1-41 图所示，半波对称振子置于直角形金属反射屏前的 O 点，$d=h=\lambda/4$，半波对称振子垂直于纸平面，请完成下列问题：

(1) 画出镜像振子；

(2) 写出纸平面内的方向函数；

(3) 画出纸平面内的方向图；

(4) 若已知两平行排列振子，当 $d=\lambda/2$ 时，$Z_{12}=-5.0-$

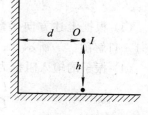

题 1-1-41 图

j23.0 Ω，当 $d=\lambda/\sqrt{2}$ 时，$Z_{12}=-20.0+\mathrm{j}0.0 \ \Omega$，试计算图中振子的输入阻抗。

解 一个半波振子置于直角形金属反射面前的 O 点，$d=h=\lambda/4$。

(1) 半波振子相对于金属反射面水平放置，则 2、3 点的镜像为负镜像，4 点镜像为正镜像，如题 1-1-41 解图(一)所示。

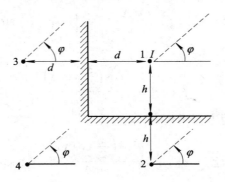

题 1−1−41 解图(一)

（2）考虑了元振子和三个镜像后，它们构成了一个四元阵，纸面为这个四元阵的 H 面。H 面内任一点的合成场为

$$H = H_1 + H_2 + H_3 + H_4$$
$$= H_1 f_{H12} + H_3 f_{H34}$$
$$= (H_1 + H_3) f_{H12}$$
$$= H_1 f_{H12} f_{H13}$$

由此可以推出

$$f_H = f_{H1} f_{H12} f_{H13}$$

阵因子 f_{H12} 为

$$f_{H12}(\varphi) = \left| 2 \cos \frac{\psi_{12}(\varphi)}{2} \right| = \left| 2 \sin\left(\frac{\pi}{2} \sin\varphi \right) \right|$$

阵因子 f_{H13} 为

$$f_{H13}(\varphi) = \left| 2 \cos \frac{\psi_{13}(\varphi)}{2} \right| = \left| 2 \sin\left(\frac{\pi}{2} \cos\varphi \right) \right|$$

元因子 f_{H1} 为

$$f_{H1}(\varphi) = 1$$

则 H 面方向函数为

$$f_H(\varphi) = \left| 2 \sin\left(\frac{\pi}{2} \sin\varphi \right) \right| \cdot \left| 2 \sin\left(\frac{\pi}{2} \cos\varphi \right) \right|$$

（3）根据上述方向函数，可以做出 H 面方向图如题
1−1−41 解图(二)所示。

（4）振子的输入阻抗为

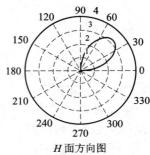

H 面方向图

题 1−1−41 解图(二)

$$Z_{in} = Z_r = Z_{11} + \frac{I_{m2}}{I_{m1}} Z_{12} + \frac{I_{m3}}{I_{m1}} Z_{13} + \frac{I_{m4}}{I_{m1}} Z_{14}$$
$$= Z_{11} - Z_{12} - Z_{13} + Z_{14}$$
$$= (73.1 + j42.5) - (-5.0 - j23.0) - (-5 - j23.0) + (-20.0 + j0.0)$$
$$= 63.1 + j88.5 \ \Omega$$

1−1−42 一半波振子天线架设如题 1−1−42 图所示，$d = 0.25\lambda$，在理想导电反射面条件下，测得天线远区 z 轴方向某点 A 的电场强度为 E_0，若在保持辐射功率不变的前提

下，抽掉反射面，此时测得 A 点的电场强度应为多少？（已知间隔距离为 0.5λ 的两平行半波振子间的互阻抗 $Z_{12}=-12.15-j29.9\ \Omega$。）如果不抽掉反射面，随着 d 逐渐增大，结果将怎样变化？

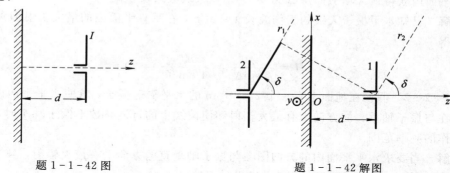

<table>
<tr><td>题 1−1−42 图</td><td>题 1−1−42 解图</td></tr>
</table>

解　半波振子相对理想导电反射面平行放置时，其镜像为负镜像，如题 1−1−42 解图所示。此时可以用半波振子和它的镜像来代替理想导电反射面的影响。

建立如题 1−1−42 解图所示的坐标系，δ 为射线与 z 轴的夹角，则 E 面方向函数为

$$f_E(\delta)=\left|\frac{\cos\left(\dfrac{\pi}{2}\sin\delta\right)}{\cos\delta}\right|\times\left|2\sin\left(\frac{\pi}{2}\cos\delta\right)\right|$$

可见，方向函数的最大值 $f_{\max}=2$，方向为 $\delta=0°$。

辐射阻抗为

$$Z_r=Z_{11}-Z_{12}=(73.1+j42.5)-(-12.15-j29.9)=85.25+j72.4\ \Omega$$

方向系数为

$$D=\frac{120f_{\max}^2}{R_{\Sigma(1)}}=5.63$$

由 $E_0=\dfrac{\sqrt{60P_rD}}{r}$，可得辐射功率为

$$P_r=\frac{E_0^2r^2}{60D}$$

当抽掉理想导体反射面后，半波振子的方向系数 $D'=1.64$，则它在 A 点的电场为

$$E'=\frac{\sqrt{60P_rD'}}{r}=0.54E_0$$

如果不抽掉反射面，而增大距离 d，则 A 点的场强会出现振荡，振荡的幅度逐渐减小，一直逼近到 $0.54E_0$，即反射面对半波振子辐射的影响可以忽略。

1.2　典型天线

本节内容与教材第 2 章习题二（1−2−1～1−2−16 题）、第 3 章习题三（1−2−17～1−2−20 题）、第 4 章习题四（1−2−21～1−2−24 题）、第 5 章习题五（1−2−25～1−2−28 题）、第 6 章习题六（1−2−29～1−2−31 题）、第 7 章习题七（1−2−32～1−2−36 题）、第 8 章习题八（1−2−37～1−2−56 题）、第 9 章习题九（1−2−57～1−2−59 题）相对应

（括号内为教材习题中所对应的本书习题序号）。

1-2-1 有一架设在地面上的水平振子天线，其工作波长 $\lambda=40$ m。若要在垂直于天线的平面内获得最大辐射仰角 Δ 为 $30°$，则该天线应架设多高？

解 已知水平振子天线的工作波长 $\lambda=40$ m，在垂直平面内的最大辐射仰角 $\Delta_0=30°$，则可得

$$H=\frac{\lambda}{4\sin\Delta_0}=\frac{40}{4\sin30°}=20 \text{ m}$$

1-2-2 假设在地面上有一个 $2l=40$ m 的水平辐射振子，求使水平平面内的方向图保持在与振子轴垂直的方向上有最大辐射和使馈线上的行波系数不低于 0.1 时，该天线可以工作的频率范围。

解 当要求水平平面内的方向图在与振子轴垂直的方向上有最大辐射，且馈线上的行波系数不低于 0.1 时，天线长度 l 应满足如下要求：

$$0.2\lambda_{\max}<l<0.7\lambda_{\min}$$

式中，$\lambda_{\max}$ 和 $\lambda_{\min}$ 分别为该振子工作的最大波长和最小波长。

现在 $2l=40$ m，即 $l=20$ m，则要求

$$0.2\lambda_{\max}<20 \text{ m} \quad 和 \quad 0.7\lambda_{\min}>20 \text{ m}$$

于是，可得该天线工作的频率范围为 3 MHz$<f<10.5$ MHz。

1-2-3 为了保证某双极天线在 $4\sim10$ MHz 波段内馈线上的驻波比不致过大且最大辐射方向保持在与振子垂直的方向上，该天线的臂长应如何选定？

解 当要求水平平面内的方向图在与振子轴垂直的方向上有最大辐射，且馈线上的行波系数不低于 0.1 时，天线长度 l 应满足如下要求：

$$0.2\lambda_{\max}<l<0.7\lambda_{\min}$$

在 $4\sim10$ MHz 频段上，$\lambda_{\max}=75$ m，$\lambda_{\min}=30$ m，因此天线的臂长范围应该为 15 m$<l<21$ m。

1-2-4 今有一双极天线，臂长 $l=20$ m，架设高度 $h=8$ m，试估算它的工作频率范围以及最大辐射仰角范围。

解 已知双极天线的臂长 $l=20$ m，根据 $0.2\lambda_{\max}<l<0.7\lambda_{\min}$ 的要求，$0.2\lambda_{\max}<20$ m，且 $0.7\lambda_{\min}>20$ m，因此它的工作频率范围应为 3 MHz$<f<10.5$ MHz。

因为天线架设不高，满足 $H/\lambda_{\min}<0.3$，所以具有高仰角辐射特性，在 $\Delta_{m1}\sim90°$ 的范围内具有最大辐射，其中 $\Delta_{m1}=\arcsin\left(\dfrac{\lambda_{\min}}{4H}\right)=63.2°$。

1-2-5 为什么频率为 $3\sim20$ MHz 的短波电台通常至少配备两副天线（一副臂长 $l=10$ m，另一副臂长 $l=20$ m）？

解 对于工作在 $3\sim20$ MHz 频段的短波双极天线，根据 $0.2\lambda_{\max}<20$ m$<0.7\lambda_{\min}$ 的要求，天线尺寸为 20 m$<l<10.5$ m，不满足要求。因此，通常配备两副天线，$2\sim10$ MHz 频段使用 $2l=40$ m 的天线，$10\sim30$ MHz 频段使用 $2l=20$ m 的天线。

1-2-6 两半波对称振子分别沿 x 轴和 y 轴放置并以等幅、相位差 $90°$馈电。试求该组合天线在 z 轴和 xOy 平面的辐射场。若用同一振荡馈源馈电，馈线应如何联接？

解 两个半波对称振子分别沿 x 轴和 y 轴放置，激励电流 $I_2=jI_1$，则它们构成一个旋

转场天线，如题 1 - 2 - 6 解图(a)所示。

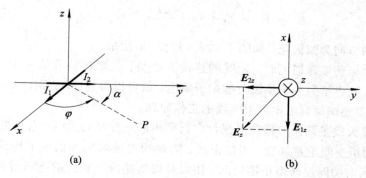

题 1 - 2 - 6 解图

设 xOy 平面内的远区场点为 $P\left(r, \dfrac{\pi}{2}, \varphi\right)$，则两个振子在该点产生的电场分别为

$$E_1 = j\,\frac{60 I_1}{r}\,\frac{\cos\left(\dfrac{\pi}{2}\cos\varphi\right)}{\sin\varphi}\,e^{-jkr}\,\boldsymbol{e}_\varphi$$

$$E_2 = j\,\frac{60 I_2}{r}\,\frac{\cos\left(\dfrac{\pi}{2}\cos\alpha\right)}{\sin\alpha}\,e^{-jkr}\,\boldsymbol{e}_a$$

由于 $\boldsymbol{e}_a = -\boldsymbol{e}_\varphi$，$\alpha = \dfrac{\pi}{2} - \varphi$，所以 P 点的合成电场为

$$E = E_1 + E_2 = j\,\frac{60 I_1}{r}\left[\frac{\cos\left(\dfrac{\pi}{2}\cos\varphi\right)}{\sin\varphi} - j\,\frac{\cos\left(\dfrac{\pi}{2}\sin\varphi\right)}{\cos\varphi}\right]e^{-jkr}\,\boldsymbol{e}_\varphi$$

则

$$E = A\left[\frac{\cos\left(\dfrac{\pi}{2}\cos\varphi\right)}{\sin\varphi} - j\,\frac{\cos\left(\dfrac{\pi}{2}\sin\varphi\right)}{\cos\varphi}\right]$$

式中，A 为与方向无关的常数，其大小与传播距离、电流大小有关。考虑到时间因子 $e^{j\omega t}$，则合成场为

$$E(t) = A\left[\frac{\cos\left(\dfrac{\pi}{2}\cos\varphi\right)}{\sin\varphi} - j\,\frac{\cos\left(\dfrac{\pi}{2}\sin\varphi\right)}{\cos\varphi}\right]e^{j\omega t}$$

合成场的瞬时值为

$$E(t) = A\left|\frac{\cos\left(\dfrac{\pi}{2}\cos\varphi\right)}{\sin\varphi}\cos(\omega t) + \frac{\cos\left(\dfrac{\pi}{2}\sin\varphi\right)}{\cos\varphi}\sin(\omega t)\right|$$

在 z 轴上，两个振子产生的场强分别为

$$E_{1z} = -j\,\frac{60 I_1}{r}\,\frac{\cos\left(\dfrac{\pi}{2}\cos\dfrac{\pi}{2}\right)}{\sin\varphi}\,e^{-jkr}\,\boldsymbol{e}_x = -j\,\frac{60 I_1}{r}\,e^{-jkr}\,\boldsymbol{e}_x$$

$$E_{2z} = -j\,\frac{60 I_2}{r}\,\frac{\cos\left(\dfrac{\pi}{2}\cos\dfrac{\pi}{2}\right)}{\sin\alpha}\,e^{-jkr}\,\boldsymbol{e}_y = -j\,\frac{60 I_2}{r}\,e^{-jkr}\,\boldsymbol{e}_y$$

合成场为

$$\boldsymbol{E}_z = \boldsymbol{E}_{1z} + \boldsymbol{E}_{2z} = -\mathrm{j}\,\frac{60I_1}{r}\mathrm{e}^{-\mathrm{j}kr}(\boldsymbol{e}_x + \mathrm{j}\boldsymbol{e}_y)$$

该合成场在 z 轴方向为圆极化，如题 $1-2-6$ 解图(b)所示。

当用同一个振荡馈源馈电时，馈线的连接方法是：先用传输线给一个对称振子馈电，然后在其后 $\lambda/4$ 处再给另一个半波对称振子馈电，就可以得到 $90°$ 的相位差。

$1-2-7$ 简述蝙蝠翼电视发射天线的工作原理。

答 蝙蝠翼天线是调频广播和电视台广泛采用的一种辐射天线，它是根据旋转场原理来设计的，由两组空间垂直放置、相位正交、等幅馈电的蝙蝠翼面振子构成。每个振子面结构都是从两端向中间逐渐缩小排列的，用以补偿短路线上感抗的逐渐增加，从而保证每个振子都是同相激励的，使得整个结构在水平方向有较强的辐射。这样一组同相激励的振子在垂直平面内的方向图，大体上与平行排列的、间距为半波长的等幅同相二元阵的方向图相同。

$1-2-8$ 怎样提高直立天线的效率？

答 在短波以下的波段，若直立天线的电高度低，则会导致天线的效率低、工作频带窄和容许功率低等问题。解决这些问题的关键在于提高辐射电阻，同时设法降低损耗电阻。实际采用的方法有三种：

（1）加顶负载，如在鞭状天线的顶端加一水平金属板、金属小球、金属圆盘以及辐射叶等，其作用是增加顶端对地的分布电容，使得天线顶端的电流不再为零，从而改善加载点以下的电流分布，使之更趋于均匀，使辐射电阻得到提高；

（2）加电感线圈，通过在短单极天线的中部某点加入一定数值的感抗，抵消该点以上线段在该点所呈现的容抗的一部分，从而改善了加载点以下部分的电流分布，达到提高辐射电阻的目的；

（3）降低损耗电阻，改善地面的电性质，常用的方法有埋地线、铺地网及架设平衡器等。

$1-2-9$ 一紫铜管构成的小圆环，已知 $\sigma = 5.8 \times 10^7$ S/m，环的半径 $b = 15$ cm，铜管的半径 $a = 0.5$ cm，工作波长 $\lambda = 10$ m。求此单匝环天线的损耗电阻、电感量和辐射电阻，并计算这一天线的效率。有哪些办法可提高其辐射电阻？

解 已知 $\lambda = 10$ m，$\sigma = 5.8 \times 10^7$ S/m，$b = 15$ cm $= 0.15$ m，$a = 0.5$ cm $= 0.005$ m，则该小环天线的损耗电阻为

$$R_l = \frac{b}{a}R_s = \frac{b}{a}\sqrt{\frac{\omega\mu_0}{2\sigma}} = \frac{0.15}{0.005}\sqrt{\frac{2\times\pi\times3\times10^7\times4\times\pi\times10^{-7}}{2\times5.8\times10^7}} = 0.0429\ \Omega$$

辐射电阻

$$R_r = 320\pi^4\,\frac{S^2}{\lambda^4} = 320\pi^4\,\frac{(\pi b^2)^2}{\lambda^4} = 0.0156\ \Omega$$

则天线效率为

$$\eta_A = \frac{R_r}{R_r + R_l} = \frac{0.0156}{0.0156 + 0.0429} = 26.7\%$$

该单匝小环天线的电感量为

$$L = \mu_0 b \ln \frac{b}{a} = 4\pi \times 10^{-7} \times 0.15 \times \ln \frac{0.15}{0.005}$$
$$= 6.41 \times 10^{-7} \text{ H/m}$$

提高辐射电阻的办法有两个：(1) 采用多匝小环；(2) 在环线内插入高磁导率的铁氧体磁芯。

1-2-10　设某平行二元引向天线由一个电流为 $I_{m1} = 1\mathrm{e}^{\mathrm{j}0°}$ 的有源半波振子和一个无源振子构成，两振子间距 $d = \lambda/4$，已知互阻抗 $Z_{12} = 40.8 - \mathrm{j}28.3 = 49.7\mathrm{e}^{-\mathrm{j}34.7°}$ Ω，半波振子自阻抗 $Z_{11} = 73.1 + \mathrm{j}42.5 = 84.6\mathrm{e}^{\mathrm{j}30.2°}$ Ω。

(1) 求无源振子的电流 I_{m2}；

(2) 判断无源振子是引向器还是反射器；

(3) 求该二元引向天线的总辐射阻抗。

解　(1) 对于二元引向天线的无源振子来说，其输入端电压为 0，则有

$$U_1 = I_1 Z_{21} + I_2 Z_{22} = 0$$

故无源振子上的电流为

$$I_2 = -\frac{Z_{21}}{Z_{22}} I_1 = -\frac{49.7\mathrm{e}^{-\mathrm{j}34.7°}}{84.6\mathrm{e}^{\mathrm{j}30.2°}} = 0.587\mathrm{e}^{\mathrm{j}115.1°} \text{ A}$$

(2) 根据引向器/反射器的判决条件，当 $d \leqslant 0.4\lambda$ 时，无源振子上的电流 I_2 的相位为 115.1°，而 0° < 115.1° < 180°，所以无源阵子应该是反射器。

(3) 该二元引向天线的总辐射阻抗为

$$Z_{r\Sigma(1)} = Z_{r1} + \left|\frac{I_{m2}}{I_{m1}}\right|^2 Z_{r2} = Z_{r1} = Z_{11} + \frac{I_{m2}}{I_{m1}} Z_{12}$$
$$= 84.6\mathrm{e}^{\mathrm{j}30.2°} + 0.587\mathrm{e}^{\mathrm{j}115.1°} \times 49.7\mathrm{e}^{-\mathrm{j}34.7°}$$
$$= 78.1 + \mathrm{j}71.3 \text{ Ω}$$

1-2-11　三元引向天线，有源振子谐振长度为 0.48λ，它与引向器之间的距离是 0.2λ，与反射器之间的距离是 0.15λ，引向器和反射器的长度分别为 0.47λ 和 0.56λ，各阵子的长度直径比均假定为 30。求此天线的前后辐射比和输入电阻。

解　将有源阵子、引向器和反射器看作一个三元阵，其中阵子"1"为有源阵子，阵子"0"为反射器，阵子"2"为引向器，则有

$$\begin{cases} U_0 = 0 = Z_{00} I_0 + Z_{01} I_1 + Z_{02} I_2 \\ U_1 = Z_{00} I_0 + Z_{11} I_1 + Z_{12} I_2 \\ U_2 = 0 = Z_{20} I_0 + Z_{21} I_1 + Z_{22} I_2 \end{cases}$$

当 $0 < \dfrac{l}{\lambda} \leqslant 0.35$ 时，对称振子的自阻抗为

$$Z_{ii} = \frac{60 \displaystyle\int_0^\pi \frac{\cos(kl_i \cos\theta) - \cos(kl_i)}{\sin\theta} \mathrm{d}\theta}{\sin^2(kl_i)} - \mathrm{j}\overline{W}_0 \cot(kl_i) \qquad i = 0, 1, 2$$

其中

$$\overline{W}_0 = 120\left[\ln \frac{2l}{a} - 1\right] = 120[\ln(2 \times 30) - 1] = 371.3 \text{ Ω}$$

可得

$$Z_{00} = 103 + j59.8 \ \Omega$$

$$Z_{11} = 64.8 - j26.7 \ \Omega$$

$$Z_{22} = 61.1 - j37.0 \ \Omega$$

互阻抗可以通过查表得到

$$Z_{01} \mid_{d=0.15\lambda} = 51 - j11 \ \Omega$$

$$Z_{12} \mid_{d=0.2\lambda} = 43 - j19 \ \Omega$$

$$Z_{02} \mid_{d=0.35\lambda} = 18 - j32 \ \Omega$$

因此

$$\begin{cases} \dfrac{I_0}{I_1} = -\dfrac{Z_{01}Z_{22} - Z_{21}Z_{02}}{Z_{00}Z_{22} - Z_{02}^2} = -0.263 + j0.12 \\[4mm] \dfrac{I_2}{I_1} = -\dfrac{Z_{01}Z_{02} - Z_{21}Z_{00}}{Z_{02}^2 - Z_{00}Z_{22}} = -0.565 - j0.204 \end{cases}$$

由于 $I_{\text{in}} = I_m \sin(kl)$，所以

$$f(\Delta) = f_1(\Delta) \left| 1 + \frac{I_0}{I_1} \frac{1}{\sin(kl_0)} e^{-jkd_1\cos\Delta} + \frac{I_2}{I_1} \frac{1}{\sin(kl_2)} e^{jkd_2\cos\Delta} \right|$$

式中，Δ 为射线与阵轴之间的夹角；$f_1(\Delta)$ 为元因子。由此可得该天线的前后辐射比为

$$\left| \frac{E_前}{E_后} \right| = \left| \frac{f(\Delta = 0°)}{f(\Delta = 180°)} \right| = 2.0$$

输入电阻为

$$Z_{\text{in}} = \frac{U_1}{I_1} = Z_{10}\frac{I_0}{I_1} + Z_{11} + Z_{12}\frac{I_2}{I_1} = 24.5 - j15.7 \ \Omega$$

1-2-12　一个七元引向天线，反射器与有源振子间的距离是 0.15λ，各引向器以及与主振子之间的距离均为 0.2λ，试估算其方向系数和半功率波瓣宽度。

解　该七元引向天线的长度 $L = 0.2\lambda \times 5 + 0.15\lambda = 1.15\lambda$，则其方向系数约为 10，半功率波瓣宽度为

$$2\theta_{0.5} \approx 55\sqrt{\frac{\lambda}{L}} = 55 \times \sqrt{\frac{\lambda}{1.15\lambda}} = 51.28°$$

1-2-13　为什么引向天线的有源振子常采用折合振子？

答　由于引向天线振子之间的互耦影响，使得该天线的输入阻抗比半波振子的输入阻抗小很多，很难与同轴线直接匹配，而且同轴线是非对称馈线，需要在同轴线与有源振子之间接入平衡变换器来进行平衡转换，进一步降低了天线的输入阻抗，因此在馈电时更难实现阻抗匹配。试验证明，引向天线中有源振子的结构和类型对引向天线的方向图影响较小，因此可以主要从阻抗特性上来选择合适的有源振子的尺寸和结构。工程上就采用折合振子，它可以使折合振子的输入阻抗是普通半波振子的 K 倍，同时半波折合振子的横断面较大，相当于直径较粗的半波振子，使得其带宽也比普通半波振子的带宽稍宽。

1-2-14　天线与馈线连接有什么基本要求？

答　天线与馈线之间连接时要考虑两个问题：（1）阻抗匹配，以保证天线能够从馈线

中得到尽可能多的能量，即保证有最大的传输效率；（2）平衡馈电，使得对称振子的激励电流是两边对称的，以保证天线方向图的对称性。

1-2-15　简述 U 形管平衡—不平衡变换器的工作原理。

答　U 形管变换器实际上是一段长度为 $\lambda_g/2$ 的同轴线（λ_g 是同轴线内部的导波长），它同时起到了平衡/不平衡变换及阻抗变换两种作用。连接时，同轴线的内导体先直接和振子的左臂相连，然后由该点经过弯折，形成一段长度为 $\lambda_g/2$ 的 U 形同轴线，再将内导体与振子的右臂相连。由于在传输线上相距 $\lambda_g/2$ 的两点的电压（和电流）是等幅反相的，因此当左臂接入点对地电位为正时，右臂接入点对地电位为负，幅度相等，同时这种结构保证了两臂对地的分布参数是相同的，因此当同轴线通过 U 形管向对称振子天线馈电时，对称振子两臂上的电流分布是完全对称的。

1-2-16　请打开彩色电视机天线输入孔与外接接收天线之间使用的 300 Ω/75 Ω 转换器，绘出该转换器的结构图并说明它的工作原理。

解　该 300 Ω/75 Ω 转换器是一个宽带传输线阻抗变换器，如题 1-2-16 解图所示，它是在高频磁环上绕着一组或两组平行绕组，利用不同的连接方法来完成阻抗变换及平衡—不平衡转换作用的。它具有频带宽（波段覆盖比可达 10∶1 或更大）、体积小、功率容量大等特点。

300 Ω/75 Ω 转换器的等效电路及其工作原理，详见由西安电子科技大学出版社出版、周朝栋等编著的《线天线理论与工程》一书第 142 页内容。

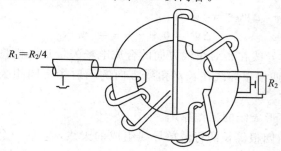

题 1-2-16 解图

1-2-17　说明行波天线与驻波天线的差别与优缺点。

答　如果天线上的电流按行波分布就称这种天线为行波天线。通常是利用导线末端接匹配负载来消除反射波而构成的。凡天线上的电流为驻波分布的就称为驻波天线。驻波天线是双向辐射的，输入阻抗具有明显的谐振特性，因此只能在较窄的波段内应用。

与驻波天线相比，行波天线具有较好的单向辐射特性、较高的增益以及较宽的阻抗带宽，在短波、超短波波段都获得了广泛应用，但是行波天线的效率较低，它是以降低效率来换取带宽的。

1-2-18　已知行波单导线第一波瓣与导线夹角 $\theta_m=\arccos\left(1-\dfrac{\lambda}{2l}\right)$。试证明当调整菱形天线锐角之半 θ_0 等于 θ_m 时，自由空间菱形天线的最大辐射方向指向负载端。

证明　菱形天线是由四根等长的行波单导线构成的，其锐角为 $2\theta_0$，如题 1-2-18 解图所示。

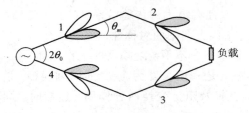

题 1-2-18 解图

当菱形天线的半锐角 $\theta_0 = \theta_m = \arccos\left(1 - \dfrac{\lambda}{2l}\right)$ 时，菱形天线四根单导线各有一个最大辐射方向指向长对角线方向，只需证明这些辐射场在长对角线方向是同相叠加的，就可以说明菱形天线的最大辐射方向指向负载方向。

在长对角线方向，1、2 两根行波单导线合成电场矢量的总相位差为

$$\Delta\Psi = \Delta\Psi_r + \Delta\Psi_i + \Delta\Psi_E$$

式中，$\Delta\Psi_r = kl\cos\theta_0$，$\Delta\Psi_i = -kl$，$\Delta\Psi_E = \pi$。于是，上式变成

$$\Delta\Psi = kl\cos\theta\big|_{\theta_0 = \theta_m} - kl + \pi = kl\left(1 - \dfrac{\lambda}{2l}\right) - kl + \pi = 0$$

可见，1、2 两根行波单导线在长对角线方向的合成电场矢量是同相叠加的。

在长对角线方向，1、4 两根行波单导线合成电场矢量的总相位差为

$$\Delta\Psi = \Delta\Psi_r + \Delta\Psi_i + \Delta\Psi_E$$

式中，$\Delta\Psi_r = 0$，$\Delta\Psi_i = \pi$，$\Delta\Psi_E = \pi$，则有

$$\Delta\Psi = 0 + \pi + \pi = 2\pi$$

所以，1、4 两根行波单导线在长对角线方向的合成电场矢量是同相叠加的。

总之，1、2、3、4 四根单导线在长对角线方向的辐射场是同相叠加的，所以有最大辐射场。

1-2-19 简述菱形天线的工作原理。

答 菱形天线是由四根等长的行波单导线组成的天线，它从一个锐角端馈电，在另一个锐角端接匹配负载，使各单导线上载行波。当行波电流流过各单导线时，会在与单导线夹角 $\theta_m = \arccos\left(1 - \dfrac{\lambda}{2l}\right)$ 的方向上产生最大辐射，此时通过调整菱形天线的锐角 θ_0，使得四根单导线各有一个最大辐射方向指向其长对角线方向。由于四根单导线在长对角线方向的辐射场是同相叠加的，所以在长对角线方向获得的合成场是最大的。而在其它方向上，并不是各行波单导线的最大辐射方向，也不一定满足各导线的辐射场同相的条件，因此形成了副瓣。

1-2-20 简述轴向模螺旋天线产生圆极化辐射的工作原理。

解 螺旋天线可以看成是一个用环形天线做辐射单元的天线阵，因此可以通过对单个圆环的分析来说明整个天线的辐射特性。当电流沿着螺旋线向前流动时，不断向外辐射能量，到达终点时能量已经很小了，因此终端反射也很弱，可以将其看作是载行波的电流。

设在某一瞬间 t_1，圆环上的电流分布如题 1-2-20 解图(a)所示，在环面上对称于 x 轴和 y 轴的 A、B、C、D 四点的电流可以分解为 I_x 和 I_y 两个分量，其中 $I_{xA} = -I_{xB}$，$I_{xC} = -I_{xD}$，因此在 t_1 时刻，x 分量在环轴（z 轴）方向的辐射场相互抵消，只有 I_y 分量有贡献，它们是同相叠加的，所以轴向辐射场只有 E_y 分量。

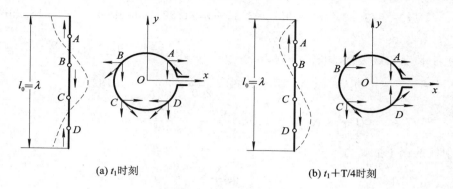

(a) t_1 时刻   (b) $t_1 + T/4$ 时刻

题 1-2-20 解图

由于圆环上载行波电流，则在 $t_1 + T/4$ 时刻（T 为周期），圆环上相同四点的电流如题 1-2-20 解图（b）所示，同样将它们分解为 I_x 和 I_y 两个分量，此时 $I_{yA} = -I_{yB}$，$I_{yC} = -I_{yD}$，因此 y 分量在轴向上的辐射场相互抵消，而 I_x 分量都是同相的，所以轴向上的辐射场只有 E_x。

可见，经过 $T/4$ 时间间隔后，轴向辐射的电场矢量绕 z 轴旋转了 90°，再经过 $T/4$ 时间后，电场矢量又将旋转 90°，依次类推，可知经过 T 时间后，电场矢量将旋转 360°，而且由于环上电流的幅度是不变的，因此轴向辐射场的幅值也是不变的，所以在轴向上的辐射场是圆极化。

1-2-21 简述等角螺旋天线的非频变原理。

解 等角螺旋天线由两个对称的等角螺旋臂构成，每个臂的边缘都满足等角螺旋线方程 $r = r_0 e^{a\varphi}$，且具有相同的 a，因此从该天线的结构来看，等角螺旋天线属于一种角度天线，它的结构仅仅由旋转角 φ 决定，满足非频变天线对形状的要求。当该天线工作于一个频率时，在等角螺旋天线上有一个对应的工作区域，起主要辐射作用，是该频率点的有效辐射区，在它后面的区域电流迅速衰减到 20 dB 以下，当工作频率发生改变时，这个有效辐射区会向前或向后移动，使得它的辐射性能基本保持不变，从而保证了非频变特性。

1-2-22 简述对数周期天线宽频带工作原理。

解 对数周期天线的所有振子尺寸以及振子之间的距离等都有确定的比例关系，因此该天线的结构就由一个比例因子决定。当工作于一个频率时，在天线阵面上有一个有效辐射区，该区域后面的电流迅速减小，符合电流截断效应的要求，使得集合线上载行波；另外，当工作频率发生变化时，这个有效辐射区会前后移动，但辐射区的电尺寸基本保持不变，从而使得该天线的电特性也维持基本不变，因此，对数周期天线的结构保证了对数周期天线的非频变特性。

1-2-23 设计一副工作频率为 200～400 MHz 的对数周期天线，要求增益为 9.5 dB。已知在满足 $D \geqslant 9.5$ dB 的条件下，$\tau = 0.895$，$\sigma = 0.165$。

解 已知对数周期天线的工作频率范围为 200～400 MHz，增益 $G = 9.5$ dB，则

$$G = D\eta \approx D = 9.5 \text{ dB}$$

所以，$\tau = 0.895$，$\sigma = 0.165$。

$$K_1 = 1.01 - 0.519\tau = 0.5455$$

$$K_2 = 7.10\tau^3 - 21.3\tau^2 + 21.98\tau - 7.30 + \sigma(21.82 - 66\tau + 62.12\tau^2 - 18.29\tau^3)$$
$$= 0.3009$$

则最长振子长度和最短振子长度分别为

$$L_1 = K_1\lambda_L = 0.5455 \times \frac{3 \times 10^8}{200 \times 10^6} = 0.8182$$

$$L_N = K_2\lambda_H = 0.3009 \times \frac{3 \times 10^8}{400 \times 10^6} = 0.2257$$

有效辐射区的振子数目为

$$N_a = 1 + \frac{\lg\dfrac{K_2}{K_1}}{\lg\tau} = 6.3621$$

取 $N_a = 7$。

下面再来设计天线结构。其中，对数周期天线的顶角为

$$\alpha = 2\arctan\frac{1-\tau}{4\sigma} = 18.079°$$

由

$$L_{n+1} = \tau L_n, \quad d_n = 2L_n\sigma, \quad R_n = \frac{\dfrac{L_n}{2}}{\tan\dfrac{\alpha}{2}}$$

可求得对数周期天线各振子的尺寸，如题 1-2-23 表所示。

题 1-2-23 表　对数周期天线的结构尺寸

结构尺寸	1	2	3	4	5	⋯	9	10	11	12	13
L_n	0.818	0.732	0.655	0.587	0.525	⋯	0.337	0.302	0.270	0.242	0.216
d_n	0.270	0.242	0.216	0.194	0.173	⋯	0.111	0.100	0.089	0.080	
R_n	2.572	2.302	2.060	1.844	1.650	⋯	1.059	0.948	0.848	0.759	0.679

1-2-24 已知某对数周期偶极子天线的周期率 $\tau = 0.88$，间隔因子 $\sigma = 0.14$，最长振子全长 $L_1 = 100$ cm，最短振子长 25.6 cm，试估算它的工作频率范围。

解　因为 $\tau = 0.88$，$\sigma = 0.14$，则

$$K_1 = 1.01 - 0.519\tau = 0.553$$

$$K_2 = 7.10\tau^3 - 21.3\tau^2 + 21.98\tau - 7.30 + \sigma(21.82 - 66\tau + 62.12\tau^2 - 18.29\tau^3)$$
$$= 0.300$$

由 $L_1 = K_2\lambda_L$ 和 $L_N = K_2\lambda_H$，可得

$$\lambda_L = \frac{1}{0.553} = 1.8083 \text{ m}, \quad f_L = \frac{C}{\lambda_L} = 166 \text{ MHz}$$

$$\lambda_H = \frac{0.256}{0.300} = 0.853 \text{ m}, \quad f_H = \frac{C}{\lambda_H} = 352 \text{ MHz}$$

所以，该对数周期天线的工作频率范围为 166～352 MHz。

1-2-25 何谓缝隙天线？何谓缝隙天线阵？缝隙天线阵主要有哪几种？各自的特点是什么？

解 所谓缝隙天线，是指在波导或空腔谐振器上开出一个或数个缝隙以辐射或接收电磁波的天线。

为了提高缝隙天线的方向性，可以在波导上按照一定的规律开出一系列尺寸相同的缝隙，就构成了缝隙天线阵。

缝隙天线阵主要有三种形式，即谐振式缝隙阵、非谐振式缝隙阵和匹配偏斜缝隙阵。谐振式缝隙阵都是同相激励的，最大辐射方向与天线轴垂直，即为边射阵，波导终端通常采用短路活塞。非谐振式缝隙阵的终端活塞为吸收负载，因此波导载行波，各单元不再同相激励，而是具有一定的线性相差，故最大辐射方向偏离阵面的法线方向，与法线之间有一定的夹角。匹配偏斜缝隙阵中的缝隙都是匹配缝隙，不会在波导中产生反射，波导终端接匹配负载。

1-2-26 如题 1-2-26 图所示，分析开在波导窄壁上的斜缝构成的缝隙天线阵为什么可以依靠倾斜角的正负来获得附加的 π 相差，以补偿横向电流 $\lambda_g/2$ 所对应的 π 相差而得到各缝隙的同相激励。

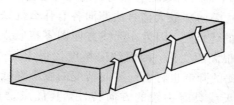

题 1-2-26 图

解 在波导窄壁上流动的是横向电流，它们可以分解为两个电流分量，一个顺着缝的方向，为 J_t；另一个与缝垂直，为 J_n。其中 J_t 对缝的激励没有贡献，斜缝主要是靠 J_n 来激励的，由于相距 $\lambda_g/2$ 的壁电流是反相的，所以只有依靠相邻 $\lambda_g/2$ 的两缝一个以 $+\theta$、另一个以 $-\theta$ 角倾斜，才能保证同相激励。

1-2-27 理想缝隙天线和与之互补的电对称振子的辐射场有何异同？

解 理想缝隙天线和与之互补的电对称振子的辐射场之间的异同有：(1) 极化不同，它们的 E 面和 H 面是互换的；(2) 它们有相同的方向性，有共同的方向函数。

1-2-28 为什么矩形微带天线有辐射边和非辐射边之分？

解 矩形微带线可以看作是宽为 W、长为 L 的一段微带传输线，其终端呈现开路，形成电压波腹和电流波节。通常矩形微带线的长度为 $L=\lambda_g/2$，其另一端也呈现电压波腹和电流波节。此时，缝隙四条边上的电场分布可以等效成面磁流，其中两条 W 边的磁流是同相的，两条 L 边的磁流都由反对称的两部分构成。两条 W 边的磁流的辐射场在贴片法线方向同相叠加，呈最大值，且随着偏离法线方向的角度的增大而减小，形成辐射边方向图。两条 L 边的磁流的辐射场在 E 面和 H 面内都是抵消的。所以，在四条缝隙中，两条 W 边是辐射边，两条 L 边是非辐射边。

1-2-29 相对于其他天线而言，手机天线设计的特殊要求是什么？

解 相对于其他天线而言，手机天线设计的特殊要求是更要考虑手机辐射对人体的安全问题，其 SAR 值必须符合电磁辐射标准。

1－2－30 外置式单极手机天线的水平平面方向图为什么不对称?

解 因为外置式单极手机天线的架设平面为手机的外壳,手机外壳不具有旋转对称性,所以外置式单极手机天线的水平平面方向图也不具有对称性。

1－2－31 通常采用哪些手段来缩减内置式手机天线的尺寸?

解 最常用的是在平面天线上开槽、加入短路探针以及采用高介电常数的基片材料等方法。

1－2－32 有哪几种主要的测向方法?

解 实现测向的方法很多,主要有以下几种:

(1) 幅度法测向。利用天线的方向特性,根据天线感应电势的最大值或最小值进行测向。幅度法测向可分为三类:最小信号法测向、最大信号法测向、比幅法测向。

(2) 相位法测向。电波到达两特性相同的天线元时,由于波程差使得它们接收到的电势之间存在相位差,通过测量按一定结构排列的两个以上天线元的接收电势的相位差可以确定来波方向。

(3) 时间差法测向。电波到达接收天线的时间差与波程差成正比,利用 3 个测向站测出信号到达各站之间的时间差,即可得知辐射源到 3 站距离之差,进而可计算出辐射源位置。

1－2－33 最小信号法测向和最大信号法测向各有什么优缺点?

解 最小信号法测向的优点是,因为在天线方向图零接收点附近,天线旋转很小的角度就能引起信号幅度发生很大的变化,因而测向精度比最大信号法测向高很多;缺点是:在信号最小点附近,信噪比的降低也将引起测向精度的微小降低。

最大信号法测向要求天线具有尖锐的方向特性,其优点是具有对微弱信号的测向能力,缺点是测向精度较低,因为天线方向图在最大值附近变化较缓慢,只有当天线旋转较大的角度(半功率波束宽度的 10% 到 25%)时,才能测出输出电压的明显变化。

1－2－34 爱德考克天线与环天线相比有什么主要优点?

解 环天线的水平边会接收天波中的水平极化分量,从而将破坏天线正常的“∞”形水平面方向特性,而爱德考克天线没有水平边,其水平面方向图为“∞”形。

1－2－35 用两个半波振子可以构成 H 形爱德考克天线,设两振子间距为 $\lambda/4$,请利用方向图乘积定理求出水平面方向函数,并概画方向图。

解 H 形爱德考克天线如题 1－2－35 解图(一)所示。

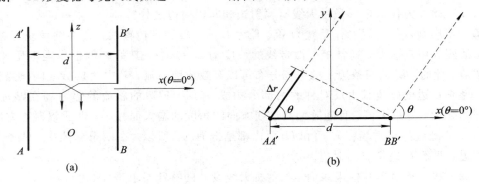

题 1－2－35 解图(一)

利用方向图乘积定理,可得方向图函数为

$$f(\theta) = 2 \left| \sin\left(\frac{\pi d}{\lambda} \cos\theta\right) \right| = 2 \left| \sin\left(\frac{\pi}{4} \cos\right) \right|$$

画出方向图如题 $1-2-35$ 解图(二)所示。

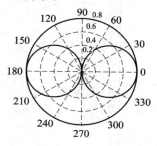

题 $1-2-35$ 解图(二)

$1-2-36$ 将一个阵元垂直于地面的 16 元均匀直线阵等分为两组，设阵元间距为 $d = \lambda/4$，求两者取和与取差的水平面方向函数，并概画方向图。

解 $2N = 16$，$d = \lambda/4$，设 θ 为来波与阵轴法线的夹角，"和"方向函数为

$$f_+(\theta) = 2F_n(\theta) \left| \cos\frac{\psi}{2} \right|$$

其中

$$\psi = \frac{2\pi}{\lambda} Nd \sin\theta, \qquad F_n(\theta) = \frac{1}{N} \left| \frac{\sin\left(\frac{Nd\pi}{\lambda} \sin\theta\right)}{\sin\left(\frac{d\pi}{\lambda} \sin\theta\right)} \right|$$

"差"输出的方向函数为

$$f_-(\theta) = 2F_n(\theta) \left| \sin\frac{\psi}{2} \right|$$

根据表达式画出方向图如题 $1-2-36$ 解图(一)、(二)所示。

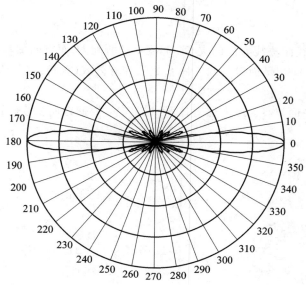

题 $1-2-36$ 解图(一) "和"方向图

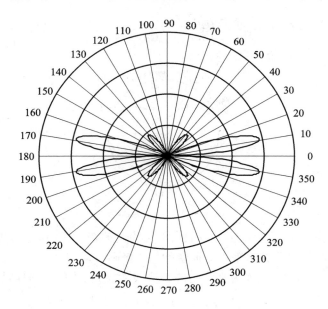

题 1-2-36 解图(二) "差"方向图

1-2-37 何谓惠更斯辐射元？它的辐射场及辐射特性如何？

解 在分析面天线的辐射场时，通常将面天线的辐射问题转化为口径面的二次辐射。因为口径面上存在着电场和磁场分量，根据惠更斯原理，将口径面分割成许多面元，这些面元就称为惠更斯元或者二次辐射源。由惠更斯元的辐射场之和就可以得到口径面的辐射场。

惠更斯元的辐射场可以看做是由等效电流元和等效磁流元的辐射场组成的。其 E 面和 H 面的辐射场有相同的形式，即

$$\mathrm{d}\boldsymbol{E}_E = \mathrm{j}\,\frac{1}{2\lambda r}(1+\cos\theta)E_y \mathrm{e}^{-\mathrm{j}kr}\,\mathrm{d}s\boldsymbol{e}_\theta$$

$$\mathrm{d}\boldsymbol{E}_H = \mathrm{j}\,\frac{1}{2\lambda r}(1+\cos\theta)E_y \mathrm{e}^{-\mathrm{j}kr}\,\mathrm{d}s\boldsymbol{e}_\varphi$$

其中，θ 为射线与口径面法线方向的夹角。可见，E 面和 H 面方向图具有相同的形状。

1-2-38 推导同相平面口径的方向系数的计算公式(教材式(8-2-9))，并分析此公式的意义。

解 对于同相平面口径，最大辐射在 $\theta=0°$ 方向，根据方向系数的计算公式

$$D = \frac{r^2\,|\,E_{\max}\,|^2}{60P_r}$$

其中

$$|\,E_{\max}\,| = \frac{1}{r\lambda}\left|\iint_S E_y(x_s,\,y_s)\mathrm{d}x_s\,\mathrm{d}y_s\right|$$

整个口径面的辐射功率为

$$P_r = \frac{1}{240\pi}\iint_S |\,E_y(x_s,\,y_s)\,|^2\,\mathrm{d}x_s\,\mathrm{d}y_s$$

则方向系数可以写为

$$D = \frac{4\pi}{\lambda^2} \frac{\left| \iint_S E_y(x_s, y_s) \, dx_s \, dy_s \right|^2}{\iint_S |E_y(x_s, y_s)|^2 \, dx_s \, dy_s}$$

定义面积利用系数

$$v = \frac{\left| \iint_S E_y(x_s, y_s) \, dx_s \, dy_s \right|^2}{S \iint_S |E_y(x_s, y_s)|^2 \, dx_s \, dy_s}$$

则有

$$D = \frac{4\pi}{\lambda^2} S v$$

物理意义：上式直接反映了同相平面口径方向系数 D 与口径面的面积利用系数 v 之间的关系，口径场分布越均匀，v 值越大，方向系数值 D 越大。

1－2－39　计算余弦分布的矩形口径的面积利用系数。

解　对于余弦分布的矩形口径场，有

$$E_y = E_0 \cos \frac{\pi x_s}{a}$$

而

$$\iint_S E_y(x_s, y_s) \, dx_s \, dy_s = \int_{-\frac{b}{2}}^{\frac{b}{2}} \int_{-\frac{a}{2}}^{\frac{a}{2}} E_0 \cos \frac{\pi x_s}{a} \, dx_s \, dy_s = \frac{2ab E_0}{\pi}$$

$$\iint_S |E_y(x_s, y_s)|^2 \, dx_s \, dy_s = \int_{-\frac{b}{2}}^{\frac{b}{2}} \int_{-\frac{a}{2}}^{\frac{a}{2}} E_0^2 \cos^2 \frac{\pi x_s}{a} \, dx_s \, dy_s = \frac{ab E_0^2}{2}$$

代入面积利用系数的表达式中，有

$$v = \frac{\left| \iint_S E_y(x_s, y_s) \, dx_s \, dy_s \right|^2}{S \iint_S |E_y(x_s, y_s)|^2 \, dx_s \, dy_s} = \frac{1}{ab} \cdot \frac{\dfrac{4a^2 b^2 E_0^2}{\pi^2}}{\dfrac{ab E_0^2}{2}} = \frac{8}{\pi^2} = 0.81$$

1－2－40　均匀同相的矩形口径尺寸为 $a = 8\lambda$，$b = 6\lambda$，利用平面口径的方向函数通用图形求出 H 面内的主瓣宽度 $2\theta_{0.5H}$，零功率点波瓣宽度 $2\theta_{0H}$ 以及第一副瓣位置和副瓣电平 SLL(dB)。

解　平面口径的方向函数通用图形如题 1－2－40 解图所示（即教材图 8－2－6）。

当均匀同相的矩形口径的尺寸为 $a = 8\lambda$，$b = 6\lambda$ 时，根据解图可知，半功率点对应的 $\Psi_2 = 1.39$，而

$$\Psi_2 = \frac{1}{2} ka \sin\theta$$

所以

$$\sin\theta = \frac{1.39}{8\pi}$$

可得 $2\theta_{0.5H} = 6.34°$。

同理，零功率点波瓣宽度对应的 $\Psi_2 = 3.14$，则可得 $2\theta_{0H} = 14.36°$。

第一副瓣位置为 $\Psi_2 = 4.5$，则可得 $\sin\theta = \dfrac{4.5}{8\pi}$，因此 $\theta = 10.3°$。

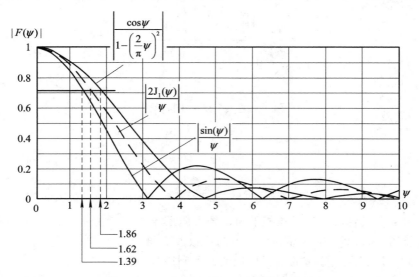

题 1-2-40 解图　平面口径的方向函数

由题 1-2-40 解图可知，对应副瓣的归一化方向函数值约为 0.22，则

$$\text{SLL} = 20 \lg \frac{E_{\max 2}}{E_{\max}} = 20 \times \lg(0.22) = -13.15 \text{ dB}$$

1-2-41　设矩形口径尺寸为 $a \times b$，口径场振幅同相但沿 a 边呈余弦分布，欲使两主平面内主瓣宽度相等，a/b 应为多少？

解　矩形同相平面口径的尺寸为 $a \times b$，口径场沿 a 边为余弦分布，其 E 面的主瓣宽度为 $\Psi_1 = 1.39$，H 面的主瓣宽度为 $\Psi_2 = 1.86$，即

$$\Psi_1 = \frac{1}{2} kb \sin\theta_1 = 1.39, \quad \Psi_2 = \frac{1}{2} ka \sin\theta_2 = 1.86$$

要求 E 面和 H 面内的主瓣宽度相等，即 $\theta_1 = \theta_2$，则

$$\frac{a}{b} = \frac{1.86}{1.39} = 1.34$$

1-2-42　同相均匀圆形口径的直径等于同相均匀方形口径的边长，哪种口径的方向系数大？为什么？

解　根据平面口径方向系数的计算公式

$$D = \frac{4\pi}{\lambda^2} S \upsilon$$

当两种口径场都是同相均匀分布时，$\upsilon_{圆} = \upsilon_{方} = 1$，所以为了比较两种口径的辐射场的大小，只需比较它们的面积大小即可。

因为，当圆形口径的直径等于方形口径的边长时，$S_{方} > S_{圆}$，所以方形口径辐射场的方向系数大于圆形口径辐射场的方向系数。

1-2-43　口径相位偏差主要有哪几种？它们对方向图的影响如何？

解　口径的相位偏差主要有三种类型：（1）直线律相位偏差；（2）平方律相位偏差；（3）立方律相位偏差。

直线律相位偏差相当于一个平面波倾斜投射到平面口径上，会带来最大辐射方向的偏移。平方律相位偏差相当于一个球面波或柱面波投射到平面口径上，会带来零点模糊、主

瓣展宽、主瓣分裂以及方向系数下降，是天线设计中应该极力避免的。立方律相位偏差会产生最大辐射方向的偏转，而且还会导致方向图不对称，在主瓣的一侧产生较大的副瓣。

1 - 2 - 44 角锥喇叭、E 面喇叭和 H 面喇叭的口径场各有什么特点？

解 喇叭天线是由矩形波导演化而来的，当它的 E 面和 H 面的长度相同时，即 $L_E = L_H$ 时，构成了角锥喇叭；当它的宽边保持不变，即 $L_E = \infty$ 时，构成了 E 面喇叭；当它的窄边保持不变，即 $L_H = \infty$ 时，构成了 H 面喇叭。喇叭天线的口径场可以近似地由矩形波导至喇叭结构波导的相应截面的导波场来决定。

角锥喇叭的口径场可以近似为球面波：

$$E_s = E_y = E_0 \cos\left(\frac{\pi x_s}{a_h}\right) e^{-j\frac{\pi}{\lambda}\left(\frac{x_s^2}{L_H} + \frac{y_s^2}{L_E}\right)}, \quad H_s = H_x \approx -\frac{E_y}{120\pi}$$

E 面喇叭的口径场可以近似为柱面波：

$$E_s = E_y = E_0 \cos\left(\frac{\pi x_s}{a_h}\right) e^{-j\frac{\pi}{\lambda} \cdot \frac{+y_s^2}{L_E}}, \quad H_s = H_x \approx -\frac{E_y}{120\pi}$$

H 面喇叭的口径场也可以近似为柱面波：

$$E_s = E_y = E_0 \cos\left(\frac{\pi x_s}{a_h}\right) e^{-j\frac{\pi}{\lambda} \cdot \frac{+y_s^2}{L_E}}, \quad H_s = H_x \approx -\frac{E_y}{120\pi}$$

1 - 2 - 45 何谓最佳喇叭？喇叭天线为什么存在着最佳尺寸？

解 在喇叭天线长度一定的情况下，增加口径尺寸可以增大口径的面积，进而增大喇叭天线的方向系数，但是，当口径的尺寸增大到超过某定值后，再继续增大口径的尺寸，口径上的相位差别过大又会导致方向系数反而减小，这种现象表明喇叭天线有一个最佳尺寸，对应该尺寸的喇叭天线方向系数最大。我们把具有最大方向系数的喇叭天线称为最佳喇叭。

1 - 2 - 46 依据教材图 8 - 3 - 3（角锥喇叭的 E 面通用方向图），绘出当 $L_E = 12$ cm，$b_h = 12$ cm，$\lambda = 3$ cm 的角锥喇叭 E 面方向图。

解 重画教材图 8 - 3 - 3，即角锥喇叭的 E 面通用方向图如题 1 - 2 - 46 解图（一）所示。

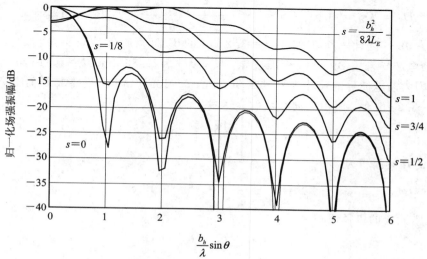

题 1 - 2 - 46 解图（一） E 面喇叭和角锥喇叭的通用 E 面方向图

对于尺寸为 $L_E = 12$ cm，$b_h = 12$ cm，$\lambda = 3$ cm 的角锥喇叭，可以算出 $s = \dfrac{b_h^2}{8\lambda L_E} = \dfrac{1}{2}$、$0 \leqslant \dfrac{b_h}{\lambda} \sin\theta \leqslant 4 (0° \leqslant \theta \leqslant 90°)$，则可以从解图（一）中截取出本题对应的角锥喇叭的 E 面方向图如题 1-2-46 解图（二）所示。

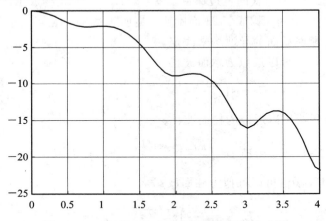

题 1-2-46 解图（二） 角锥喇叭的 E 面方向图

1-2-47 工作波长 $\lambda = 3.2$ cm 的某最佳角锥喇叭天线的口径尺寸为 $a_h = 26$ cm，$b_h = 18$ cm，试求 $2\theta_{0.5E}$，$2\theta_{0.5H}$ 以及方向系数 D。

解 由该最佳角锥喇叭天线的口径尺寸 $a_h = 26$ cm，$b_h = 18$ cm 及工作波长 $\lambda = 3.2$ cm，可得

$$2\theta_{0.5E} = 0.94 \frac{\lambda}{b_h} = 0.167 \text{ rad}$$

$$2\theta_{0.5H} = 1.36 \frac{\lambda}{a_h} = 0.167 \text{ rad}$$

最佳角锥喇叭天线的面积利用系数为 $\upsilon = 0.51$，则其方向系数为

$$D_E = D_H = 0.51 \frac{4\pi}{\lambda^2} S = 0.51 \frac{4\pi}{(3.2 \times 10^{-2})^2} \times 0.26 \times 0.18 = 293$$

1-2-48 设计一个工作于 $\lambda = 3.2$ cm 的 E 面喇叭天线，要求它的方向系数为 $D = 70$，馈电波导采用 BJ—100 标准波导，尺寸为 $a = 22.86$ mm，$b = 10.16$ mm。

解 因为馈电波导的尺寸为 $a = 22.86$ mm，$b = 10.16$ mm，且要求 E 面喇叭天线工作于波长 $\lambda = 3.2$ cm 处，则由方向系数的表达式

$$D_E = D_H = 0.64 \frac{4\pi}{\lambda^2} S = 0.64 \frac{4\pi}{3.2^2} S = 70$$

可得口径的几何面积为

$$S = \frac{70 \times 3.2^2}{0.64 \times 4 \times \pi} = 89.13 \text{ cm}^2$$

而 E 面喇叭天线的口径面积为

$$S = a_h \times b_h = 89.17 \text{ cm}^2$$

可得 $b_h = 39$ cm。

所以，该 E 面喇叭天线的口径尺寸为 $a_h = 22.86$ mm，$b_h = 390$ mm。

1-2-49 设计一个工作于 $\lambda=3.2$ cm 的角锥喇叭，要求它的 E、H 面内主瓣宽度均为 $10°$，求喇叭的口径尺寸、长度及其方向系数。

解 该角锥喇叭天线工作于波长 $\lambda=3.2$ cm 处，则由其 E 面和 H 面主瓣宽度 $2\theta_{0.5E}=2\theta_{0.5H}=10°=0.174$ rad，可得

$$2\theta_{0.5E} = 0.94\frac{\lambda}{b_h} = 0.174 \text{ rad}$$

$$2\theta_{0.5H} = 1.36\frac{\lambda}{a_h} = 0.174 \text{ rad}$$

所以，该角锥喇叭天线的口径尺寸为 $a_h=25.0$ cm，$b_h=17.3$ cm。

再由

$$b_{hopt} = \sqrt{2\lambda L_E}$$

$$a_{hopt} = \sqrt{3\lambda L_H}$$

可得

$$L_E = \frac{b_{hopt}^2}{2\lambda} = \frac{17.3^2}{2\times 3.2} = 46.7 \text{ cm}$$

$$L_H = \frac{a_{hopt}^2}{3\lambda} = \frac{25.0^2}{3\times 3.2} = 65.1 \text{ cm}$$

该角锥喇叭天线的方向系数为

$$D_E = D_H = 0.51\frac{4\pi}{\lambda^2}S = 0.51\frac{4\pi}{3.2^2}\times 25.0\times 17.3 = 271$$

1-2-50 计算最佳圆锥喇叭的口径直径为 7 cm 并工作于 $\lambda=3.2$ cm 时的主瓣宽度及方向系数。

解 因该最佳圆锥喇叭的口径直径 $d_m=7$ cm，工作波长 $\lambda=3.2$ cm，则其主瓣宽度为

$$2\theta_{0.5E} = 1.22\frac{\lambda}{d_m} = 1.22\times\frac{3.2}{7} = 0.558 \text{ rad}$$

$$2\theta_{0.5H} = 1.05\frac{\lambda}{d_m} = 1.05\times\frac{3.2}{7} = 0.480 \text{ rad}$$

方向系数为

$$D = 0.5\left(\frac{\pi d_m}{\lambda}\right)^2 = 0.5\times\left(\frac{\pi\times 7}{3.2}\right)^2 = 23.6$$

1-2-51 简述旋转抛物面天线的结构及工作原理。

解 旋转抛物面天线由馈源和反射面组成。其中，馈源是放置在抛物面焦点上的具有弱方向性的初级照射器，它可以是单个振子、振子阵、单喇叭或多喇叭以及开槽天线等，反射面由形状为旋转抛物面的导体表面或导线栅格网构成。

旋转抛物面天线的工作原理可以用光学的反射原理来说明。当从旋转抛物面天线焦点发出的电磁波照射到旋转抛物面上时，被反射成平行于主轴的平面波，形成对远区的定向辐射。

1-2-52 要求旋转抛物面天线的增益系数为 40 dB，并且工作频率为 1.2 GHz，如果增益因子为 0.55，试估算其口径直径。

解　由于该旋转抛物面天线的增益系数 $G=10^4$，工作波长 $\lambda=0.25$ m，增益因子 $g=0.55$，则由

$$G=\frac{4\pi}{\lambda^2}Sg$$

可得

$$S=\frac{G\lambda^2}{4\pi g}=\frac{10^4\times0.25^2}{4\pi\times0.55}=90.43 \text{ m}^2$$

所以，口径直径为

$$d_m=\sqrt{\frac{4S}{\pi}}=\sqrt{\frac{4\times90.43}{\pi}}=10.73 \text{ m}$$

1-2-53　某旋转抛物面天线的口径直径 $D=3$ m，焦距口径比 $f/D=0.6$。

（1）求抛物面半张角 Ψ_0；

（2）如果馈源的方向函数 $F(\Psi)=\cos^2\Psi$，求出面积利用系数 υ、口径截获效率 η_A 和增益因子 g；

（3）求频率为 2 GHz 时的增益系数。

解　由于该旋转抛物面天线的口径直径 $D=3$ m，焦距口径比 $f/D=0.6$，则

（1）由

$$\frac{R_0}{2f}=\tan\frac{\Psi_0}{2}$$

可得

$$\Psi_0=2\arctan\frac{D}{4f}=2\arctan\frac{5}{12}=45.24°$$

（2）当馈源的方向函数为 $F(\Psi)=\cos^2\Psi$ 时，面积利用系数为

$$\upsilon=2\cot^2\left(\frac{\Psi_0}{2}\right)\frac{\left|\int_0^{\Psi_0}F(\Psi)\tan\left(\frac{\Psi}{2}\right)\mathrm{d}\Psi\right|^2}{\int_0^{\Psi_0}F^2(\Psi)\sin\Psi\,\mathrm{d}\Psi}$$

$$=2\cot^2\left(\frac{\Psi_0}{2}\right)\frac{\left|\int_0^{\Psi_0}\cos^2(\Psi)\tan\left(\frac{\Psi}{2}\right)\mathrm{d}\Psi\right|}{\int_0^{\Psi_0}\cos^4(\Psi)\sin\Psi\,\mathrm{d}\Psi}$$

$$=0.9425$$

口径截获效率为

$$\eta_A=\frac{P_{rs}}{P_r}=\frac{\int_0^{\Psi_0}F^2(\Psi)\sin\Psi\,\mathrm{d}\Psi}{\int_0^{\pi}F^2(\Psi)\sin\Psi\,\mathrm{d}\Psi}$$

$$=\frac{\int_0^{\Psi_0}\cos^4(\Psi)\sin\Psi\,\mathrm{d}\Psi}{\int_0^{\frac{\pi}{2}}\cos^4(\Psi)\sin\Psi\,\mathrm{d}\Psi}$$

$$=0.8269$$

（3）增益系数为

$$G = \frac{4\pi}{\lambda^2}Sg = \frac{4\pi}{\lambda^2}Sv\eta_A = 1107.6 = 30.44 \text{ dB}$$

1-2-54 对旋转抛物面天线的馈源有哪些基本要求？

解 馈源是抛物面天线的基本组成部分，它的电性能和结构对抛物面天线有很大的影响，为了保证抛物面天线具有良好的电性能，对馈源有以下要求：

（1）馈源应该具有确定的相位中心，并且此相位中心应该置于抛物面天线的焦点，以使口径上得到等相位分布。

（2）馈源方向图的形状应该尽量符合最佳照射，同时副瓣和后瓣尽量小，否则会使得天线的增益下降，副瓣电平增大。

（3）馈源应该具有较小的体积，以减小对抛物面口径的遮挡。

（4）馈源应该有一定的带宽，因为它决定了抛物面天线的带宽。

1-2-55 何谓抛物面天线的偏焦？它有哪些应用？

解 所谓抛物面天线的偏焦，是指由于安装等工程或设计上的原因，使得馈源的相位中心与抛物面的焦点发生偏移的现象。

偏焦可以分为两种：纵向偏焦和横向偏焦。纵向偏焦使得在抛物面口径上发生旋转对称的相位偏移，天线辐射场的方向图被展宽，但最大辐射方向不发生变化，当这种天线用于雷达时，有利于对目标的搜索。横向偏焦会使得抛物面口径上发生直线律的相位偏移，此时天线辐射场的最大辐射方向也发生偏移，但波束的形状几乎不变，如果将这种特点用于雷达，可以扩大雷达波束的搜索空间。

1-2-56 卡塞格伦天线有哪些特点？

解 卡塞格伦天线由馈源和共轴的主、副反射面组成，主反射面为旋转抛物面，副反射面为双曲面。设计时，将天线的馈源置于抛物面的顶点，并使双曲面的实焦点与其重合，双曲面的虚焦点与抛物面的焦点重合。采用这种结构后，卡塞格伦天线就等效于一个长焦距的抛物面天线，它能以较小的纵向尺寸实现长焦距抛物面天线的口径场分布，因而具有高增益和锐波束；它的馈源采用后馈方式，缩短了馈线的长度，减小了传输线带来的噪声；两个反射面增加了天线设计的自由度，可以灵活地选取主、副反射面的形状，实现对波束的赋形。但是，卡塞格伦天线副反射面的边缘绕射效应较大，容易引起主面口径场分布的畸变，而且它的遮挡作用也会使方向图变形，这是在设计卡塞格伦天线时应该注意的问题。

1-2-57 智能天线与传统天线有哪些区别？为什么说智能天线是第三代移动通信系统中解决扩容的关键技术？

解 智能天线是在自适应滤波和阵列信号处理技术的基础上发展起来的一种新型天线技术。它与传统天线相比，具有智能性，能够对信号源进行测向和波束形成。这些特点主要是利用了天线阵列中各阵元之间的位置关系，即由信号之间的相位关系来形成独特的天线波束，使天线对信号具有一定选择性和抗干扰性。

智能天线从一个崭新的角度来研究信道扩容问题，它采用空分复用（SDMA）的概念，利用信号在入射方向上的差别，将同频率、同时隙的信号区分开来，所以可以成倍地扩充通信容量，并能和其它复用技术相结合，最大限度地利用有限的频谱资源。

1 - 2 - 58 什么是光子晶体？微波光子晶体天线有什么优点？

解 光子晶体就是介电常数在空间呈周期性排列形成的人工晶体，主要特征是具有带隙，即对特定频段的电磁波是禁止传播的。

微波光子晶体天线的主要优点是：可以抑制天线中的表面波，削弱由表面波在天线基底周围绕射而产生的后向及侧向辐射，提高天线增益。采用微波光子晶体还可以实现天线的低剖面化。

1 - 2 - 59 等离子体天线的主要优点是什么？

解 等离子体天线的主要优点是：

(1) 具有天然的低雷达截面(RCS)特性和抗高功率超宽带(HPUWB)电磁武器攻击的能力。

(2) 能有效抑制光电设备间的互耦效应和遮挡影响。

(3) 在保持天线物理结构不变的情况下，可以通过改变电离气体的物理参数方便地实现天线电参数的动态重构。

(4) 体积小、重量轻，便于远程部署。

(5) 合理的设计，使表面波驱动产生等离子体的反应时间为微秒量级，能有效降低冲击激励效应对脉冲传输信号质量的影响。

1.3 电 波 传 播

本节内容与教材第 10 章习题十(1 - 3 - 1～1 - 3 - 6 题)、第 11 章习题十一(1 - 3 - 7～1 - 3 - 13 题)、第 12 章习题十二(1 - 3 - 14～1 - 3 - 24 题)、第 13 章习题十三(1 - 3 - 25～1 - 3 - 31 题)、第 14 章习题十四(1 - 3 - 32～1 - 3 - 33 题)相对应(括号内为教材习题所对应的本书习题序号)。

1 - 3 - 1 推导自由空间传播损耗的公式，并说明其物理意义。

解 自由空间传播损耗是指当发射天线与接收天线的方向系数均为 1 时，发射天线的辐射功率 P_r 与接收天线的最佳接收功率 P_L 之比，即

$$L_0 = \frac{P_r}{P_L}$$

方向系数 $D=1$ 的发射天线的功率密度为

$$S_{av} = \frac{P_r}{4\pi r^2}$$

方向系数 $D=1$ 的接收天线的有效接收面积为

$$A_e = \frac{\lambda^2}{4\pi}G = \frac{\lambda^2}{4\pi}$$

则接收天线的接收功率为

$$P_L = S_{av} \cdot A_e = \left(\frac{\lambda}{4\pi r}\right)^2 P_r$$

而自由空间的传播损耗又可以表示为

$$L_0 = 10 \lg \frac{P_r}{P_L} = 20 \lg \frac{4\pi r}{\lambda} \text{ dB}$$

因此

$$L_0 = 32.45 + 20\ \lg f(\text{MHz}) + 20\ \lg r(\text{km})\ \text{dB}$$
$$= 121.98 + 20\ \lg r(\text{km}) - 20\ \lg \lambda(\text{cm})\ \text{dB}$$

物理意义：自由空间的传播损耗是指球面波在自由空间的传播过程中，随着传播距离的增大，能量的自然扩散而引起的损耗，它反映了球面波的扩散损耗。

1 - 3 - 2 有一广播卫星系统，其下行线中心工作频率 $f = 700$ MHz，卫星天线的输入功率为 200 W，发射天线在接收天线方向的增益系数为 26 dB，接收点至卫星的距离为 37 740 km，接收天线的增益系数为 30 dB，试计算接收机的最大输入功率。

解 由于该广播卫星系统的下行中心工作频率 $f = 700$ MHz，信号传播距离 $r = 37\ 740$ km，则电波的自由空间传播损耗为

$$L_0 = 32.45 + 20\ \lg f(\text{MHz}) + 20\ \lg r(\text{km})$$
$$= 32.45 + 20 \times \lg 700 + 20 \times \lg 37\ 740$$
$$= 181\ \text{dB}$$

利用卫星发射功率 $P_r = 200$ W $= 53.01$ dBm，发射天线增益 $G_r = 26$ dB 及接收天线增益 $G_L = 30$ dB，可求得接收机的最大输入功率为

$$P_L = P_r - L_0 + G_r + G_L$$
$$= 53.01\ \text{dBm} - 181\ \text{dB} + 26\ \text{dB} + 30\ \text{dB}$$
$$= -72\ \text{dBm}$$

1 - 3 - 3 在同步卫星与地面的通信系统中，卫星位于 36 000 km 高度，工作频率为 4 GHz，卫星天线的输入功率为 26 W，地面站抛物面接收天线增益系数为 50 dB，假如接收机所需的最低输入功率是 1 pW，这时卫星上发射天线在接收天线方向上的增益系数至少应为多少？

解 由于该同步卫星的高度 $r = 36\ 000$ km，工作频率 $f = 4000$ MHz，则可以求得电波的自由空间传播损耗为

$$L_0 = 32.45 + 20\ \lg f(\text{MHz}) + 20\ \lg r(\text{km})$$
$$= 32.45 + 20 \times \lg 4000 + 20 \times \lg 36\ 000$$
$$= 195.58\ \text{dB}$$

在接收机端，接收机的接收功率应该大于最低输入功率，即

$$P_r - L_0 + G_r + G_L > P_L$$

将卫星天线的输入功率 $P_r = 26$ W $= 44.15$ dBm，接收天线增益 $G_L = 50$ dB，接收机所需的最低输入功率 $P_L = 1$ pW $= -90$ dBm，代入上式，可以确定卫星发射天线的增益系数至少应该大于 11.43 dB。

1 - 3 - 4 什么是电波传播的主要通道？它对电波传播有什么影响？

解 虽然电波传播中的许多菲涅尔区都对接收点的场强有影响，但第一菲涅尔区起主要作用，因此第一菲涅尔椭球是电波传播的主要通道。它对电波的传播有两方面的影响：

（1）只要有凸起物进入第一菲涅尔椭球，就不能将两点之间的电波传播视为自由空间传播；

（2）即使有凸起物挡住了收发两点之间的视线，只要没有将第一菲涅尔椭球全部挡住，就能够在接收点收到信号，即电波传播表现出绕射作用。

1-3-5 求在收、发天线的架高分别为 $50\ \text{m}$ 和 $100\ \text{m}$，水平传播距离为 $20\ \text{km}$，频率为 $80\ \text{MHz}$ 的条件下，第一菲涅尔区半径的最大值。计算结果意味着什么？

解 收、发天线间的距离为 $20\ \text{km}$，电波的工作波长为 $3.75\ \text{m}$，则可以求出第一菲涅尔区半径的最大值为

$$F_{1\max} = \frac{1}{2}\sqrt{d\lambda} = \frac{1}{2}\sqrt{20\times10^3\times3.75} = 137\ \text{m}$$

由于收、发天线的高度分别为 $50\ \text{m}$ 和 $100\ \text{m}$；它们端点之间连线的高度小于第一菲涅尔区半径的最大值 $137\ \text{m}$，因此地面进入到第一菲涅尔椭球空间，阻碍了电波通过主要通道的传输，所以在计算接收点场强时，不能再按照自由空间的计算方法来求解，而需要考虑地面绕射的影响。

1-3-6 为什么说电波具有绕射能力？绕射能力与波长有什么关系？为什么？

解 电波在传播过程中能够绕过障碍物到达接收点的现象称为绕射现象。这是因为第一菲涅尔椭球是电波传播的主要通道，只要该通道没有被障碍物全部遮挡住，在接收点仍然可以接收到信号，因此即使障碍物挡住了收、发两点之间的几何射线，在接收点还是可以收到信号的，即表现出电波的绕射能力。

电波的绕射能力与障碍物对波长之比密切相关。在障碍物尺寸一定的情况下，波长越长（或频率越低），电波传播的主要通道的横截面积就越大，障碍物相对遮挡面积就越小，接收点的场强就越大，因此绕射能力就越强。反之，如果电波的波长不变（即频率不变），则障碍物的尺寸越大，产生的遮挡作用就越强，电波的绕射能力就越弱。

1-3-7 为什么地面波传播会出现波前倾斜现象？波前倾斜的程度与哪些因素有关？为什么？

解 波前倾斜现象是指由于地面损耗造成电场向传播方向倾斜的一种现象。当一个垂直极化的电磁波沿着地面向前传播时，会在地表面上感应出电荷，这些电荷随着电波向前移动而形成地面上的感应电流，而地面是一种半导电媒质，有一定的地电阻，因此会在传播方向上产生电压降，这个电压降在传播方向上形成了新的电场分量，当它与原来的垂直分量合成以后，就形成了向传播方向倾斜的电场，即出现了波前倾斜。

波前倾斜现象与地面的电特性有关。地面的导电性越强（电导率越大），频率越低，波前倾斜现象越弱。这是因为地面的电导率越小，地面对电波的吸收作用越强，倾斜现象就越严重。

1-3-8 当发射天线为辐射垂直极化波的鞭状天线，在地面上和地面下接收地面波时，各应用何种天线比较合适？为什么？

解 当鞭状天线辐射垂直极化波时，根据波前倾斜现象的原理，在地面上和地面下均可以接收电波。在地面上接收时，由于电场的垂直分量远大于水平分量，所以宜采用直立天线来接收，接收天线附近的地面宜选择湿地。如果受条件限制，不能采用直立天线来接收，也可以采用低架或水平铺设的天线来接收，此时地面宜选择干地，以尽量增大电场的水平分量。

1-3-9 某发射台的工作频率为 $1\ \text{MHz}$，使用短直立天线。电波沿着海面（$\sigma=4\ \text{S/m}$，$\varepsilon_r=80$）传播时，在海面上 $100\ \text{km}$ 处产生的垂直分量场强为 $8\ \text{mV/m}$。试求：

（1）该发射台的辐射功率。

（2）在 $r=100\ \text{km}$ 处海面下 $1\ \text{m}$ 深处，电场的水平分量的大小。

解 (1) 发射台采用短直立天线,其方向系数 D 近似取为 3,且 $E_{1x}=8$ mV/m,通过查教材图 $11-3-1$,取 $E_{1x查表}\approx 3$ mV/m,则由教材式($11-3-3$)

$$E_{1x}=E_{1x查表}\sqrt{\frac{P_r(\mathrm{kW})D}{3}}$$

可得

$$8\ \mathrm{mV/m}=3(\mathrm{mV/m})\sqrt{\frac{P_r(\mathrm{kw})\times 3}{3}}$$

$$P_r=7\ \mathrm{kW}$$

(2) 由于电波频率为 1 MHz,此时海水的 $60\lambda\sigma/\varepsilon_r\gg 1$,所以海水具有良导体特性。在 $r=100$ km 处的海面下 $\delta=1$ m 深处,电波衰减到海面上的 $1/e^{\alpha\delta}$,其中

$$\alpha=\left(\frac{1}{2}\omega\mu\sigma\right)^{\frac{1}{2}}=\left(\frac{1}{2}\times 2\pi\times 10^6\times 4\pi\times 10^{-7}\times 4\right)^{\frac{1}{2}}=3.97$$

则 $e^{-\alpha\delta}=e^{-3.97\times 1}=e^{-3.97}\approx 0.02$。所以,在海面下 1 m 处,电场的水平分量近似为 $0.03\times 0.02=6\times 10^{-4}$ mV/m。

1-3-10 某广播电台工作频率为 1 MHz,辐射功率为 100 kW,使用短直立天线。试由地面波传播曲线图,算出电波在干地、湿地及海面三种地面上传播时,$r=100$ km 处的场强。

解 由于该广播电台的工作频率 $f=1$ MHz,短直立天线的方向系数 $D\approx 3$,传播距离 $r=100$ km,则从布雷默曲线(见教材图 $11-3-1\sim 11-3-3$)可得,在干地、湿地及海面上的 $E_{1x查表}$ 分别为 7 μV/m、4×10^2 μV/m、3×10^3 μV/m,因此可以求得在干地上 100 km 处的场强为

$$E_{1x}=E_{1x查表}\sqrt{\frac{P_r(\mathrm{kW})D}{3}}=10E_{1x查表}=10\times 7\ \mu\mathrm{V/m}=70\ \mu\mathrm{V/m}$$

在湿地上 100 km 处的场强为

$$E_{1x}=E_{1x查表}\sqrt{\frac{P_r(\mathrm{kW})D}{3}}=10E_{1x查表}=10\times 4\times 10^2\ \mu\mathrm{V/m}=4\times 10^3\ \mu\mathrm{V/m}$$

在海面上 100 km 处的场强为

$$E_{1x}=E_{1x查表}\sqrt{\frac{P_r(\mathrm{kW})D}{3}}=10E_{1x查表}=10\times 3\times 10^3\ \mu\mathrm{V/m}=3\times 10^4\ \mu\mathrm{V/m}$$

1-3-11 地面波在湿地($\varepsilon_r=10$,$\sigma=0.01$ S/m)上传播,衰减系数 $A=0.67$,天线辐射功率 $P_r=10$ kW,方向系数 $D=3$,波长 $\lambda_0=1200$ m,求距天线 250 km 处的场强 E_{1x}。

解 根据地面波在湿地上传播的衰减系数 $A=0.67$,天线辐射功率 $P_r=10$ kW,天线的方向系数 $D=3$,可得

$$E_{1x}=\frac{173\sqrt{P_r(\mathrm{kW})D}}{r(\mathrm{km})}A=2.54\ \mathrm{mV/m}$$

1-3-12 频率为 6 MHz 的电波沿着参数为 $\varepsilon_r=10$,$\sigma=0.01$ S/m 的湿地面传播,试求地面上电场垂直分量与水平分量间的相位差以及波前倾斜的倾斜角。

解 频率为 $f=6$ MHz 的电波沿着湿地,则地面上电场的垂直分量与水平分量之间的相位差为

$$\frac{\varphi}{2}=\frac{1}{2}\arctan\frac{60\lambda\sigma}{\varepsilon_r}=\frac{1}{2}\arctan\frac{60\times 50\times 0.01}{10}=\frac{71.56°}{2}=35.78°$$

波前倾斜角为

$$\Psi = \arctan \sqrt[4]{\varepsilon_r^2 + (60\lambda\sigma)^2} = \arctan \sqrt{10^2 + (60 \times 50 \times 0.01)^2} = 79.9°$$

1-3-13 在地面波传播过程中，地面吸收的基本规律是什么？

解 地面对地面波的吸收规律可以总结如下：

（1）在地面波的传播过程中，垂直极化波遭受的地面吸收比水平极化波的小，因此地面波通常采用垂直极化波来传输；

（2）随着电波工作频率的增加，吸收损耗也增大，所以地面波更适于长波和中波等较低频率的电波使用；

（3）地面波在传播的过程中受到发射和接收区域的影响最大，因此合理选择发射和接收点的地面性质可以有效减少地面对电波的吸收。

1-3-14 何谓临界频率？临界频率与电波能否反射有何关系？

解 当电波垂直向上发射（即入射角 $\theta_0 = 0°$ 时），能够从电离层反射回来的最高频率称为电离层的临界频率，可表示为

$$f_c = \sqrt{80.8N_{max}}$$

临界频率 f_c 是一个重要的物理量，它不仅说明了电离层最大电子密度 N_{max} 的情况，而且还说明了电离层对不同频率电波的反射情况。当电波的工作频率小于临界频率 f_c 时，无论入射角如何都能被电离层反射；如果电波的工作频率大于临界频率 f_c，其反射情况要受到 $f_{max} = f_c \sec\theta_0$ 的限制。

1-3-15 设某地冬季 F_2 层的电子密度为

$$白天：N = 2 \times 10^{12} 个 /m^3$$
$$夜间：N = 10^{11} 个 /m^3$$

试分别计算其临界频率。

解 当白天电离层电子密度为 $N = 2 \times 10^{12}$ 个 $/m^3$ 时，电离层的临界频率为

$$f_{c1} = \sqrt{80.8N_{max}} = \sqrt{80.8 \times 2 \times 10^{12}} = 12.7 \text{ MHz}$$

当夜间电离层电子浓度为 $N = 10^{11}$ 个 $/m^3$ 时，电离层的临界频率为

$$f_{c2} = \sqrt{80.8N_{max}} = \sqrt{80.8 \times 1 \times 10^{11}} = 2.84 \text{ MHz}$$

1-3-16 试求频率为 5 MHz 的电波在电离层电子密度为 1.5×10^{11} 个 $/m^3$ 处反射时所需要的电波最小入射角。当电波的入射角大于或小于该角度时将会发生什么现象？是否小到一定角度就会穿出电离层呢？

解 当电离层电子密度 $N = 1.5 \times 10^{11}$ 个 $/m^3$ 时，电离层的临界频率为

$$f_c = \sqrt{80.8N_{max}} = \sqrt{80.8 \times 1.5 \times 10^{11}} = 3.48 \text{ MHz}$$

频率为 5 MHz 的电波能从该电离层反射回来的最小入射角可由下式求得：

$$f_{max} = f_c \sec\theta$$

即

$$\theta_0 = \arccos \frac{f_c}{f_{max}} = \arccos \frac{3.48}{5} = 45.89°$$

当入射角大于 θ_0 时，电波能够正常从电离层反射回来，如果入射角小于 θ_0，则会穿出电离层，不能正常反射。

1-3-17 设某地某时的电离层临界频率为 5 MHz，电离层等效高度 $h=350$ km。

(1) 该电离层的最大电子密度是多少？

(2) 当电波以怎样的方向发射时，可以得到电波经电离层一次反射时最长的地面距离？

(3) 求上述情况下能反射回地面的最短波长。

解 (1) 由电离层的临界频率 $f_c=5$ MHz，可求出电离层的最大电子密度，即由

$$f_c = \sqrt{80.8 N_{max}}$$

可得

$$N_{max} = \frac{f_c^2}{80.8} = \frac{(5\times10^6)^2}{80.8} = 3.09\times10^{11} \text{个}/\text{m}^3$$

(2) 当电波以仰角 $\Delta=0°$ 投射时，可以得到一次反射的最长距离，则

$$\theta_0 = \arcsin\frac{R\cos\Delta}{R+h}$$

将地球半径 $R=6370$ km 和电离层等效高度 $h=350$ km 代入上式，可得 $\theta_0=1.2466$ rad，此时电波传播的地面距离为

$$L_g = 2\left(\frac{\pi}{2}-\theta_0\right)R = 4130 \text{ km}$$

(3) 此时能够反射回来的最大可用频率为

$$f_{max} = \sqrt{\frac{80.8 N_{max}\left(1+\frac{2h}{R}\right)}{\sin^2\Delta+\frac{2h}{R}}} = \sqrt{\frac{80.8\times3.09\times10^{11}\times\left(1+\frac{700}{6370}\right)}{0+\frac{700}{6370}}} = 16 \text{ MHz}$$

能够反射回来的最小波长为

$$\lambda_{min} = \frac{c}{f_{max}} = 18.75 \text{ m}$$

1-3-18 若一电波的波长 $\lambda=50$ m，入射角 $\theta_0=45°$，试求能使该电波反射回来的电离层的电子密度。

解 由该电波的波长 $\lambda=50$ m 可求得 $f_{max}=6$ MHz，当入射角 $\theta_0=45°$ 时，临界频率为

$$f_c = f_{max}\cos\theta_0 = 6\times\cos45° = 4.24 \text{ MHz}$$

该临界频率对应的最大电离层电子密度可由下式：

$$f_{max} = \sqrt{80.8 N_{max}}$$

得

$$N_{max} = \frac{f_c^2}{80.8} = 2.22\times10^{11} \text{ 个}/\text{m}^3$$

1-3-19 已知某电离层在入射角 $\theta=30°$ 的情况下的最高可用频率为 6×10^6 Hz，试计算该电离层的临界频率。

解 由入射角 $\theta_0=30°$ 及最高可用频率 $f_{max}=6$ MHz，通过下式：

$$f_{max} = f_c\sec\theta_0$$

可得临界频率为

$$f_c = f_{max}\cos30° = 5.2 \text{ MHz}$$

1 - 3 - 20　在短波天波传播中,频率选择的基本原则是什么? 为什么在可能条件下频率尽量选择得高一些?

解　工作频率的选择是影响短波通信质量的关键性问题之一。如果工作频率选得太高,虽然电离层的吸收小,但电波容易穿出电离层;如果工作频率选得太低,虽然电波能够被电离层反射,但电波将受到电离层的强烈吸收,所以短波天波工作频率的选择要考虑以下三个原则:(1)工作频率不能高于最高可用频率 f_{MUF},以避免电波穿过电离层进入外部空间。(2)工作频率不能低于最低可用频率 f_{LUF},以减小电离层对电波的吸收,同时保证所需的信噪比。因此,工作频率一般应满足 $f_{LUF} < f < f_{MUF}$ 的条件。(3)考虑到电离层电子密度随时间的变化,在一日之内应该适时地改变工作频率。

在保证电波可以正常反射回来的条件下,应尽量把频率选得高一些,这样可以减少电离层对电波能量的吸收,通常选择的最佳工作频率为 $f_{OWF} = 85\% f_{MUF}$。

1 - 3 - 21　在短波天波传播中,傍晚时分若过早或过迟地将日频改为夜频,接收信号有什么变化? 为什么?

解　由于在一日之内电离层的电子密度随时间变化,所以短波的最佳可用频率也应随时间变化,通常是选择两个工作频率,即"日频"和"夜频",分别用于白天和晚上。日频和夜频的转换是在电离层电子密度变化最剧烈的黎明或黄昏时分进行的,若傍晚时分过早地将日频改为夜频,会由于工作频率较低而导致电离层对电波的过分吸收,使接收点的信号电平过低,不能维持正常的通信;反之,若过迟,会因电离层电子密度减小,致使电波穿出电离层而使通信中断。

1 - 3 - 22　什么叫静区? 短波天波静区的大小随频率和昼夜时间有什么关系? 为什么?

解　在短波电离层传播的情况下,某些地区由于天波和地波都收不到,从而形成静区。降低短波天波的工作频率,地波可以传播更远的距离,同时天波的传播距离会缩小,因此静区会减小。在夜间,由于电离层的电子密度减小,天波传播的距离减小,所以静区也会减小。

1 - 3 - 23　什么叫衰落? 短波天波传播中产生衰落的主要原因有哪些? 克服衰落的一般方法有哪些?

解　所谓衰落,是指接收点信号振幅忽大忽小,无次序不规则变化的现象。衰落可以分为慢衰落和快衰落。

慢衰落是由于电离层电子密度及高度变化造成电离层吸收的变化而引起的。快衰落的变化周期很短,属于一种干涉型衰落,其主要是由多径效应引起的。

克服慢衰落的主要办法是在接收机中采用自动增益控制电路;克服快衰落的办法是采用分集接收技术。

1 - 3 - 24　为什么实际生活中收听到的中波广播电台白天少,晚上多?

解　当用户处在中波广播的次要服务区时,地面波已经消失,只有在晚上才能收到较强的天波信号。在该区域内,白天收不到的广播电台信号,在夜间会由于天波损耗的减小变为可以收到的信号,因此可以接收的电台增加了。

1 - 3 - 25　某一通信线路的工作频率为 300 MHz。发射天线和接收天线架高分别为 25.5 m 和 255 m。试绘出接收点的场强振幅随距离 d 的变化曲线,d 的变化范围为 8.05~

40.25 km。

解 该通信线路的工作频率为 300 MHz，发射和接收天线的架设高度分别为 25.5 m 和 255 m，则接收点场强为

$$E = E_1 2 \sin \frac{2\pi H_1 H_2}{\lambda d}$$

$$= E_1 2 \sin \frac{2\pi \times 25.5 \times 255}{1 \cdot d}$$

$$= E_1 2 \sin \frac{40835.7}{d}$$

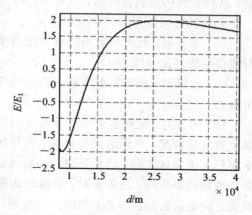

其中，d 为 8.05～40.25 km。据此可以画出接收点场强随距离 d 的变化曲线，如题 1-3-25 解图所示。

题 1-3-25 解图　接收点场强的变化曲线

说明：这里是按照反射系数为 −1 的情况求出的接收点场强。如果详细计算它的反射系数，可以得到更精确的接收点场强随距离 d 的变化曲线。

1-3-26 为什么存在着地面有效反射区？在其它条件都相同的情况下，有效反射区的大小与电波频率的关系如何？

解 实际上，在入射波的激励下，反射面上会产生感应电流，这些感应电流中的所有电流元都对反射波做出一定的贡献，但是反射面上有效反射区内的电流元对反射波起了主要作用。这个有效反射区的大小可以通过镜像法及电波传播的菲涅尔区来求得。由于菲涅尔区的大小随着频率的减小而增大，所以地面有效反射区的大小也随着频率的减小而增大。

1-3-27 判断地面是否光滑的依据是什么？如果地面的起伏高度为 7.2 cm，在电波投射角为 25°时，什么样的频率范围可以将该地面视为平面地？

解 判断地面是否光滑的条件是瑞利准则，即

$$\Delta h < \frac{\lambda}{8 \sin\Delta}$$

据此可知，当 $\Delta h = 7.2$ cm，投射角 $\Delta = 25°$时，

$$\lambda > 8\Delta h \sin\Delta = 8 \times 7.2 \times 10^{-2} \cdot \sin 25° = 0.2434 \text{ m}$$

所以，当电波频率 $f < 1.233$ GHz 时，该地面可以视为平面地。

1-3-28 某一微波中继通信线路的工作频率为 5 GHz，两站的天线架高均为 100 m，试求标准大气下的视线距离和亮区距离。

解 在标准大气折射条件下，视线距离可以通过下式求解：

$$r_0 \approx 4.12(\sqrt{H_1(\text{m})} + \sqrt{H_2(\text{m})}) \text{ km}$$

$$= 4.12 \times (\sqrt{100} + \sqrt{100}) \text{ km}$$

$$= 82.4 \text{ km}$$

当接收点的距离 $d < 0.7r_0 = 0.7 \times 82.4 = 57.68$ km 时，处于亮区。

1-3-29 什么是大气折射效应？大气折射有哪几种类型？

解 由于对流层的折射率随着高度变化，因此当电波在对流层中传输时会不断发生折

射,从而导致传播轨迹弯曲,这种效应称为大气折射效应。

大气折射可以分为三种类型:

(1)零折射:此时折射率随着高度的变化率为零,意味着对流层大气是均匀的,电波射线传播轨迹是直线。

(2)负折射:此时折射率随着高度的变化率大于零,电波射线轨迹上翘,曲率半径为负值。

(3)正折射:此时折射率随着高度的变化率小于零,电波射线向下弯曲。正折射还可以分为三种情况,即标准大气折射、临界折射和超折射。其中,标准大气折射时的射线曲率半径大于地球半径;临界折射时的射线曲率等于地球半径,如果电波水平辐射,其射线会与地球同步弯曲;超折射时,射线的曲率半径小于地球半径,电波可以依靠大气折射和地面之间的反射向前传播,构成大气波导,大大提高电波的传播距离。

1-3-30　什么是等效地球半径?为什么要引入等效地球半径?标准大气的等效地球半径有多大?

解　由于对流层大气不均匀导致了电波的射线轨迹是弯曲的,在对这种电波轨迹进行修正时,引入了等效地球半径的概念。通过等效地球半径,将地球的半径用一个等效数值来代替,从而将弯曲的电波轨迹修正成直线,就可以直接使用以前的计算公式,使问题的处理得到简化。

标准大气的等效地球半径为

$$R_e = \frac{R}{1 + R\dfrac{\mathrm{d}n}{\mathrm{d}h}} = \frac{6370 \times 10^3}{1 + 6370 \times 10^3 \times (-4 \times 10^{-8})} = 8548 \text{ km}$$

1-3-31　从平面地到球面地的视距传播计算应该如何修正?从均匀大气中到非均匀大气中的传播又如何修正?

解　在球面地情况下,视线距离应该用下式求解:

$$r_0 \approx \sqrt{2R}(\sqrt{H_1(\mathrm{m})} + \sqrt{H_2(\mathrm{m})})$$

如果再考虑到非均匀大气的影响,则其中的地球半径 R 应该用等效地球半径来代替。

1-3-32　何谓场强中值?

解　所谓场强中值,是指在给定的统计时间内,有 50% 时间的场强(或传输损耗)超过某个数值,则这个数值就称为场强中值(或传输损耗中值)。它在统计意义上说明了信号电平的大小,具有时间百分比的概念。

1-3-33　GB/T 14617.1—93 预测方法针对 Okumura 预测方法做了什么修正?

解　GB/T 14617.1—93 预测方法与 Okumura 预测方法基本相同,但对该方法做了如下修正:

(1)引入了建筑物密度因子。在用 Okumura 方法计算得出的结果上还要加上或减去建筑物密度修正因子。

(2)扩展了 Hata 公式的适用距离。

(3) $\alpha(h_\mathrm{m})$ 的计算取中、小城市的计算公式。

(4)改变了山地和丘陵路径的基本传输损耗中值的计算方法。

(5)建议林区路径的基本传输损耗中值按照市区的计算公式来计算。

第 二 篇

计算机辅助设计(CAD)

第 2 章　简单天线的典型计算程序举例

MATLAB 软件的强大功能使其在天线的特性分析方面有着极其广泛的应用。大学本科生在学习天线这门课程的同时，可以利用 MATLAB 软件来进行简单天线的特性分析，这样既可以巩固和加深对天线基本理论的理解，同时也可以达到训练计算能力的目的，可谓"一箭双雕"。以下 35 个简单天线的典型计算程序中绝大部分都是教材中涉及的天线方向图计算，也有部分来自于其它著作，其结果均由解析法获得，所采用的坐标系为典型的球坐标系，地面为 xOy 面，程序中，θ 统一表示为 theta，φ 统一表示为 phi，Δ 统一表达为 delta，读者参照程序中的变量注释，可将天线的方向函数公式进行相应的还原。

2.1　电 基 本 振 子

例 2－1－1　电基本振子的立体方向图及其 E 面和 H 面方向图的计算。

题解说明：电基本振子在例 2－1－1 图所示的坐标系原点，沿 z 轴放置。该振子产生的远区辐射场为

$$H_\varphi = \mathrm{j}\,\frac{Il}{2\lambda r}\,\sin\theta \mathrm{e}^{-\mathrm{j}kr}$$

$$E_\theta = \mathrm{j}\,\frac{60\pi Il}{\lambda r}\,\sin\theta \mathrm{e}^{-\mathrm{j}kr}$$

$$H_r = H_\theta = E_r = E_\varphi = 0$$

式中，r 为坐标原点到场点 M 的距离；θ 为射线 OM 与 z 轴之间的夹角；φ 为 OM 在 xy 平面上的投影与 x 轴之间的夹角；I 为振子上的电流；l 为振子长度；$k=2\pi/\lambda$，为相移常数。

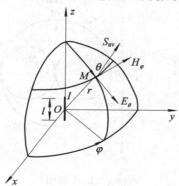

例 2－1－1　电基本振子及其坐标系

根据方向函数的定义，可得电基本振子的归一化方向函数为

$$F(\theta, \varphi) = |\sin\theta|$$

计算程序示例：

```
％％计算电基本振子的立体方向图及其 E 面和 H 面方向图
clear all;clc;
％计算电基本振子的立体方向图
l=0.1;                  ％电基本振子的电长度
theta=meshgrid(eps:pi/180:pi);
phi=meshgrid(eps:2 * pi/180:2 * pi)';
f=abs(cos(2. * pi. * l. * cos(theta))-cos(2 * pi * l))./(sin(theta)+eps);
fmax=max(max(f));
[x,y,z]=sph2cart(phi,pi/2-theta,f/fmax);
figure(1);
mesh(x,y,z);title('电基本振子的立体方向图');
axis([-1 1 -1 1 -1 1]);
xlabel('\theta');ylabel('\phi');zlabel('F(\theta,\phi)');
％计算电基本振子的 E 面和 H 面方向图
theta=linspace(eps,2 * pi,100);
phi=linspace(eps,2 * pi,100);
f_E=abs((cos(2 * pi * l * cos(theta))-cos(2 * pi * l))./sin(theta));
f_Emax=max(f_E);
theta0=pi/2;
f_H=abs((cos(2 * pi * l * cos(theta0))-cos(2 * pi * l))./sin(theta0)) * ones(1,100);
f_Hmax=max(f_H);
figure(2);
subplot(1,2,1);
polar(theta-pi/2,f_E/f_Emax);title('E 面');
subplot(1,2,2);
polar(phi,f_H/f_Hmax);title('H 面');
```

计算结果：计算结果如例 2-1-1 解图所示。

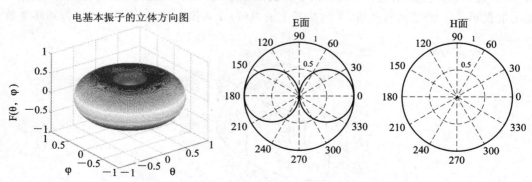

例 2-1-1 解图

例 2 - 1 - 2　电基本振子的辐射过程演示。

计算程序示例：

```
%%通过动画演示电基本振子的辐射过程
clear all;
clc；
[r,th]=meshgrid(linspace(1/8,3,61),linspace(0,pi,61));
u=2*pi*r;
[z,x]=pol2cart(th,r);
for i=0:63,
   d=2*pi*i/64;
   F=(cos(u-d)./u+sin(u-d)).*sin(th).^2;
   contour([-x;x],[z;z],[F;F],10);
   colormap([0,0,0]);axis('square');title('电基本振子的辐射过程');
   line([0,0],[-1/16,1/16],'linewidth',2);
   M(i+1)=getframe;
end
movie(M,8);
```

计算结果：计算结果如例 2 - 1 - 2 解图所示。

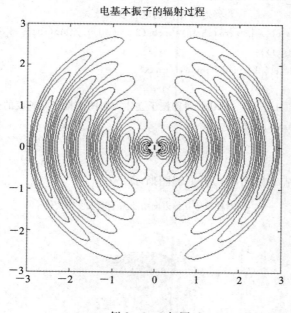

电基本振子的辐射过程

例 2 - 1 - 2 解图

2.2　对　称　振　子

例 2 - 2 - 1　动画演示对称振子立体方向图随振子电长度的变化。

题解说明：对称振子沿 z 轴放置，其馈电点位于 O 点，可求得其辐射场为

$$E_\theta(\theta) = \mathrm{j} \frac{60\pi I_m}{\lambda} \frac{\mathrm{e}^{-\mathrm{j}kr}}{r} \sin\theta \int_{-l}^{l} \sin k(l - |z|) \mathrm{e}^{\mathrm{j}kz\,\cos\theta}\,\mathrm{d}z$$

$$= \mathrm{j} \frac{60 I_m}{r} \frac{\cos(kl\,\cos\theta) - \cos(kl)}{\sin\theta} \mathrm{e}^{-\mathrm{j}kr}$$

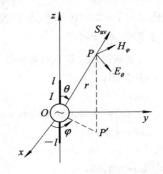

式中，I_m 为对称振子上激励电流的波腹值；λ 为工作波长；$k = 2\pi/\lambda$，为相移常数；r 为 O 点到场点 P 的距离；θ 为 OP 与 z 轴之间的夹角；φ 为 OP 在 xy 平面上的投影 OP' 与 x 轴的夹角。

例 2-2-1 对称振子及其坐标系

根据方向函数的定义，可得对称振子以波腹电流 I_m 归算的方向函数为

$$f(\theta) = \left| \frac{E_\theta(\theta)}{60 I_m/r} \right| = \left| \frac{\cos(kl\,\cos\theta) - \cos(kl)}{\sin\theta} \right|$$

计算程序示例：

```
%%动画演示对称振子立体方向图随振子电长度的变化
clear all;clc;
for i=1:20
    theta=meshgrid(eps:pi/180:pi);
    phi=meshgrid(eps:2*pi/180:2*pi)';
    l=i*0.1;                 %对称振子的电长度
    f=abs(cos(2.*pi.*l.*cos(theta))-cos(2*pi*l))./(sin(theta)+eps);
    fmax=max(max(f));
    [x,y,z]=sph2cart(phi,pi/2-theta,f/fmax);
    mesh(x,y,z);
    axis([-1 1 -1 1 -1 1]);title('对称振子立体方向图随振子电长度的变化');
    m(:,i)=getframe;
end
movie(m,1,1);
```

计算结果：计算结果如例 2-2-1 解图所示。

对称振子立体方向图随振子电长度的变化

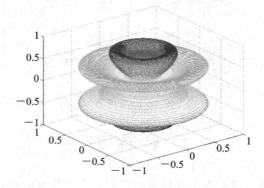

例 2-2-1 解图

例 2 - 2 - 2 对称振子 E 面方向图的计算及其随振子电长度变化的动画演示。

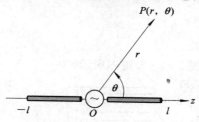

例 2 - 2 - 2 图 对称振子及其坐标系

题解说明：对称振子水平放置在 z 轴上，其馈电点与 O 点重合（见例 2 - 2 - 2 图）。求得振子以波腹电流 I_m 归算的方向函数为

$$f(\theta) = \left| \frac{E_\theta(\theta)}{60 I_m / r} \right| = \left| \frac{\cos(kl \ \cos\theta) - \cos(kl)}{\sin\theta} \right|$$

归一化处理后，可得对称振子的 E 面方向函数

$$F_E(\theta) = \frac{f(\theta)}{f_{\max}}$$

式中各参数的含义与例 2 - 2 - 1 的相同，且 $f_{\max} = \max(f(\theta))$。

计算程序示例：

```
%%对称振子 E 面方向图的计算及其随振子电长度变化的动画演示
clear all; clc;
%计算对称振子的 E 面方向图
l=[0.01,0.25,0.65,0.75,1];           %对称振子的电长度
theta=linspace(0,2*pi,100);
for i=1:5
    fE(i,:)=abs((cos(2*pi*l(i)*cos(theta))-cos(2*pi*l(i)))./sin(theta+eps));
    fEmax(i)=max(abs(fE(i,:)));
    end
figure(1);
polar(theta,fE(1,:)/fEmax(1),'-b'); hold on;
polar(theta,fE(2,:)/fEmax(2),'--k'); hold on;
polar(theta,fE(3,:)/fEmax(3),':g'); hold on;
polar(theta,fE(4,:)/fEmax(4),'-.r'); hold on;
polar(theta,fE(5,:)/fEmax(5),'.-c');hold on;
title('对称振子的 E 面方向图');
legend('l=0.1','l=0.25','l=0.65','l=0.75','l=1.0');
%对称振子 E 面方向图随其电长度变化的动画演示
l=linspace(0.1,1.5,28);              %对称振子的电长度
theta=linspace(0,2*pi,100);
for i=1:28
    fE=abs((cos(2*pi*l(i)*cos(theta))-cos(2*pi*l(i)))./sin(theta+eps));
    fEmax=max(abs(fE));
    figure(2);
```

```
        polar(theta,fE/fEmax);title('对称振子的 E 面方向图');
        m(i)＝getframe;
    end
    movie(m,2);
```

计算结果：计算结果如例 2－2－2 解图所示。

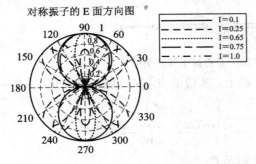
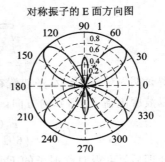

例 2－2－2 解图

2.3　高斯曲线振子

例 2－3－1　计算高斯曲线振子的方向图。

题解说明：如例 2－3－1(a)图所示，将高斯曲线振子置于 xOy 平面内，其顶点位于坐标原点。高斯曲线的表达式为

$$y = A[1 - e^{-(Bx)^2}]$$
$$z = 0$$

改变上式中的参数 A、B，可以得到不同形状的天线。如果假设振子上的电流为正弦分布，优化参数 A、B，则可以得到较高的增益，因此高斯曲线振子是最佳形状天线的很好逼近。

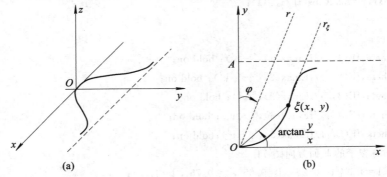

例 2－3－1图　高斯曲线振子及其辐射场的计算

设振子的臂长 $l＝0.75\lambda$，则振子上的正弦电流分布由下式给出：

$$I_\xi = I_0 \sin\left\{k\left[0.75\lambda - \int_0^{x_\xi} \sqrt{1 + \left(\frac{\mathrm{d}y}{\mathrm{d}x}\right)^2}\,\mathrm{d}x\right]\right\}$$

式中，I_ξ 是振子上 ξ 点的电流；I_0 为馈电点电流；$k＝2\pi/\lambda$，为相移常数；x_ξ 为 ξ 点的 x 坐标。振子上每个线元 $\mathrm{d}\xi$ 产生的辐射场为

$$dE_\theta = j \frac{60\pi}{\lambda r_\xi} I_\xi \, d\xi \, \sin\theta e^{-jkr_\xi} \qquad (2-3-1)$$

式中，θ 为射线与线元之间的夹角，即

$$\theta = \frac{\pi}{2} - \varphi - \arctan\left(\frac{dy}{dx}\right)\bigg|_{x=x_\xi}$$

r_ξ 为源点 ξ 点到场点的距离

$$r_\xi = r - \Delta r$$

$$\Delta r \approx r' \cos\left(\frac{\pi}{2} - \varphi - \arctan\frac{y}{x}\right)$$

$$= \sqrt{x^2 + y^2} \cos\left(\frac{\pi}{2} - \varphi - \arctan\frac{y}{x}\right)$$

$d\xi$ 为线元长度

$$d\xi = \sqrt{1 + \left(\frac{dy}{dx}\right)^2} \, dx$$

将上述 I_ξ、θ、r_ξ 和 $d\xi$ 的表达式代入式（2-3-1）并积分，即可得到高斯曲线振子在 E 面（xOy 面）的辐射场。

计算 H 面（yOz 面）的辐射场时，先将振子上的电流 I_ξ 分解为 I_x 和 I_y 两个分量，由于振子两臂对称于 y 轴，对应线元上的 I_y 分量彼此等值反相，因此它们对 H 面的辐射场没有贡献，计算 H 面辐射场时只需考虑 I_x 分量即可。I_x 分量可以写成

$$I_x = I_\xi \frac{dx}{d\xi} = \frac{I_\xi}{\sqrt{1 + \left(\frac{dy}{dx}\right)^2}}$$

则 H 面辐射场为

$$E(\Delta) = Ce^{-jkx} \int_0^{x_E} I_x \, dx e^{-jky\cos\Delta} = Ce^{-jkx} \int_0^{x_E} \frac{I_\xi}{\sqrt{1 + \left(\frac{dy}{dx}\right)^2}} e^{-jky\cos\Delta} \, dx$$

式中，Δ 为射线与 xOy 面之间的夹角；当 r 一定时，C 为与 Δ 无关的常数；x_E 为振子末端的 x 坐标。

计算程序示例：

```
%%计算高斯曲线振子的方向图
clear all; clc;
global A B
lambda=1.6;        %波长
A=0.55 * lambda;
B=3.631/lambda;
K=2 * pi/lambda;
xE=0.8;
x=linspace(-xE,xE,1000);
dx=2 * xE/1000;
y=A * (1-exp(-(B * x).^2));
l=quad('gau',0,xE);
```

```matlab
l_lambda=1/lambda
figure(1);
plot(x,y);hold on;
%计算高斯曲线振子上的电流分布
for k=1:1000
    I(k)=sin(K*(1-quad('gau',0,x(k))));
end
plot(x,I,'--r');title('高斯型振子上的电流分布');
xlabel('x');ylabel('y');
legend('高斯型振子','电流分布');
%计算 E 面方向图
phi=linspace(0,2*pi,100);
E0=zeros(1,100);
for k=1:100
    for L=1:1000
        E0(k)=E0(k)+I(L)*sin(pi/2-phi(k)-atan(2*A*B^2*x(L)*exp(-(B*x(L))^2)))...
            *sqrt(1+(2*A*B^2*x(L)*exp(-(B*x(L))^2))^2)...
            *exp(j*K*sqrt(x(L)^2+(A*(1-exp(-(B*x(L))^2)))^2)...
            *cos(pi/2-phi(k)-atan(A*(1-exp(-(B*x(L))^2))/x(L))))*dx;
    end
end
f_E=abs(E0)/max(abs(E0));
figure(2);
polar(phi,f_E);title('E 面');
%计算 H 面方向图
delta=linspace(0,2*pi,100);
H0=zeros(1,100);
for k=1:100
    for L=1:1000
        H0(k)=H0(k)+I(L)*1/sqrt(1+(2*A*B^2*x(L)*exp(-(B*x(L))^2))^2)...
            *exp(-j*K*A*(1-exp(-(B*x(L))^2))*cos(delta(k)))*dx;
    end
end
f_H=abs(H0)/max(abs(H0));
figure(3);
polar(delta,f_H);title('H 面');
%%定义积分函数
function f=gau(x)
global A B
f=sqrt(1+(2*A*B^2*x.*exp(-(B*x).^2)).^2);
```

计算结果：计算结果如例 2-3-1 解图所示。

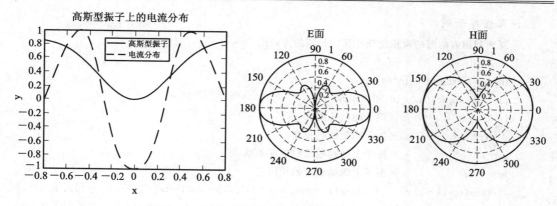

例 2 - 3 - 1 解图

2.4　方向图的乘积定理

2 - 4 - 1　利用方向图的乘积定理计算二元阵的方向图。

　　题解说明：两个长度为 l 的对称振子组成一个平行二元阵，它们的间距为 d，激励电流分别为 I_1 和 $I_2 = mI_1 e^{j\beta}$，按照例 2 - 4 - 1 图建立坐标系。由此可知该二元阵的元因子为

$$f_1(\theta) = \left| \frac{\cos(kl\ \cos\theta) - \cos(kl)}{\sin\theta} \right|$$

阵因子为

$$f_a(\Psi) = |\ 1 + m e^{j\Psi}\ | = \sqrt{1 + m^2 + 2m\ \cos\Psi}$$

式中

$$\Psi = \beta + kd\ \cos\delta = \beta + kd\ \sin\theta\ \sin\varphi$$

其中，β 为两个振子上的电流 I_1 和 I_2 的初始相位差；m 为它们的幅度之比；θ 为射线与 z 轴的夹角；φ 为射线在 xOy 平面上的投影与 x 轴的夹角；δ 为射线与 y 轴的夹角。

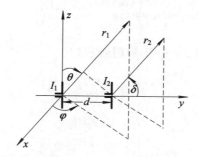

例 2 - 4 - 1 图　平行二元阵及其坐标系

　　根据方向图的乘积定理，可得该二元阵的方向函数为

$$f(\theta, \varphi) = f_1(\theta) \cdot f_a(\theta, \varphi)$$

$$= \left| \frac{\cos(kl\ \cos\theta) - \cos(kl)}{\sin\theta} \right| \cdot \sqrt{1 + m^2 + 2m\ \cos(\beta + kd\ \sin\theta\ \sin\varphi)}$$

计算程序示例：

```
%%利用方向图的乘积定理计算二元阵的方向图
clear all; clc;
theta=meshgrid(0:pi/90:pi);
phi=meshgrid(0:2*pi/90:2*pi)';
l=0.25;                 %振子的电长度
d=1.25;                 %振子间距的电长度
m=1;                    %振子上激励电流的幅度关系
beta=0;                 %振子上激励电流的相位差
f1=abs(cos(2*pi*l*cos(theta))-cos(2*pi*l))./abs(sin(theta)+eps);     %元因子
fa=sqrt(1+m*m+2*m*cos(beta+2*pi*d*sin(theta).*sin(phi)));           %阵因子
f=f1.*fa;
f1max=max(max(f1));
famax=max(max(fa));
fmax=max(max(f));
[x1,y1,z1]=sph2cart(phi,pi/2-theta,f1/f1max);
[x2,y2,z2]=sph2cart(phi,pi/2-theta,fa/famax);
[x3,y3,z3]=sph2cart(phi,pi/2-theta,f/fmax);
figure(1);
mesh(x1,y1,z1);
axis([-1 1 -1 1 -1 1]);shading interp;
title('元因子');
figure(2);
mesh(x2,y2,z2);
axis([-1 1 -1 1 -1 1]);shading interp;
title('阵因子');
figure(3);
mesh(x3,y3,z3);
axis([-1 1 -1 1 -1 1]);shading interp;
title('乘积结果');
```

计算结果：计算结果如例 2-4-1 解图所示。

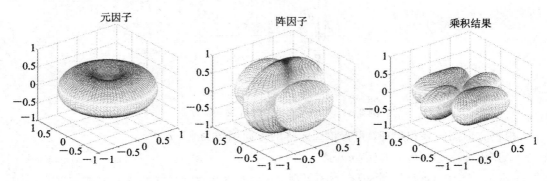

例 2-4-1 解图

2.5　均 匀 直 线 阵

例 2 - 5 - 1　计算均匀直线阵归一化阵因子的方向图。

题解说明：N 个天线单元排成一行，且相邻阵元之间的距离相等，均为 d，激励电流为 $I_n = I_{n-1} e^{j\xi}$（$n = 2，3，\cdots，N$）。建立如例 2 - 5 - 1 图所示的坐标系，如果以坐标原点（单元天线 1）为相位参考点，则当电波射线与阵轴线之间的夹角为 δ 时，相邻阵元在此方向上的相位差为

$$\psi(\delta) = \xi + kd \cos\delta$$

N 元均匀直线阵的阵因子为

$$f_a(\delta) = \left| 1 + e^{j\psi(\delta)} + e^{j2\psi(\delta)} + e^{j3\psi(\delta)} + \cdots + e^{j(N-1)\psi(\delta)} \right|$$

$$= \left| \sum_{n=0}^{N-1} e^{j(n-1)\psi(\delta)} \right| = \left| \frac{\sin \dfrac{N\psi(\delta)}{2}}{\sin \dfrac{\psi(\delta)}{2}} \right|$$

归一化后可得

$$F_a(\psi) = \frac{1}{N} \left| \frac{\sin \dfrac{N\psi}{2}}{\sin \dfrac{\psi}{2}} \right|$$

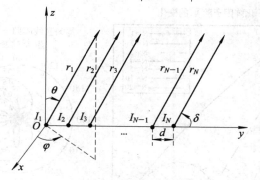

例 2 - 5 - 1 图　均匀直线阵及其坐标系

计算程序示例：

```
%%计算均匀直线阵归一化阵因子的方向图
clear all；clc；
N＝[1,2,3,4,5,10,20]；          %阵元个数
Psi＝linspace(−pi,pi,1000)；
for i＝1:7
    Fa(i,:)＝abs(sin(N(i) * Psi/2)./sin(Psi/2＋eps))/N(i)；
end
figure(1)；
plot(Psi(500:1000) * 180/pi,Fa(1,500:1000),'.−b')；hold on；
plot(Psi(500:1000) * 180/pi,Fa(2,500:1000),'−k')；hold on；
plot(Psi(500:1000) * 180/pi,Fa(3,500:1000),'−−m')；hold on；
```

```
plot(Psi(500:1000) * 180/pi,Fa(4,500:1000),':c');hold on;
plot(Psi(500:1000) * 180/pi,Fa(5,500:1000),'-.r');hold on;
plot(Psi(500:1000) * 180/pi,Fa(6,500:1000),'.g');hold on;
plot(Psi(500:1000) * 180/pi,Fa(7,500:1000),'b');
legend('N=1','N=2','N=3','N=4','N=5','N=10','N=20');
axis([0 180 0 1]);
xlabel('\psi');
ylabel('F(\psi)');
title('均匀直线阵归一化阵因子随\psi 的变化');
figure(2);
polar(Psi,Fa(1,:)/max(Fa(1,:)),'.-b');hold on;
polar(Psi,Fa(2,:)/max(Fa(1,:)),'-k');hold on;
polar(Psi,Fa(3,:)/max(Fa(1,:)),'--m');hold on;
polar(Psi,Fa(4,:)/max(Fa(1,:)),':c');hold on;
polar(Psi,Fa(5,:)/max(Fa(1,:)),'-.r');hold on;
polar(Psi,Fa(6,:)/max(Fa(1,:)),'.g');hold on;
polar(Psi,Fa(7,:)/max(Fa(1,:)),'b');
legend('N=1','N=2','N=3','N=4','N=5','N=10','N=20');
title('均匀直线阵归一化阵因子随\psi 的变化');
```

计算结果：计算结果如例 2-5-1 解图所示。

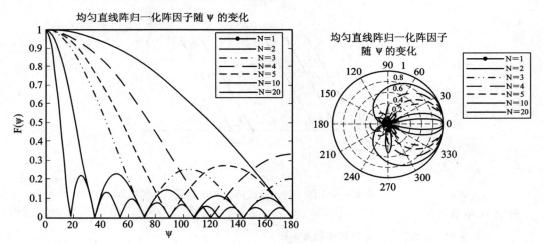

例 2-5-1 解图

例 2-5-2　计算均匀直线阵方向系数与间距的关系。

题解说明：边射阵的归一化方向函数为

$$F_a(\delta) = \frac{1}{N} \left| \frac{\sin\left(\dfrac{N}{2}kd\,\cos\delta\right)}{\sin\left(\dfrac{1}{2}kd\,\cos\delta\right)} \right|$$

普通端射阵的归一化方向系数为

$$F_a(\delta) = \frac{1}{N} \left| \frac{\sin\left[\dfrac{N}{2}kd(\cos\delta - 1)\right]}{\sin\left[\dfrac{1}{2}kd(\cos\delta - 1)\right]} \right|$$

强方向性端射阵的归一化方向函数为

$$F_a(\delta) = \left| \sin\left(\frac{\pi}{2N}\right) \cdot \frac{\sin\left\{\dfrac{N}{2}\left[kd(\cos\delta - 1) - \dfrac{\pi}{N}\right]\right\}}{\sin\left\{\dfrac{1}{2}\left[kd(\cos\delta - 1) - \dfrac{\pi}{N}\right]\right\}} \right|$$

上述各式中的参数如例 2 - 5 - 1 图所示。

再由下式求出方向系数：

$$D = \frac{4\pi}{2\pi \displaystyle\int_0^\pi F_a^2(\delta)\sin\delta \, d\delta}$$

计算程序示例：

```
%%计算五元均匀直线阵的方向系数随间距的变化
clear all;
clc;
global Number_element Xi dd
Number_element=5;                   %阵元个数
d=linspace(0.1,0.6,100);            %阵元间距的电长度
for i=1:100
    dd=d(i);
    Xi=0;
    D(i)=quad('dbint1',0,pi);
    D(i)=2/D(i);                    %边射阵的方向系数
end
plot(d,D,'-.b');hold on;
grid on;
for i=1:100
    dd=d(i);
    Xi=2*pi*dd;
    D(i)=quad('dbint1',0,pi);
    D(i)=2/D(i);                    %普通端射阵的方向系数
end
plot(d,D,'--k');hold on;
grid on;
for i=1:100
    dd=d(i);
    Xi=2*pi*dd+pi/Number_element;
    D(i)=quad('dbint2',0,pi);
    D(i)=2/D(i);                    %强方向性端射阵的方向系数
end
```

```
plot(d,D,'r');hold on;
grid on;
title('方向系数 D 随间隔距离 d 的变化曲线');
xlabel('d/\lambda (N=5)');
ylabel('D');
legend1 = legend({'边射阵','普通端射阵','强方向性端射阵'},...
'FontSize',9,'Position',[0.6375 0.7738 0.2633 0.1345]);
%%定义积分函数
function f=dbint1(x)
global Number_element dd Xi
Psi=Xi+2*pi*dd*cos(x);
f=(sin(Number_element*Psi/2)./sin(Psi/2+eps)/Number_element).^2.*sin(x);
%%定义积分函数
function f=dbint2(x)
global Number_element dd Xi
psi=Xi+2*pi*dd*cos(x);
f=(sin(Number_element*psi/2)./sin(psi/2+eps)*sin(pi/2/Number_element)).^2.*sin(x);
```

计算结果： 计算结果如例 2-5-2 解图所示。

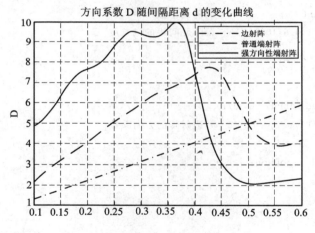

例 2-5-2 解图

例 2-5-3　计算均匀直线阵的方向系数与阵元数的关系。

题解说明： 均匀直线阵的归一化方向函数

$$F_a(\psi) = \frac{1}{N}\left|\frac{\sin\left(\dfrac{N\psi}{2}\right)}{\sin\left(\dfrac{\psi}{2}\right)}\right|$$

其中，在边射阵情况下，

$$\psi = \xi + kd\,\cos\delta = kd\,\cos\delta$$

在普通端射阵情况下，

$$\psi = \xi + kd\,\cos\delta = kd(\cos\delta - 1)$$

在强方向性端射阵情况下，

$$\psi = \xi + kd \cos\delta = \pm\left(kd + \frac{\pi}{N}\right) + kd \cos\delta$$

上述各式中的参数如例 2-5-1 图所示。

再用下式求方向系数：

$$D = \frac{4\pi}{2\pi \displaystyle\int_0^\pi F_a^2(\delta)\sin\delta \ d\delta}$$

计算程序示例：

```
%%计算均匀直线阵的方向系数随阵元数的变化
clear all;clc;
global Number_element Xi dd
Number=2:1:20;              %阵元数
dd=0.25;                   %阵元间距的电长度
for i=1:length(Number)
    Number_element=Number(i);
    Xi=0;
    D(i)=quad('dbint1',0,pi);
    D(i)=2/D(i);            %边射阵的方向系数
end
plot(Number,D,'-.b');hold on;
grid on;
for i=1:length(Number)
    Number_element=Number(i);
    Xi=2*pi*dd;
    D(i)=quad('dbint1',0,pi);
    D(i)=2/D(i);           %普通端射阵的方向系数
end
plot(Number,D,'--k');hold on;
grid on;
for i=1:length(Number)
    Number_element=Number(i);
    Xi=2*pi*dd+pi/Number_element;
    D(i)=quad('dbint2',0,pi);
    D(i)=2/D(i);           %强方向性端射阵的方向系数
end
plot(Number,D,'r');hold off;
grid on;
title('方向系数 D 随阵元数 N 的变化曲线');
xlabel('N');ylabel('D');
legend1 = legend({'强方向性端射阵','普通端射阵','边射阵'},...
'FontSize',9,'Position',[0.1541 0.7653 0.2536 0.1373]);
%%定义积分函数
```

```
function f=dbint1(x)
global Number_element dd Xi
psi=Xi+2 * pi * dd * cos(x);
f=(sin(Number_element * psi/2)./sin(psi/2+eps)/Number_element).^2. * sin(x);
```

计算结果：计算结果如例 2－5－3 解图所示。

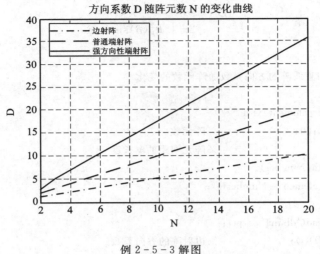

例 2－5－3 解图

2.6　非均匀直线阵

例 2－6－1　计算非均匀直线阵的方向图。

题解说明：在均匀直线阵中，增加阵元数目(阵元间距不能任意增加)可使主瓣变窄，副瓣电平降低。但是，阵元数目增加到一定程度后，副瓣电平趋于一个极限值，无法继续降低。如果调整各阵元上的电流分布，就可以达到给波束赋形和控制副瓣电平的目的。分析表明，在直线阵中若使各单元电流的振幅自阵的中心向两端递减，就可以降低副瓣电平以至于完全消除副瓣，其代价是主瓣的展宽。

设直线阵由 N 个无方向性的点源组成，各阵元间距为 d，所有点源均同相激励，但电流的振幅是非均匀分布的。当 N 为偶数，即 $N=2n$ 时，各点源的电流振幅从阵的中心开始依次为 I_1，I_2，$\cdots$，I_n，振幅分布以阵的中点对称，如例 2－6－1(a)图所示，则每一对点源在远区的辐射场依次为

$$E_1 = E_0 I_1 (\mathrm{e}^{\mathrm{j}\psi/2} + \mathrm{e}^{-\mathrm{j}\psi/2}) = 2E_0 I_1 \cos \frac{\psi}{2}$$

$$E_2 = E_0 I_2 (\mathrm{e}^{\mathrm{j}3\psi/2} + \mathrm{e}^{-\mathrm{j}3\psi/2}) = 2E_0 I_2 \cos \frac{3\psi}{2}$$

$$\vdots$$

$$E_i = E_0 I_i (\mathrm{e}^{\mathrm{j}(2i-1)\psi/2} + \mathrm{e}^{-\mathrm{j}(2i-1)\psi/2}) = 2E_0 I_i \cos \frac{(2i-1)\psi}{2}$$

式中，$\psi = kd \cos\delta$。如果设 $E_0 = 1$，则 n 对点源构成的直线阵产生的远区辐射场为

$$E_{2n} = 2I_1 \cos\frac{\psi}{2} + 2I_2 \cos\frac{3\psi}{2} + \cdots + 2I_n \cos\frac{(2n-1)\psi}{2}$$

$$= 2\sum_{i=1}^{n} I_i \cos\left[2(i-1)\frac{\psi}{2}\right]$$

同样，对于奇数个点源组成的 N 元等间距直线阵，$N = 2n+1$，如果设中心电流元为 $2I_0$，其余各阵元依次为 I_1，I_2，$\cdots$，I_n，$E_0 = 1$，则总辐射场为

$$E_{2n} = 2I_0 + 2I_1 \cos\psi + 2I_2 \cos2\psi + \cdots + 2I_n \cos n\psi$$

$$= 2\sum_{i=0}^{n} I_i \cos\left(2i\frac{\psi}{2}\right)$$

上述两个计算总辐射场的表达式概括了振幅不均匀分布的所有情况，在不同的振幅分布情况下可以得到不同性能的方向图。例如，对于五元直线阵，当均匀分布时，各电流振幅的比值为 $1:1:1:1:1$；三角形分布时，各电流振幅的比值为 $1:2:3:2:1$；二项式分布时，各电流振幅的比值为 $1:4:6:4:1$；切比雪夫分布时，各电流振幅的比值为 $1:1.61:1.94:1.61:1$（$-20\ \mathrm{dB}$ 副瓣电平）或/和 $1:2.41:3.14:2.41:1$（$-30\ \mathrm{dB}$ 副瓣电平）；反三角形分布时，各电流振幅的比值为 $3:2:1:2:3$。

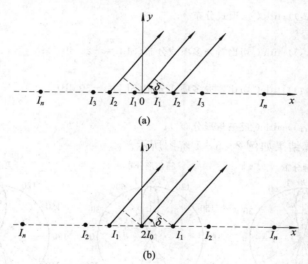

例 2-6-1 图 非均匀直线阵及其坐标系

计算程序示例：

```
%%计算非均匀五元阵的方向图
clear all; clc;
phi=linspace(0,2*pi,200);
Number_element=5;           %阵元数
d=0.5;                      %阵元间距的电长度
D=[0*d,1*d,2*d,3*d,4*d];
I=[1,1,1,1,1;               %均匀分布的幅度
   1,2,3,2,1;               %三角形分布的幅度
   1,4,6,4,1;               %二项式分布的幅度
```

```
    1,1.61,1.94,1.61,1;          %切比雪夫分布的幅度 1(SLL=−20 dB)
    1,2.41,3.14,2.41,1;          %切比雪夫分布的幅度 2(SLL=−30 dB)
    3,2,1,2,3];                  %反三角形分布的幅度
[M,N]=size(I);
E=zeros(M,200);
for i=1:M
    for L=1:200
        E(i,L)=E(i,L)+I(i,:)*exp(j*2*pi*D.*cos(phi(L)))';
    end
    E(i,:)=abs(E(i,:))/max(abs(E(i,:)));
end
subplot(231);
polar(phi,E(1,:));title('等幅分布');
subplot(232);
polar(phi,E(2,:));title('三角形分布');
subplot(233);
polar(phi,E(3,:));title('二项式分布');
subplot(234);
polar(phi,E(4,:));title('切比雪夫多项式分布(SLL=−20 dB)');
subplot(235);
polar(phi,E(5,:));title('切比雪夫多项式分布(SLL=−30 dB)');
subplot(236);
polar(phi,E(6,:));title('反三角形分布');
```

计算结果：计算结果如例 2−6−1 解图所示。

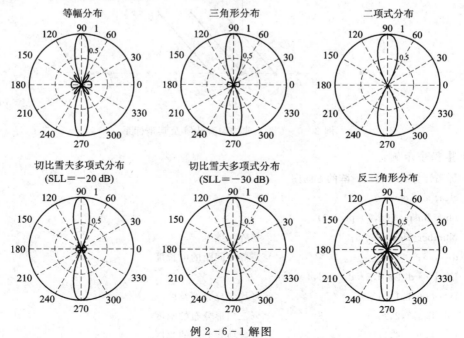

例 2−6−1 解图

2.7 相 控 阵 天 线

例 2 - 7 - 1 相控阵天线方向图的二维动画演示及其方向图计算。

题解说明：主瓣最大值方向或方向图的形状可以用改变阵元激励电流的相对相位的方法加以控制，这种天线阵称之为相控阵。在雷达中，要求天线的最大辐射方向以极高的速度跟踪目标；在通信中，要求随时调整天线方向图以适应通信对象的变化，因此相控阵的应用越来越广泛。

设一个 N 元直线阵，其阵因子为

$$f_a(\delta) = \left| \sum_{n=0}^{N-1} e^{jn\psi(\delta)} \right|$$

式中，$\psi(\delta) = \xi + kd\cos\delta$。当 $\psi(\delta) = 0$ 时，$f_a(\delta)$ 取最大值，其最大值的方向 δ_0 可由下式确定：

$$\xi = -kd\cos\delta_0$$

将其代入 $f_a(\delta)$，可得

$$f_a(\delta) = \left| \sum_{n=0}^{N-1} e^{jnkd(\cos\delta - \cos\delta_0)} \right|$$

计算程序示例：

```
%%计算五元相控阵天线的方向图随相位的变化
clear all;
clc;
Number_element=5;                    %阵元数
d=0.4;                               %阵元间距的电长度
delta0=linspace(pi/2,0,20);          %相位变化量
delta=linspace(eps,2*pi,200);
fN=zeros(20,200);
for i=1:20
   for N=1:Number_element
     fN(i,:)=fN(i,:)+exp(j*(N-1)*2*pi*d*(cos(delta)-cos(delta0(i))));
   end
fNmax=max(abs(fN(i,:)))
fN(i,:)=abs(fN(i,:))/max(abs(fN(i,:)));
figure(1);
polar(delta,fN(i,:));
title('五元相控阵的 E 面方向图动画');
m(i,:)=getframe;
end
movie(m,2);
figure(2);
subplot(221);
```

```
    polar(delta,fN(1,:));title('\Delta_0＝\pi');
    subplot(222);
    polar(delta,fN(4,:));title('\Delta_0＝0.42\pi');
    subplot(223);
    polar(delta,fN(14,:));title('\Delta_0＝\pi/6');
    subplot(224);
    polar(delta,fN(20,:));title('\Delta_0＝0');
```

计算结果： 计算结果如例 2－7－1 解图所示。

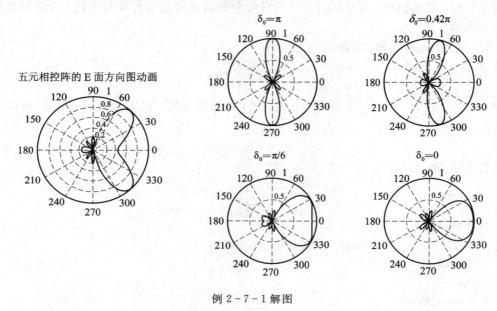

例 2－7－1 解图

例 2－7－2 相控阵天线方向图的三维动画演示。

题解说明： 见例 2－7－1。

计算程序示例：

```
%%演示五元相控阵天线立体方向图的动画
clear all;
clc;
Number_element＝5;              %阵元数
d＝0.4;                         %阵元间距的电长度
delta0＝linspace(pi/2,0,20);    %相位变化量
delta＝meshgrid(eps:pi/180:pi);
theta＝meshgrid(eps:2*pi/180:2*pi)';
for i＝1:20
    fN＝zeros(181,181);
    for N＝1:Number_element
        fN＝fN＋exp(j*(N－1)*2*pi*d*(cos(delta)－cos(delta0(i))));
    end
fN＝abs(fN)/max(max(abs(fN)));
```

```
[x,y,z]=sph2cart(theta,pi/2-delta,fN);
mesh(z,x,y);
axis([-1 1 -1 1 -1 1]);
xlabel('\theta');
ylabel('\delta');
zlabel('F(\theta,\delta)');
title('五元相控阵的立体方向图动画');
m(:,i)=getframe;
end
movie(m,2);
```

计算结果：计算结果如例 2-7-2 解图所示。

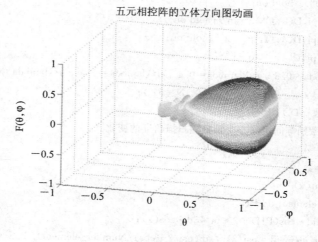

例 2-7-2 解图

例 2-7-3　计算相控阵天线的方向系数随扫描角的变化关系。

题解说明：设一个 N 元直线阵，其阵因子为

$$f_a(\delta) = \left| \sum_{n=0}^{N-1} e^{jn\psi(\delta)} \right|$$

式中，$\psi(\delta) = \xi + kd \cos\delta$。归一化后，可得

$$F_a(\delta) = \frac{1}{N} \left| \sum_{n=0}^{N-1} e^{jn(\xi + kd \cos\delta)} \right|$$

则方向系数为

$$D = \frac{4\pi}{2\pi \int_0^\pi F_a^2(\delta) \sin\delta \, d\delta}$$

计算程序示例

```
%%计算五元相控阵天线的方向系数随扫描角的变化
clear all; clc;
global Number_element dd PH
Number_element=5;                    %阵元数
d=[0.3,0.4,0.5,0.6];                 %阵元间距的电长度
```

```
phi0=linspace(0,pi,80);
for j=1:4
    dd=d(j);
    for i=1:80
    PH=phi0(i);
    DD(i)=quad('dbint',0,pi);
    D(j,i)=2/DD(i);                    %计算方向系数
    end
end
figure(1);
plot(phi0 * 180/pi,D(1,:),'x-r');
axis([0 180 0 10]); hold on;
plot(phi0 * 180/pi,D(2,:),'. -m');hold on;
plot(phi0 * 180/pi,D(3,:),'--k');hold on;
plot(phi0 * 180/pi,D(4,:),'o-b');
legend('d/\lambda=0. 3','d/\lambda=0. 4','d/\lambda=0. 5','d/\lambda=0. 6');
xlabel('\phi_0 (\xi=-\betadcos\phi_0, N=5)');
ylabel('方向系数-D');
title('五元均匀激励等间距阵方向系数随扫描角度的变化');
hold off;
%%定义积分函数
function f=dbint(x)
global Number_element dd PH
psi=-2 * pi * dd * cos(PH)+2 * pi * dd * cos(x);
f=(sin(Number_element * psi/2). /sin(psi/2+eps)/Number_element).^2. * sin(x);
```

计算结果：计算结果如例 2-7-3 解图所示。

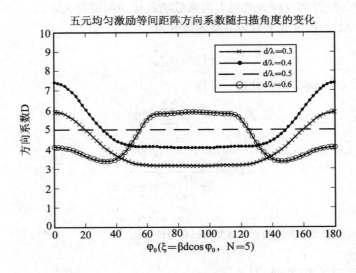

例 2-7-3 解图

2.8　平　面　阵

例 2 - 8 - 1　计算均匀激励等间距边射平面阵的方向图。

题解说明：与线阵相比，矩形平面阵多了一组控制方向图的变量，因此比线阵更加通用，能够提供更对称的低副瓣方向图，可以实现对空间任意点的扫描，所以在雷达和通信领域有非常广泛的应用。

假设由 $M \times N$ 个阵元组成一个矩形平面阵，如例 2 - 8 - 1 图所示。

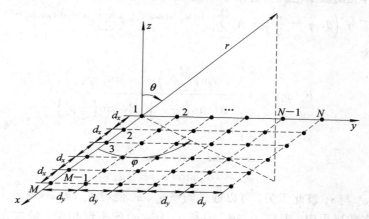

例 2 - 8 - 1 图　矩形平面阵及其坐标系

沿 x 方向的 M 个阵元以间距 d_x 均匀排列，单元激励电流的幅度为 A_m，步进相位为 α_x；沿 y 方向的 N 个阵元以间距 d_y 均匀排列，激励电流的幅度为 A_n，步进相位为 α_y，从而形成矩形栅格的矩形平面阵。阵元沿 y 方向激励电流的幅度与沿 x 方向的成正比，其中第 mn 号阵元的电流幅度为 $A_m A_n$。根据方向图乘积定理，可得平面阵的阵因子为

$$f_a(\theta, \varphi) = f_{ax}(\theta, \varphi) \cdot f_{ay}(\theta, \varphi)$$

其中

$$f_{ax}(\theta, \varphi) = \sum_{m=0}^{M-1} A_m e^{jm(kd_x \sin\theta \cos\varphi + \alpha_x)}$$

为沿 x 方向间距为 d_x、步进相位为 α_x 的 M 元非均匀激励等间距线阵的阵因子。而

$$f_{ay}(\theta, \varphi) = \sum_{n=0}^{N-1} A_n e^{jn(kd_y \sin\theta \sin\varphi + \alpha_y)}$$

为沿 y 方向间距为 d_y、步进相位为 α_y 的 N 元非均匀激励等间距线阵的阵因子。

对于 xOz 平面，$\varphi = 0$，则

$$f_{ay}(\theta, \varphi = 0) = \sum_{n=0}^{N-1} A_n e^{jn\alpha_y}$$

为常数。平面阵的阵因子为

$$f_a(\theta, \varphi = 0) = \sum_{m=0}^{M-1} A_m e^{jm(kd_x \sin\theta + \alpha_x)} = f_{ax}(\theta)$$

可见，xOz 平面的方向性仅取决于沿 x 方向的排列，与沿 y 方向的排列无关。

对于 yOz 平面，$\varphi = \dfrac{\pi}{2}$，则

$$f_{ax}\left(\theta,\ \varphi = \frac{\pi}{2}\right) = \sum_{m=0}^{M-1} A_m e^{jm\alpha_x}$$

为常数。平面阵的阵因子为

$$f_a\left(\theta,\ \varphi = \frac{\pi}{2}\right) = \sum_{n=0}^{N-1} A_n e^{jn(kd_y\sin\theta+\alpha_y)} = f_{ay}(\theta)$$

所以，yOz 平面的方向性仅取决于沿 y 方向的排列，与沿 x 方向的排列无关。

如果所有阵元的激励电流幅度相等，则阵因子可写成

$$f_a\left(\theta,\ \varphi = \frac{\pi}{2}\right) = A_0 \sum_{m=0}^{M-1} e^{jm(kd_x\sin\theta\cos\varphi+\alpha_x)} \cdot \sum_{n=0}^{N-1} e^{jn(kd_y\sin\theta\cos\varphi+\alpha_y)}$$

归一化阵因子为

$$F_a(\psi_x,\ \psi_y) = \frac{\sin\left(\dfrac{M}{2}\psi_x\right)}{M\,\sin\left(\dfrac{1}{2}\psi_x\right)} \cdot \frac{\sin\left(\dfrac{N}{2}\psi_y\right)}{N\,\sin\left(\dfrac{1}{2}\psi_y\right)}$$

式中

$$\psi_x = kd_x\sin\theta\cos\varphi + \alpha_x$$
$$\psi_y = kd_y\sin\theta\cos\varphi + \alpha_y$$

步进相位 α_x 与 α_y 彼此无关，可以通过调整 α_x、α_y 使得 $f_{ax}(\theta,\varphi)$ 与 $f_{ay}(\theta,\varphi)$ 的主瓣方向不同。但大多数应用中，要求 $f_{ax}(\theta,\varphi)$ 和 $f_{ay}(\theta,\varphi)$ 的主瓣相交，最大方向指向同一方向。如果希望单一主瓣指向 (θ_0,φ_0) 方向，则步进相位要满足下式的条件：

$$\alpha_x = -kd_x\sin\theta_0\cos\varphi_0$$
$$\alpha_y = -kd_y\sin\theta_0\sin\varphi_0$$

由上式可以求得主瓣的最大值满足

$$\tan\varphi_0 = \frac{\alpha_y d_x}{\alpha_x d_y};\quad \sin^2\theta_0 = \left(\frac{\alpha_x}{kd_x}\right)^2 + \frac{\alpha_y}{kd_y}$$

计算程序示例：

```
%%5×5 元均匀激励等间距边射阵的立体方向图和平面方向图
clear all; clc;
M=5; N=5;                       %阵元数目
k=2*pi;                         %相移常数
dx=0.5; dy=0.5;                 %阵元间距的电长度
alfa_x=0; alfa_y=0;             %主瓣最大值方向
Theta=[-180:180]; P=length(Theta);
Phi=[0:360]; Q=length(Phi);
Fa=zeros(P,Q);
Fa_x=zeros(P,Q); Fa_y=zeros(P,Q); Fa_z=zeros(P,Q);
x=zeros(P,Q); y=zeros(P,Q); z=zeros(P,Q);
for p=1:P
    theta=Theta(1,p)*pi/180;
    for q=1:Q
```

```
            phi=Phi(1,q) * pi/180;
            psi_x=k * dx * sin(theta) * cos(phi)+alfa_x;
            psi_y=k * dy * sin(theta) * sin(phi)+alfa_y;
            if sin(psi_x/2)==0 & sin(psi_y/2)==0
               Fa(p,q)=1.0;
            else
               if sin(psi_x/2)==0
                  Fa(p,q)=sin(N/2 * psi_y)/(N * sin(psi_y/2));
               else
                  if sin(psi_y/2)==0
                     Fa(p,q)=sin(M/2 * psi_x)/(M * sin(psi_x/2));
                  else
                     Fa(p,q)=sin(M/2 * psi_x)/(M * sin(psi_x/2)) * sin(N/2 * psi_y)/(N * sin(psi_y/2));
                  end
               end
            end
            Fa_x(p,q)=abs(Fa(p,q)) * sin(theta) * cos(phi);
            Fa_y(p,q)=abs(Fa(p,q)) * sin(theta) * sin(phi);
            Fa_z(p,q)=abs(Fa(p,q)) * cos(theta);
            x(p,q)=sin(theta) * cos(phi);
            y(p,q)=sin(theta) * sin(phi);
        end
    end
    figure(1);
    mesh(Fa_x,Fa_y,Fa_z);axis equal;view(45,45);
    title('5×5 元均匀激励等间距边射阵的立体方向图');
    Fa0_p=40+20 * log10(abs(Fa(:,1).')/max(abs(Fa(:,1).')));
    Fa0_p(find(Fa0_p<0))=0;
    Fa45_p=40+20 * log10(abs(Fa(:,46).')/max(abs(Fa(:,46).')));
    Fa45_p(find(Fa45_p<0))=0;
    figure(2);
    polar(Theta * pi/180-pi/2,abs(Fa0_p),'r-');hold on;
    polar(Theta * pi/180-pi/2,abs(Fa45_p),'-.');
    legend('\phi=0,\pi/2','\phi=\pi/4');
    title('\phi=0,\pi/2 和\pi/4 时的二维方向图');
    Fa(91,:)=0;
    figure(3);
    mesh(x,y,abs(Fa));
    xlabel('x');
    ylabel('y'),
    title('5×5 元均匀激励等间距边射阵的立体方向图');
```

计算结果：计算结果如例 2-8-1 解图所示。

5×5元均匀激励等间距边射阵的立体方向图　　　　5×5元均匀激励等间距边射阵的立体方向图

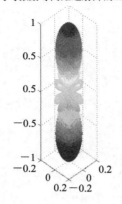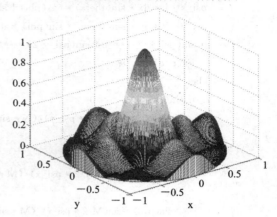

φ=0, π/2和π/4时的二维方向图

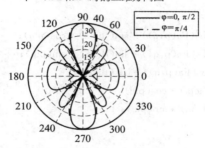

例 2-8-1 解图

例 2-8-2　计算均匀激励等间距斜射平面阵的方向图。

题解说明：参见例 2-8-1。

计算程序示例：

```
%%5×5元均匀激励等间距斜射阵的立体方向图和平面方向图
clear all; clc;
M=5; N=5;                    %阵元数目
k=2*pi;                      %相移常数
dx=0.5; dy=0.5;              %阵元间距
theta0=30; phi0=45;          %主瓣指向
alfa_x=-k*dx*sin(theta0*pi/180)*cos(phi0*pi/180);
alfa_y=-k*dy*sin(theta0*pi/180)*sin(phi0*pi/180);
Theta=[-180:180]; P=length(Theta);
Phi=[0:360]; Q=length(Phi);
Fa=zeros(P,Q);
Fa_x=zeros(P,Q); Fa_y=zeros(P,Q); Fa_z=zeros(P,Q);
x=zeros(P,Q); y=zeros(P,Q); z=zeros(P,Q);
for p=1:P
```

```
        theta＝Theta(1,p) * pi/180;
    for q＝1:Q
        phi＝Phi(1,q) * pi/180;
        psi_x＝k * dx * sin(theta) * cos(phi)＋alfa_x;
        psi_y＝k * dy * sin(theta) * sin(phi)＋alfa_y;
          if sin(psi_x/2)＝＝0&sin(psi_y/2)＝＝0
            Fa(p,q)＝1.0;
          else
            if sin(psi_x/2)＝＝0
              Fa(p,q)＝sin(N/2 * psi_y)/(N * sin(psi_y/2));
            else
              if sin(psi_y/2)＝＝0
                Fa(p,q)＝sin(M/2 * psi_x)/(M * sin(psi_x/2));
              else
              Fa(p,q)＝sin(M/2 * psi_x)/(M * sin(psi_x/2)) * sin(N/2 * psi_y)/(N * sin(psi_y/2));
              end
            end
          end
        Fa_x(p,q)＝abs(Fa(p,q)) * sin(theta) * cos(phi);
        Fa_y(p,q)＝abs(Fa(p,q)) * sin(theta) * sin(phi);
        Fa_z(p,q)＝abs(Fa(p,q)) * cos(theta);
        x(p,q)＝sin(theta) * cos(phi);
        y(p,q)＝sin(theta) * sin(phi);
    end
end
figure(1);
mesh(Fa_x,Fa_y,Fa_z);axis equal;view(45,45);
title('5×5 元均匀激励等间距斜射阵的三维空间立体方向图');
Fa0_p＝40＋20 * log10(abs(Fa(:,1).')/max(abs(Fa(:,46).'))); Fa0_p(find(Fa0_p<0))＝0;
Fa45_p＝40＋20 * log10(abs(Fa(:,46).')/max(abs(Fa(:,46).'))); Fa45_p(find(Fa45_p<0))＝0;
figure(2);
polar(Theta * pi/180－pi/2,abs(Fa45_p),'b－－');hold on;
polar(Theta * pi/180－pi/2,abs(Fa0_p),'r－');
legend('\phi＝0,\pi/2','\phi＝\pi/4');
title('\phi＝0,\pi/2 和\pi/4 时的二维俯仰面方向图');
Fa(91,:)＝0;
figure(3);
mesh(x,y,abs(Fa));axis equal;view(45,30);
xlabel('x');
ylabel('y'),
title('5×5 元均匀激励等间距斜射阵的立体方向图');
```

计算结果：计算结果如例 2－8－2 解图所示。

5×5元均匀激励等间距斜射阵的三维空间立体方向图　　　　5×5元均匀激励等间距斜射阵的立体方向图

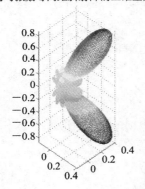 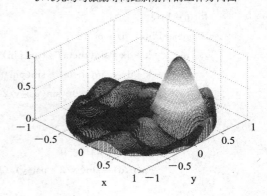

$\varphi=0,\pi/2$ 和 $\pi/4$ 时的二维俯仰面方向图

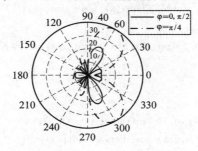

例 2-8-2 解图

2.9　圆　　阵

例 2-9-1　计算均匀激励等间距圆阵的方向图。

题解说明：设 N 个点源均匀地分布在一个半径为 a 的圆周上组成一个圆阵，如例 2-9-1 图所示，其第 n 个单元的角位置为 $\varphi_n = 2n\pi/N$，激励电流为 $I_n = A_n e^{j\alpha_n}$，则远场可写成

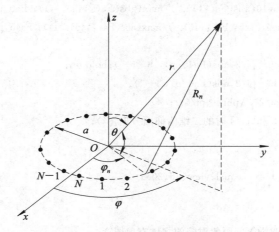

例 2-9-1图　圆阵及其坐标系

$$E(r, \theta, \varphi) = \sum_{n=0}^{N-1} A_n e^{j\alpha_n} 4\pi \frac{e^{-jkR_n}}{R_n}$$

式中，R_n 为第 n 个单元到场点的距离，即

$$R_n = (r^2 + a^2 - 2ar \cos\psi_n)^{1/2}$$

由于 $r \gg a$，则

$$\frac{1}{R_n} \approx \frac{1}{r}$$

$$R_n \approx r - a \cos\psi_n = r - a \sin\theta \cos(\varphi - \varphi_n)$$

所以，有

$$E(r, \theta, \varphi) = 4\pi \frac{e^{-jkr}}{r} \sum_{n=0}^{N-1} A_n e^{j[ka \sin\theta \cos(\varphi - \varphi_n) + \alpha_n]}$$

可见，阵因子为

$$f_a(\theta, \varphi) = \sum_{n=0}^{N-1} A_n e^{j[ka \sin\theta \cos(\varphi - \varphi_n) + \alpha_n]}$$

为了使主瓣最大值指向 (θ_0, φ_0)，第 n 个单元激励电流的相位应选为

$$\alpha_n = - ka \sin\theta_0 \cos(\varphi_0 - \varphi_n)$$

于是，阵因子可以写成

$$f_a(\theta, \varphi) = \sum_{n=0}^{N-1} A_n e^{jka[\sin\theta \cos(\varphi - \varphi_n) - \sin\theta_0 \cos(\varphi_0 - \varphi_n)]} = \sum_{n=0}^{N-1} A_n e^{jka[\cos\psi - \cos\psi_0]}$$

其中的指数项可以写成

$$ka[\cos\psi - \cos\psi_0] = k\rho_0 \cos(\varphi_n - \xi)$$

式中

$$\rho_0 = a[(\sin\theta \cos\varphi - \sin\theta_0 \cos\varphi_0)^2 + (\sin\theta \sin\varphi - \sin\theta_0 \sin\varphi_0)^2]^{1/2}$$

利用以上关系，方向函数变成

$$f_a(\theta, \varphi) = \sum_{n=0}^{N-1} A_n e^{jka[\cos\psi - \cos\psi_0]} = \sum_{n=0}^{N-1} A_n e^{jk\rho_0 \cos(\varphi_0 - \xi)}$$

式中

$$\xi = \arctan\left[\frac{\sin\theta \sin\varphi - \sin\theta_0 \sin\varphi_0}{\sin\theta \cos\varphi - \sin\theta_0 \cos\varphi_0}\right]$$

计算程序示例：

```
%%计算 10 元均匀激励等间距圆阵的方向图
clear all; clc;
N=10;                          %阵元个数
k=2 * pi;                      %相移常数
a=10/k;                        %圆阵的半径
theta0=0; phi0=0;              %主瓣指向
Theta=[-180:180]; P=length(Theta);
Phi=[0:360]; Q=length(Phi);
Fa=zeros(P,Q);
Fa_x=zeros(P,Q); Fa_y=zeros(P,Q); Fa_z=zeros(P,Q);
x=zeros(P,Q); y=zeros(P,Q); z=zeros(P,Q);
```

```
for p=1:P
    theta=Theta(1,p) * pi/180;
    for q=1:Q
        phi=Phi(1,q) * pi/180;
        for n=1:N
            phi_n=2 * pi * (n-1)/N;
            rho0=a * sin(theta);
            xi=phi;
            Fa(p,q)=Fa(p,q)+exp(j * k * rho0 * cos(phi_n-xi));
        end
        Fa_x(p,q)=abs(Fa(p,q)) * sin(theta) * cos(phi);
        Fa_y(p,q)=abs(Fa(p,q)) * sin(theta) * sin(phi);
        Fa_z(p,q)=abs(Fa(p,q)) * cos(theta);
        x(p,q)=sin(theta) * cos(phi);
        y(p,q)=sin(theta) * sin(phi);
    end
end
figure(1);
mesh(Fa_x,Fa_y,Fa_z);axis equal;
title('十元均匀激励等间距圆阵的三维空间立体方向图');
Fa0_p=40+20 * log10(abs(Fa(:,1).')/max(abs(Fa(:,1).'))); Fa0_p(find(Fa0_p<0))=0;
Fa90_p=40+20 * log10(abs(Fa(:,91).')/max(abs(Fa(:,91).'))); Fa90_p(find(Fa90_p<0))=0;
figure(2);
polar(Theta * pi/180-pi/2,abs(Fa0_p),'r-');hold on;
polar(Theta * pi/180-pi/2,abs(Fa90_p),'b--');
legend('x-z 面(\phi=0)','y-z 面(\phi=\pi/2)');
title('两个主平面方向图');
Fa(91,:)=0；figure(3);
mesh(x,y,abs(Fa)/max(max(abs(Fa))));view(135,30);
xlabel('x');xlabel('y');
title('十元均匀激励等间距圆阵的立体方向图');
```

计算结果：计算结果如例 2-9-1 解图所示。

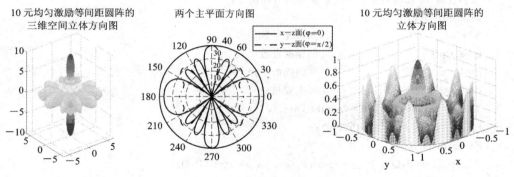

例 2-9-1 解图

2.10　双极天线

例 2 - 10 - 1　计算双极天线的立体方向图及其垂直平面和水平平面方向图。

题解说明：如例 2 - 10 - 1 图所示，双极天线架设在地面（即 xOy 平面）上空，高度为 H。根据自由空间对称振子的方向函数和负镜像阵因子，由方向图乘积定理可得双极天线的方向函数为

$$f(\Delta, \varphi) = \left| \frac{\cos(kl\ \cos\Delta\ \sin\varphi) - \cos kl}{\sqrt{1 - \cos^2\Delta\ \sin^2\varphi}} \right| \times |\ 2\sin(kH\ \sin\Delta)\ |$$

式中，Δ 为场点 P 的仰角；φ 为其方位角；$k = 2\pi/\lambda$，为相移常数；λ 为工作波长；H 为天线架设高度。

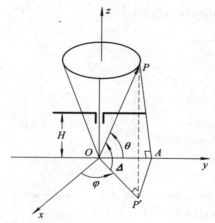

例 2 - 10 - 1 图　双极天线及其坐标系

$\varphi = 0°$ 的 xOz 平面即为双极天线的垂直平面，将 $\varphi = 0°$ 带入上式，可得

$$f_V(\Delta, \varphi = 0°) = |\ 1 - \cos kl\ | \cdot |\ 2\sin(kH\ \sin\Delta)\ |$$

水平平面方向图就是在辐射仰角 Δ 一定的平面上，天线辐射场强随方位角 φ 的变化关系图，此时水平平面方向图为

$$f_H(\Delta = \text{contant}, \varphi) = \left| \frac{\cos(kl\ \cos\Delta\ \sin\varphi) - \cos kl}{\sqrt{1 - \cos^2\Delta \sin^2\varphi}} \right| \times |\ 2\sin(kH\ \sin\Delta)\ |$$

计算程序示例：

```
%%计算双极天线的立体方向图及其垂直平面和水平平面方向图
clear all; clc;
    l=0.5;                      %双极天线一臂的电长度
    H=1.25;                     %双极天线的架设高度与波长的比值
%计算双极天线的立体方向图
delta=meshgrid(0:pi/2/100:pi/2);
phi=meshgrid(0:2*pi/100:2*pi)';
f1=abs((cos(2*pi*l*cos(delta).*sin(phi))-cos(2*pi*l))./sqrt(1-...
        (cos(delta).*sin(phi)).^2));
fa=2*abs(sin(2*pi*H*sin(delta)));
```

```
f＝f1. ＊fa;
fmax＝max(max(f));
[x1,y1,z1]＝sph2cart(pi/2－phi,delta,f/fmax);
figure(1);
mesh(x1,y1,z1);shading interp;
title('双极天线的立体方向图');
xlabel('\theta');ylabel('\phi'),zlabel('F(\theta,\phi)');
％计算双极天线的垂直平面方向图
delta＝linspace(0,pi,100);
phi＝0;
f1＝abs((cos(2＊pi＊l＊cos(delta). ＊sin(phi))－cos(2＊pi＊l))./sqrt(1－...
        (cos(delta). ＊sin(phi)).^2));
fa＝2＊abs(sin(2＊pi＊H＊sin(delta)));
f＝f1. ＊fa;
rmax＝max(max(f));
figure(2);
subplot(1,2,1);
polar(delta,f/fmax);
title('垂直平面方向图');
％计算双极天线的水平平面方向图
phi＝linspace(0,2＊pi,100);
delta＝30＊pi/180;
f1＝abs((cos(2＊pi＊l＊cos(delta). ＊sin(phi))－cos(2＊pi＊l))./sqrt(1－...
        (cos(delta). ＊sin(phi)).^2));
fa＝2＊abs(sin(2＊pi＊H＊sin(delta)));        ％可以不考虑地因子
f＝f1. ＊fa;
fmax＝max(max(f));
subplot(1,2,2);
polar(phi,f/fmax);
title('水平平面方向图');
```

计算结果：计算结果如例 2－10－1 解图所示。

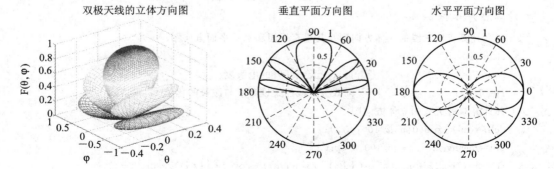

例 2－10－1 解图

例 2 - 10 - 2 计算双极天线的水平平面方向图随其单臂电长度的变化。

题解说明：建立如例 2 - 10 - 1 图所示的坐标系，则双极天线的水平平面方向图与单臂电长度的关系为

$$f_H(\Delta = \text{contant}, \varphi) = \left| \frac{\cos\left[2\pi\left(\dfrac{l}{\lambda}\right)\cos\Delta\ \sin\varphi\right] - \cos\left[2\pi\left(\dfrac{l}{\lambda}\right)\right]}{\sqrt{1 - \cos^2\Delta\ \sin^2\varphi}} \right| \times \left| 2\ \sin(kH\ \sin\Delta) \right|$$

计算程序示例：

```
%%计算双极天线的水平平面方向图随其单臂电长度的变化
clear all;
clc;
delta=pi/4;                    %仰角
H=0.25;                        %天线架设高度
ll=zeros(6);
for i=1:6
    l=0.10 * i;                %双极天线的单臂电长度
    ll(i)=1;
    phi=(0:pi/180:2 * pi);
    f=(abs(cos(2 * pi * l * cos(delta). * sin(phi))−cos(2 * pi * l)). /sqrt(1−cos(delta). ^2. ...
        * sin(phi). ^2+eps) * abs(sin(2 * pi * H * sin(delta))));    %可以不考虑地因子
    fmax=max(f);
    polar(phi,f/fmax);
    hold on;
end
title('双极天线水平平面方向图');
text('Position',[−0.76 −1.241 18.23],...
    'String','单臂电长度从0.1变化到0.6(仰角\Delta=\pi/4)');
```

计算结果：计算结果如例 2 - 10 - 2 解图所示。

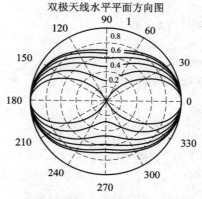

双极天线水平平面方向图

单臂电长度从0.1变化到0.6(仰角 Δ=π /4)

例 2 - 10 - 2 解图

2.11　旋　转　场　天　线

例 2 - 11 - 1　计算两个电基本振子构成的旋转场天线的方向图，并动画演示其工作过程。

题解说明：设两个正交的电基本振子放置于 xOy 平面，取坐标如例 2 - 11 - 1 图所示，其中两个振子的激励电流大小相等，相位相差 90°，则在振子组成的平面内的任意点上，两个振子产生的场强分别为

$$E_1 = A \sin\theta \cos\omega t$$
$$E_2 = A \cos\theta \sin\omega t$$

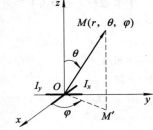

式中，A 为与传播距离、激励电流、振子电长度有关的常数因子；θ 为由原点到场点 M 的射线与 z 轴的夹角；$\omega = 2\pi f$，为工作角频率；t 为时间变化量。

在两振子所处的平面内，两振子辐射场的方向相同，所以总场强为二者之和，即

例 2 - 11 - 1 图　旋转场天线及其坐标系

$$E = E_1 + E_2 = A \sin(\omega t + \theta)$$

计算程序示例：

```
%%计算两个电基本振子构成的旋转场天线的方向图，并动画演示其工作过程
clear all; clc;
%计算旋转场天线的立体方向图
theta=meshgrid(eps:pi/180:pi);
phi=meshgrid(eps:2 * pi/180:2 * pi)';
f=sqrt(1+cos(theta).^2);
fmax=max(max(f));
[x,y,z]=sph2cart(phi,pi/2-theta,f/fmax);
figure(1);
mesh(x,y,z);title('旋转场天线的立体方向图');
axis([-1 1 -1 1 -1 1]);
%计算旋转场天线的 E 面和 H 面方向图
theta=pi/2;
phi=linspace(eps,2 * pi,100);
fE=sqrt(1+cos(theta)^2) * ones(1,100);
fEmax=max(max(fE));
figure(2);
subplot(1,2,1);
polar(phi,fE/fEmax);title('E 面方向图');
theta=linspace(0,2 * pi,100);
fH=sqrt(1+cos(theta).^2);
fHmax=max(fH);
subplot(1,2,2);
polar(theta-pi/2,fH/fHmax);title('H 面方向图');
```

```
%旋转场天线的动画演示
omega＝pi;                    %变化周期
m＝moviein(100);
for i=1:100
    t=0.1 * i;                %时间变量
    F_t＝abs(sin(omega * t＋phi));
    figure(3);
    polar(phi,F_t,'r');title('旋转场动画演示');
    m(i)＝getframe;
end
movie(m,1);
```

计算结果：计算结果如例 2－11－1 解图所示。

旋转场天线的立体方向图

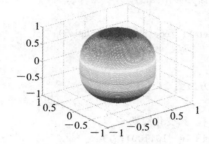

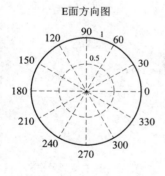

E面方向图

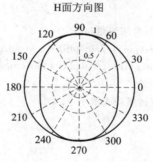

H面方向图

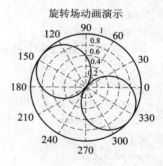

旋转场动画演示

例 2－11－1 解图

例 2－11－2　计算两个半波振子构成的旋转场天线的方向图，并动画演示其工作过程。

题解说明：设两个半波振子放置于 xOy 平面，取坐标如例 2－11－2 图所示，其中两个振子的激励电流大小相等，相位相差 90°，则合成场的方向函数为

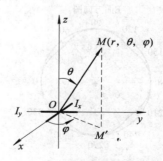

$$F(\theta) = \frac{\cos\left(\dfrac{\pi}{2}\cos\theta\right)}{\sin\theta}\cos\omega t + \frac{\cos\left(\dfrac{\pi}{2}\sin\theta\right)}{\cos\theta}\sin\omega t$$

例 2－11－2 图　旋转场天线及其坐标系

式中各参数的含义与例 2－11－1 的相同。

计算程序示例：

```
％％计算两个半波振子构成的旋转场天线的方向图，并动画演示其工作过程
clear all；clc；
％计算旋转场天线的 E 面和 H 面方向图
phi＝linspace(0,2 * pi,100)；
theta＝linspace(1e－10,2 * pi＋1e－10,100)；
for i＝1;length(phi)
fEE＝abs(cos(pi/2 * cos(theta))./sin(theta) * cos(phi(i))＋...
        cos(pi/2 * sin(theta))./cos(theta) * sin(phi(i)))；
fE(i)＝max(fEE)；
end
figure(2)；
subplot(1,2,1)；
polar(phi,fE,'r')；title('E 面方向图')；
theta＝zeros(1,100)；
fH＝1.＋cos(pi/2 * sin(theta))./cos(theta) * sin(pi/3)；
fHmax＝max(fH)；
subplot(1,2,2)；
polar(phi,fH)；title('H 面方向图')；
％旋转场天线的动画演示
omega＝pi；                    ％变化周期
phi＝linspace(1e－10,2 * pi＋1e－10,100)；
m＝moviein(100)；
for i＝1;100
    t＝0.1 * i；               ％时间变量
        F_t＝abs(cos(pi/2 * cos(phi))./sin(phi) * cos(omega * t)＋...
                cos(pi/2 * sin(phi))./cos(phi) * sin(omega * t))；
    figure(3)；
    polar(phi,F_t,'r')；title('旋转场动画演示')；
    m(i)＝getframe；
end
movie(m,1)；
```

计算结果： 计算结果如例 2－11－2 解图所示。

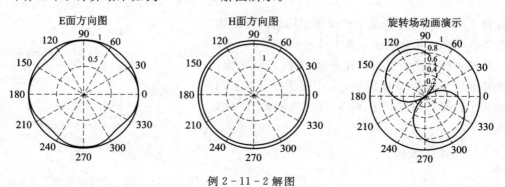

例 2－11－2 解图

2.12 直 立 天 线

例 2 - 12 - 1 计算直立天线方向图随其架设高度的变化。

题解说明：直立天线垂直地面架设，建立的坐标系如例 2 - 12 - 1 图所示。考虑到地面的镜像作用，直立天线与其镜像组成一个对称振子，由此可得该直立天线的方向函数为

$$f(\theta) = \left| \frac{\cos(kh\ \cos\theta) - \cos(kh)}{\sin\theta} \right|$$

式中，θ 为从原点到场点 $P(r, \theta, \varphi)$ 的连线与 z 轴的夹角；$k = 2\pi/\lambda$，为相移常数；λ 为工作波长；h 为直立天线的架设高度。

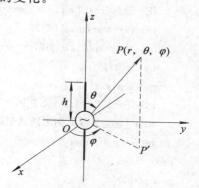

例 2 - 12 - 1 图 直立天线及其坐标系

由于 xOy 平面的下半空间为地面，所以只在上半空间产生辐射，形成的方向图也只是上半空间的。

计算程序示例：

```
%%计算直立天线方向图随其架设高度的变化
clear all；clc；
%直立天线方向图的二维动画
delta=linspace(eps,pi,180)；
fE=zeros(20,180)；
for i=1:20
    h=i * 0.0375；              %天线的架设高度
    fE(i,:)=abs((cos(2 * pi * h * sin(delta))−cos(2 * pi * h))./cos(delta))；
    fE(i,:)=fE(i,:)/max(fE(i,:))；
    figure(1)；
    polar(delta,fE(i,:))；title('直立天线方向图随其架设高度的变化')；
    m(i)=getframe；
end
movie(m,1,1)；
%四个不同天线架设高度时的方向图
figure(2)；
subplot(2,2,1)；
polar(delta,fE(3,:))；title('H=0.1125\lambda')；
subplot(2,2,2)；
polar(delta,fE(9,:))；title('H=0.3375\lambda')；
subplot(2,2,3)；
polar(delta,fE(17,:))；title('H=0.6375\lambda')；
subplot(2,2,4)；
polar(delta,fE(20,:))；title('H=0.75\lambda')；
```

```
%直立天线方向图的三维动画演示
for i＝1:20
    delta＝meshgrid(eps:pi/180:pi);
    phi＝meshgrid(eps:2 * pi/180:2 * pi)′;
    h＝i * 0.0375;　　　　　　　%天线的架设高度
    fE＝abs((cos(2 * pi * h * sin(delta))−cos(2 * pi * h))./cos(delta));
    fEmax＝max(max(fE));
    [x,y,z]＝sph2cart(phi,pi−delta,fE/fEmax);
    figure(3);
    mesh(x,y,z);
    axis([−1 1 −1 1 −1 1]);
    title('直立天线方向图随其架设高度的变化');
    m(i)＝getframe;
end
    movie(m,1);
```

计算结果：计算结果如例 2-12-1 解图所示。

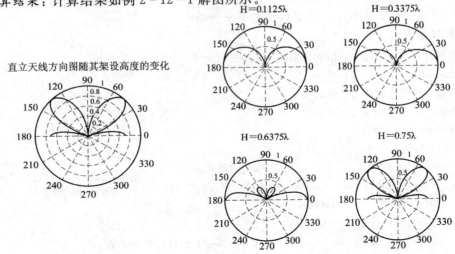

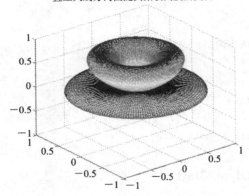

例 2-12-1 解图

2.13 环 天 线

例 2 - 13 - 1　计算大圆环天线的方向图。

题解说明：将大圆环天线置于如例 2 - 13 - 1 图所示的坐标系中，其环面在 xOy 面内，圆心与坐标原点重合。假设圆环的周长为 $C=2\pi b=\lambda$，环上的电流分布为 $I_\varphi=I_m\cos\varphi'$，则可得

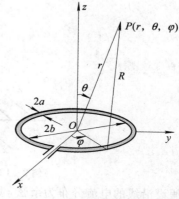

例 2 - 13 - 1 图　大圆环天线及其坐标

yOz 平面：
$$f_\theta(\theta)=\cos\theta[\mathrm{J}_0(\sin\theta)+\mathrm{J}_2(\sin\theta)]$$

xOz 平面：
$$f_\varphi(\theta)=\mathrm{J}_0(\sin\theta)-\mathrm{J}_2(\sin\theta)$$

式中，θ 为从原点 O 到场点 $P(r,\theta,\varphi)$ 的连线与 z 轴的夹角；$\mathrm{J}_0(\cdot)$ 和 $\mathrm{J}_2(\cdot)$ 分别是第一类一阶和二阶贝塞尔函数。

计算程序示例：

```
%%计算周长为一个波长的大圆环天线的方向图
clear all;
clc;
theta=linspace(0,2*pi,180);
f_theta=cos(theta).*(bessel(0,sin(theta))+bessel(2,sin(theta)));    %yOz 平面方向图
f_phi=bessel(0,sin(theta))-bessel(2,sin(theta));    %xOz 平面方向图
figure(1);
subplot(121);
polar(theta-pi/2,abs(f_theta));
title('yOz 平面方向图');
subplot(122);
polar(theta-pi/2,abs(f_phi));
title('xOz 平面方向图');
```

计算结果：计算结果如例 2 - 13 - 1 解图所示。

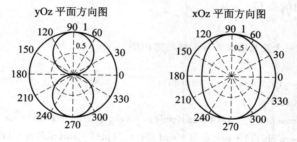

例 2 - 13 - 1 解图

例 2－13－2 计算大方环天线的方向图。

题解说明：设周长为一个波长的大方环天线位于 xOy 平面内，天线中心置于坐标原点 O，在与 y 轴平行的一边中点处馈电，如例 2－13－2 图所示。

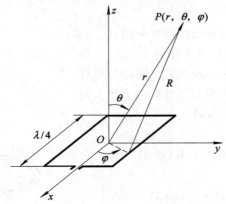

例 2－13－2 图 大方环天线及其坐标系

假设沿线的电流分布为余弦，则可得

xOy 平面

$$f_{xy}(\varphi) = \frac{\sin\left(\dfrac{\pi}{4}\cos\varphi\right)}{\dfrac{\pi}{4}\cos\varphi}\left[\sin\varphi\cos\left(\dfrac{\pi}{4}\sin\varphi\right) - \sin\left(\dfrac{\pi}{4}\sin\varphi\right)\right]$$

$$+ \frac{\cos\left(\dfrac{\pi}{4}\sin\varphi\right)}{\dfrac{\pi}{4}\sin\varphi}\left[\cos\varphi\sin\left(\dfrac{\pi}{4}\cos\varphi\right) - \cos\left(\dfrac{\pi}{4}\cos\varphi\right)\right]$$

xOz 平面

$$f_{xz}(\theta) = \frac{\sin\theta\sin\left(\dfrac{\pi}{4}\sin\theta\right) - \cos\left(\dfrac{\pi}{4}\sin\theta\right)}{\cos\theta}$$

yOz 平面

$$f_{yz}(\theta) = \cos\left(\frac{\pi}{4}\sin\theta\right)$$

上述各式中，θ 为从原点 O 到场点 $P(r,\theta,\varphi)$ 的连线与 z 轴的夹角；φ 为该连线在 xOy 面的投影与 x 轴的夹角。

计算程序示例：

```
%%计算周长为一个波长的大方环天线的方向图
clear all;clc;
phi＝linspace(1e－10,2 * pi＋1e－10,180);
theta＝linspace(0,2 * pi,180);
fxy＝sin(pi/4 * cos(phi))./(pi/4 * cos(phi)). * (sin(phi). * cos(pi/4 * sin(phi))－...
    sin(pi/4 * sin(phi)))＋cos(pi/4 * sin(phi))./(pi/4 * sin(phi)). * (cos(phi). * ...
    sin(pi/4 * cos(phi))－cos(pi/4 * cos(phi)));
fxz＝(sin(theta). * sin(pi/4 * sin(theta))－cos(pi/4 * sin(theta)))./cos(theta);
```

```
fyz=cos(pi/4 * sin(theta));
figure(1);
polar(phi,abs(fxy)/max(abs(fxy)));title('xOy 面方向图');
figure(2);
polar(theta-pi/2,abs(fxz));title('xOz 面方向图');
figure(3);
polar(theta-pi/2,abs(fyz));title('yOz 面方向图');
```

计算结果： 计算结果如例 2-13-2 解图所示。

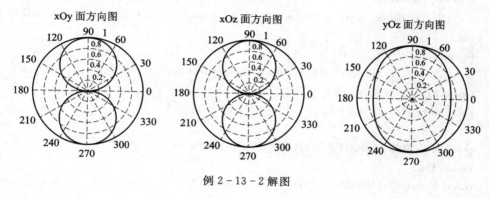

例 2-13-2 解图

2.14 行 波 天 线

例 2-14-1 计算行波单导线的方向图。

题解说明： 当单导线上的电流按行波分布时就形成了行波单导线。设长度为 l 的单导线沿 z 轴放置，馈电点置于坐标原点，如例 2-14-1 图所示，则单导线上的电流分布为

$$I(z') = I_0 e^{-jkz'}$$

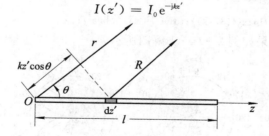

例 2-14-1 图 行波单导线及其坐标系

再将天线分割成许多个电基本振子，取所有电基本振子辐射场的总和即可求得单导线的辐射场，故

$$E_\theta = j\frac{60 I_0}{r} e^{-jkr} \frac{\sin\theta}{1-\cos\theta} \sin\left[\frac{kl}{2}(1-\cos\theta)\right] e^{-j\frac{kl}{2}(1-\cos\theta)}$$

由上式可得方向函数为

$$F(\theta) = \left| \sin\theta \frac{\sin\left[\dfrac{kl}{2}(1-\cos\theta)\right]}{\dfrac{kl}{2}(1-\cos\theta)} \right|$$

式中，θ 为射线与 z 轴的夹角；$k=2\pi/\lambda$，为相移常数；l 为单导线的长度。

计算程序示例：

```
%%计算行波单导线的方向图
clear all；clc；
l=[0.5,1.0,1.5,2.0,2.5,3.0,3.5,4.0];                %单导线的电长度
l_number=length(l)；
theta=linspace(0.01,2*pi+0.01,200)；
f=zeros(l_number,200)；
for i=1:l_number
    f(i,:)=abs(sin(theta).*sin(pi*l(i)*(1-cos(theta)))./(pi*l(i)*(1-cos(theta))))；
end
figure(1)；
polar(theta,f(1,:)/max(f(1,:)))；title('l=0.5\lambda')；
figure(2)；
polar(theta,f(2,:)/max(f(2,:)))；title('l=\lambda')；
figure(3)；
polar(theta,f(3,:)/max(f(3,:)))；title('l=1.5\lambda')；
figure(4)；
polar(theta,f(4,:)/max(f(4,:)))；title('l=2\lambda')；
figure(5)；
polar(theta,f(5,:)/max(f(5,:)))；title('l=2.5\lambda')；
figure(6)；
polar(theta,f(6,:)/max(f(6,:)))；title('l=3\lambda')；
figure(7)；
polar(theta,f(7,:)/max(f(7,:)))；title('l=3.5\lambda')；
figure(8)；
polar(theta,f(8,:)/max(f(8,:)))；title('l=4\lambda')；
```

计算结果： 计算结果如例 2-14-1 解图所示。

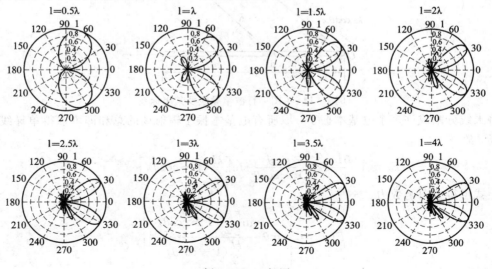

例 2-14-1 解图

例 2 - 14 - 2　计算菱形天线的方向图。

题解说明：以 xOy 面为地面，将边长为 l 的菱形天线置于地面上空，架设高度为 H，如例 2 - 14 - 2 图所示，则过长轴的垂直平面方向函数为

$$f(\Delta) = \frac{8 \cos\Phi_0}{1 - \sin\Phi_0 \cos\Delta} \sin^2\left[\frac{kl}{2}(1 - \sin\Phi_0 \cos\Delta)\right] \sin(kH \sin\Delta)$$

式中，Φ_0 为菱形天线的半钝角；Δ 为仰角。

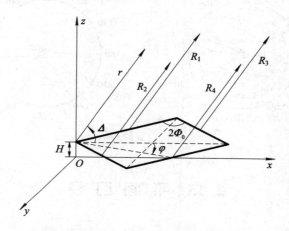

例 2 - 14 - 2 图　菱形天线及其坐标系

当 $\Delta = \Delta_0$ 时（Δ_0 为最大辐射方向仰角），水平平面的方向函数为

$$f(\varphi) = \left[\frac{\cos(\Phi_0 + \varphi)}{1 - \sin(\Phi_0 + \varphi)\cos\Delta_0} + \frac{\cos(\Phi_0 - \varphi)}{1 - \sin(\Phi_0 - \varphi)\cos\Delta_0}\right]$$
$$\times \sin\left\{\frac{kl}{2}[1 - \sin(\Phi_0 + \varphi)\cos\Delta_0]\right\} \sin\left\{\frac{kl}{2}[1 - \sin(\Phi_0 - \varphi)\cos\Delta_0]\right\}$$

式中，φ 为从菱形天线长对角线方向算起的方位角。

计算程序示例：

```
%%计算菱形天线的垂直平面方向图和水平平面方向图
clear all; clc;
delta0＝20/180 * pi;                    %通信仰角
H＝1/4/sin(delta0);                     %天线架设高度
Psi0＝pi/2－delta0;                     %菱形天线的半钝角
l＝1/2/(1－sin(Psi0) * cos(delta0));    %菱形天线的臂长
delta＝linspace(0,2 * pi,300);
delta(151:300)＝zeros(1,300－150);
f_delta＝abs(8 * cos(Psi0). /(1－sin(Psi0) * cos(delta)). * sin(pi * l * (1－sin(Psi0)...
         * cos(delta)).^2. * sin(2 * pi * H * sin(delta)));
phi＝linspace(0,2 * pi,300);
f_phi＝abs((cos(Psi0＋phi). /(1－sin(Psi0＋phi) * cos(delta0))＋cos(Psi0－phi)...
         . /(1－sin(Psi0－phi) * cos(delta0)). * sin(pi * l * (1－sin(Psi0＋phi)...
         * cos(delta0)). * sin(pi * l * (1－sin(Psi0－phi) * cos(delta0))));
figure(1);
```

polar(delta,f_delta/max(f_delta));title('过长轴的垂直平面方向图');

figure(2);

polar(phi,f_phi/max(f_phi));title('水平平面方向图');

计算结果：计算结果如例 2－14－2 解图所示。

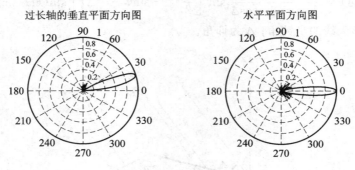

例 2－14－2 解图

2.15 平面口径

例 2－15－1 计算矩形口径的两个主平面方向图。

题解说明：在边长为 $a \times b$ 的矩形口径面 S 上建立如例 2－15－1 图所示的坐标系，其 E 面（yOz 平面）辐射场为

$$E_E = E_\theta = \mathrm{j}\frac{1}{2r\lambda}(1+\cos\theta)\mathrm{e}^{-\mathrm{j}kr}\int_{-\frac{a}{2}}^{\frac{a}{2}}\mathrm{d}x_S\int_{-\frac{b}{2}}^{\frac{b}{2}}E_y(x_S,\ y_S)\mathrm{e}^{\mathrm{j}ky_S\sin\theta}\,\mathrm{d}y_S$$

H 面（xOz 平面）辐射场为

$$E_H = E_\varphi = \mathrm{j}\frac{1}{2r\lambda}(1+\cos\theta)\mathrm{e}^{-\mathrm{j}kr}\int_{-\frac{b}{2}}^{\frac{b}{2}}\mathrm{d}y_S\int_{-\frac{a}{2}}^{\frac{a}{2}}E_y(x_S,\ y_S)\mathrm{e}^{\mathrm{j}kx_S\sin\theta}\,\mathrm{d}x_S$$

当口径场 E_y 为均匀分布，即 $E_y = E_0$ 时，引入

$$\psi_1 = \frac{1}{2}kb\ \sin\theta$$

$$\psi_2 = \frac{1}{2}ka\ \sin\theta$$

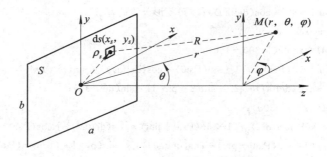

例 2－15－1 图 矩形口径面及其坐标系

则两个主平面的方向函数为

$$F_E = \left| \frac{(1+\cos\theta)}{2} \cdot \frac{\sin\psi_1}{\psi_1} \right|$$

$$F_H = \left| \frac{(1+\cos\theta)}{2} \cdot \frac{\sin\psi_2}{\psi_2} \right|$$

当口径场 E_y 为余弦分布，即假设满足如下条件时，

$$E_y = E_0 \cos \frac{\pi x_S}{a}$$

则两主平面的方向函数为

$$F_E(\theta) = \left| \frac{(1+\cos\theta)}{2} \cdot \frac{\sin\psi_1}{\psi_1} \right|$$

$$F_H(\theta) = \left| \frac{(1+\cos\theta)}{2} \cdot \frac{\cos\psi_2}{1-\left(\frac{2}{\pi}\psi_2\right)^2} \right|$$

计算程序示例：

```
%%计算均匀相位分布和余弦相位分布时矩形口径的 E 面方向图和 H 面方向图
clear all;
clc;
a=2;                          %a 边的电长度
b=3;                          %b 边的电长度
theta=linspace(-pi,pi,180);
FE_u=abs((1+cos(theta))/2.*sin(pi*b*sin(theta))./(pi*b*sin(theta)));
FH_u=abs((1+cos(theta))/2.*sin(pi*a*sin(theta))./(pi*a*sin(theta)));
FE_c=abs((1+cos(theta))/2.*sin(pi*b*sin(theta))./(pi*b*sin(theta)));
FH_c=abs((1+cos(theta))/2.*cos(pi*a*sin(theta))./(1-(2/pi*(pi*a*sin(theta))).^2));
figure(1);
plot(theta*180/pi,FE_u,'k');
xlabel('\theta');ylabel('F(\theta)');grid on;
axis([-180 180 0 1]);hold on;
plot(theta*180/pi,FH_u,'--r');hold on;
plot(theta*180/pi,FH_c,'-.b');hold off;
legend('E 面','H 面(均匀口径)','H 面(余弦分布)');
title('矩形口径两主平面的直角坐标方向图');
figure(2);
polar(theta,FE_u,'k');
hold on;
title('矩形口径的 E 面极坐标方向图');
polar(theta,FH_u,'--r');hold on;
polar(theta,FH_c,'-.b');hold off;
legend('E 面','H 面(均匀口径)','H 面(余弦分布)');
```

计算结果：计算结果如例 2－15－1 解图所示。

矩形口径的E面极坐标方向图

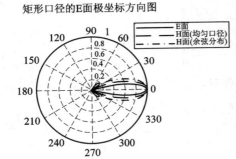

矩形口径两主平面的直角坐标方向图

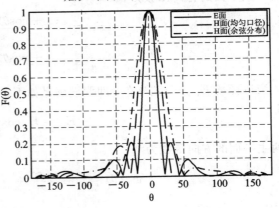

例 2－15－1 解图

例 2－15－2 计算矩形口径的立体方向图。

题解说明:参见例 2－15－1。

计算程序示例:

```
%%计算均匀相位分布和余弦相位分布时矩形口径的立体方向图
clear all; clc;
a＝3;                    %a 边的电长度
b＝2;                    %b 边的电长度
theta＝meshgrid(－pi/2＋1e－10:pi/180:pi/2＋1e－10);
phi＝meshgrid(－pi/2＋1e－10:pi/180:pi/2＋1e－10)';
FE_u＝abs((1＋cos(phi)). /2. * sin(pi * b * sin(phi)). /(pi * b * sin(phi)));
FH_u＝abs((1＋cos(theta)). /2. * sin(pi * a * sin(theta)). /(pi * a * sin(theta)));
F_u＝FE_u. * FH_u;
figure(1); mesh(theta * 180/pi,phi * 180/pi,F_u);
xlabel('\theta');ylabel('\phi');zlabel('F(\theta,\phi)');
title('矩形口径的立体方向图(均匀分布)'); figure(2);
contour(theta * 180/pi,phi * 180/pi,F_u,30);
axis([－90 90 －90 90]);axis equal;
xlabel('\theta');ylabel('\phi');
title('矩形口径的等电场方向图(均匀分布)');
FE_u＝abs((1＋cos(phi)). /2. * sin(pi * b * sin(phi)). /(pi * b * sin(phi)));
FH_u＝abs((1＋cos(theta)). /2. * cos(pi * a * sin(theta)). /(1－(2/pi * (pi * a * sin(theta)). ^2));
F_u＝FE_u. * FH_u;
figure(3); mesh(theta * 180/pi,phi * 180/pi,F_u);
xlabel('\theta');ylabel('\phi');zlabel('F(\theta,\phi)');
title('矩形口径的立体方向图(余弦分布)');figure(4);
contour(theta * 180/pi,phi * 180/pi,F_u,30);
axis([－90 90 －90 90]);axis equal;
xlabel('\theta');ylabel('\phi');
title('矩形口径的等电场方向图(余弦分布)');
```

计算结果：计算结果如例 2 - 15 - 2 解图所示。

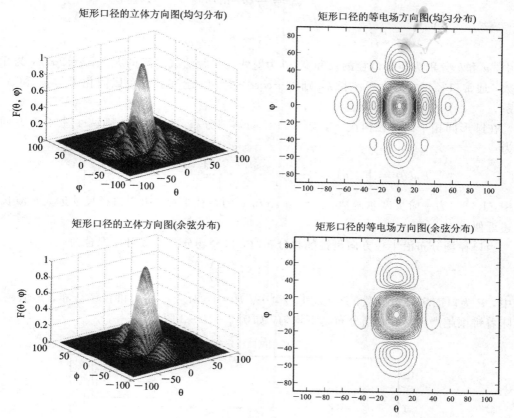

矩形口径的立体方向图(均匀分布)　　矩形口径的等电场方向图(均匀分布)

矩形口径的立体方向图(余弦分布)　　矩形口径的等电场方向图(余弦分布)

例 2 - 15 - 2 解图

例 2 - 15 - 3　计算平面口径的归一化方向图。

题解说明：在矩形同相平面口径情况下，如果口径场 E_y 为均匀分布，$E_y = E_0$，则两个主平面的方向函数为

$$F_E = \left| \frac{(1+\cos\theta)}{2} \cdot \frac{\sin\psi_1}{\psi_1} \right|$$

$$F_H = \left| \frac{(1+\cos\theta)}{2} \cdot \frac{\sin\psi_2}{\psi_2} \right|$$

当口径场 E_y 为余弦分布，即假设满足如下条件时，

$$E_y = E_0 \cos\frac{\pi x_s}{a}$$

两主平面的方向函数为

$$F_E(\theta) = \left| \frac{(1+\cos\theta)}{2} \cdot \frac{\sin\psi_1}{\psi_1} \right|$$

$$F_H(\theta) = \left| \frac{(1+\cos\theta)}{2} \cdot \frac{\cos\psi_2}{1 - \left(\frac{2}{\pi}\psi_2\right)^2} \right|$$

其中

$$\psi_1 = \frac{1}{2} kb \ \sin\theta$$

$$\psi_2 = \frac{1}{2} ka \ \sin\theta$$

式中，a 和 b 分别为矩形口径的长和宽；θ 为射线与口径法线之间的夹角；$k=2\pi/\lambda$，为相移常数。通常口径尺寸远大于波长 λ，则 $(1+\cos\theta)/2\approx1$，上述各式可以简化为与 ψ_1 和 ψ_2 的关系。

在圆形同相平面口径情况下，如果口径场均匀分布，$E_y=E_0$，则两个主平面方向函数为

$$F_E(\theta) = F_H(\theta) = \left| \frac{(1+\cos\theta)}{2} \right| \cdot \left| \frac{2J_1(\psi_3)}{\psi_3} \right| \approx \left| \frac{2J_1(\psi_3)}{\psi_3} \right|$$

式中，$J_1(\cdot)$ 为一阶贝塞尔函数；$\psi_3=ka\sin\theta$；a 为口径半径。由于口径尺寸远大于波长 λ，上述近似成立。

当口径场分布沿半径方向呈锥削状分布时，口径场分布一般可以拟合为

$$E_y = E_0 \left[1 - \left(\frac{\rho_s}{a} \right)^2 \right]^P$$

式中，P 为口面场分布指数，$P=0,1,2,\cdots$。$P=0$，对应于均匀口径场分布；P 值越大，意味着锥削越严重，口面场分布越不均匀，如例 2-15-3 图所示。

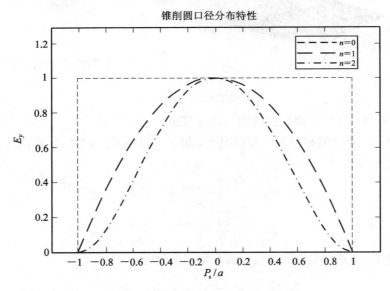

例 2-15-3 图　锥削圆口径的分布特性

$P=0$ 时，　　　　　　　$F_E(\theta) = F_H(\theta) \approx \left| \frac{2J_1(\psi_3)}{\psi_3} \right|$

$P=1$ 时，　　　　　　　$F_E(\theta) = F_H(\theta) \approx \left| \frac{8J_2(\psi_3)}{\psi_3^2} \right|$

$P=2$ 时，　　　　　　　$F_E(\theta) = F_H(\theta) \approx \left| \frac{48J_2(\psi_3)}{\psi_3^3} \right|$

式中，$J_1(\cdot)$、$J_2(\cdot)$和$J_3(\cdot)$分别为一阶、二阶和三阶贝塞尔函数。

计算程序示例：

```
%%计算平面口径的归一化方向图
clear all; clc;
Psi=linspace(eps,10,100);
FE1=abs(sin(Psi)./Psi);
FE2=abs(cos(Psi)./(1-(2/pi*Psi).^2));
FE3=abs(2*bessel(1,Psi)./Psi);
figure(1);
plot(Psi,FE1,'k'); hold on;
plot(Psi,FE2,'--b');hold on;
plot(Psi,FE3,'-.r');
xlabel('\Psi'); ylabel('|F(\Psi)|');
grid on; hold off;
title('平面口径的方向函数');
```

计算结果：计算结果如例 2－15－3 解图所示。

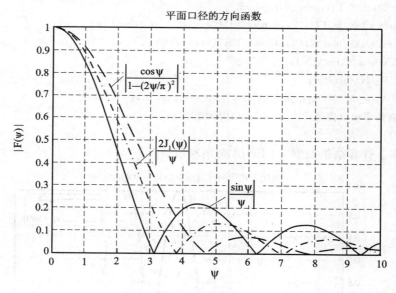

例 2－15－3 解图

例 2－15－4 计算直线律相位偏移对矩形口径方向图的影响。

题解说明：当平面波斜入射到口径面上时将产生线性相位偏移。假设口径场振幅分布仍然均匀，而相位偏移遵循如下规律：

$$E_y = E_0 e^{-j\frac{2x_s}{a}\varphi_m}$$

式中，E_0 为口径场的振幅；a 为矩形口径沿 x 方向的边长；x_s 为口径面上的 x 坐标；φ_m 为最大相位偏移量。利用该式可以求得 H 面方向函数为

$$F_H = \left| \frac{(1+\cos\theta)}{2} \cdot \frac{\sin\psi_2}{\psi_2} \right|$$

其中

$$\psi_2 = \frac{1}{2}ka\ \sin\theta - \varphi_m$$

计算程序示例：

```
%%分析直线律相位偏移对矩形口径方向图的影响
clear all;
clc;
a=3;                              %a 边的电长度
theta=linspace(-pi/2,pi/2,200);
phim=[0,pi/2,3*pi/2];
for L=1:length(phim)
FH1(L,:)=abs((1+cos(theta))/2.*sin(pi*a*sin(theta)-phim(L))./(pi*a...
            *sin(theta)-phim(L)));
end
figure(1);
plot(theta*180/pi,FH1(1,:)/max(FH1(1,:)),'k');
axis([-90 90 0 1]);grid on;hold on;
plot(theta*180/pi,FH1(2,:)/max(FH1(2,:)),'-.r');hold on;
plot(theta*180/pi,FH1(3,:)/max(FH1(3,:)),'--b');
xlabel('\theta/(\rm~o)');
ylabel('F_H(\theta)');
legend('\phi_m=0','\phi_m=\pi/2','\phi_m=3\pi/2');
title('直线率相位偏移对矩形口径方向图的影响');
hold off;
```

计算结果：计算结果如例 2-15-4 解图所示。

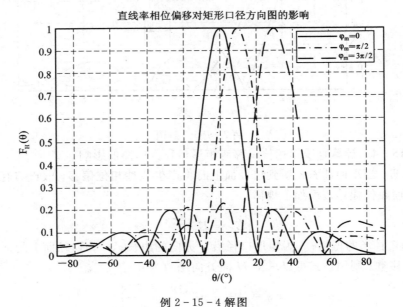

例 2-15-4 解图

例 2 - 15 - 5　计算平方律相位偏移对矩形口径方向图的影响。

题解说明：当球面波或柱面波投射到平面口径上时，将产生近似的平方率相位偏移。假设口径场振幅分布仍然均匀，而相位偏移遵循如下规律：

$$E_y = E_0 e^{-j\left(\frac{2x_s}{a}\right)^2 \varphi_m}$$

式中，E_0 为口径场的振幅；a 为矩形口径沿 x 方向的边长；x_s 为口径面上的 x 坐标；φ_m 为最大相位偏移量。利用该式可以求得 H 面方向函数为

$$F_H = \left| (1+\cos\theta) \cdot \int_{-\frac{a}{2}}^{\frac{a}{2}} e^{j\left[kx_s \sin\theta - \left(\frac{2x_s}{a}\right)^2 \varphi_m\right]} dx_s \right|$$

计算程序示例：

```
%%分析平方律相位偏移对矩形口径方向图的影响
clear all;
clc;
global a phim THT
a=3;                        %a 边的电长度
theta=linspace(-pi/2,pi/2,200);
FH0=abs((1+cos(theta))/2.*sin(pi*a*sin(theta))./(pi*a*sin(theta)));
phim0=[0,pi/2,3*pi/2];
for L=1:length(phim0)
    phim=phim0(L);
    for i=1:180
    THT=theta(i);
    fH1=quad('qshift',-a/2,a/2);
    FH1(L,i)=abs((1+cos(theta(i)))/2*fH1);
    end
end
figure(1);
plot(theta*180/pi,FH1(1,:)/max(FH1(1,:)),'k');
axis([-90 90 0 1]);
grid on;hold on;
plot(theta*180/pi,FH1(2,:)/max(FH1(2,:)),'-.r');hold on;
plot(theta*180/pi,FH1(3,:)/max(FH1(3,:)),'--b');
xlabel('\theta/(\rm^\o)');
ylabel('F_H(\theta)');
legend('\phi_m=0','\phi_m=\pi/2','\phi_m=3\pi/2');
title('平方律相位偏移对矩形口径方向图的影响');
hold off;
%%定义积分函数
function f=qshift(x)
global a phim THT
f=exp(-j*(2*x/a).^2*phim).*exp(j*2*pi*x*sin(THT));
```

计算结果：计算结果如例 2 - 15 - 5 解图所示。

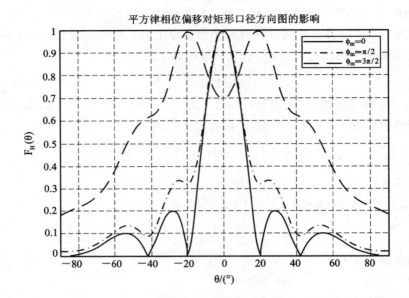

平方律相位偏移对矩形口径方向图的影响

例 2 − 15 − 5 解图

例 2 - 15 - 6　计算立方律相位偏移对矩形口径方向图的影响。

题解说明：在口径天线中很难遇到纯粹的立方律相位偏移，它通常与均匀和线性相位偏移同时发生。例如，在抛物面天线中，当馈源横向偏焦时，口径面上将产生线性和立方律相位偏移，最大立方律相差出现在口径边缘处。

假设口径场振幅分布均匀，而相位偏移遵循如下规律：

$$E_y = E_0 e^{-j\left(\frac{2x_s}{a}\right)^3 \varphi_m}$$

式中，E_0 为口径场的振幅；a 为矩形口径沿 x 方向的边长；x_s 为口径面上的 x 坐标；φ_m 为最大相位偏移量。利用该式可以求得 H 面方向函数为

$$F_H = \left| (1 + \cos\theta) \cdot \int_{-\frac{a}{2}}^{\frac{a}{2}} e^{j\left[kx_s\sin\theta - \left(\frac{2x_s}{a}\right)^3 \varphi_m \right]} dx_s \right|$$

计算程序示例：

```
％％计算立方律相位偏移对矩形口径方向图的影响
clear all;
clc;
global a phim THT
a＝3;                 ％a 边的电长度
theta＝linspace(−pi/2,pi/2,180);
FH0＝abs((1＋cos(theta))/2. * sin(pi * a * sin(theta))./(pi * a * sin(theta)));
phim0＝[0,pi/2,3 * pi/2];
for L＝1:length(phim0)
    phim＝phim0(L);
    for i＝1:180
        THT＝theta(i);
```

```
    fH1＝quad('cshift',−a/2,a/2);
    FH1(L,i)＝abs((1＋cos(theta(i)))/2 * fH1);
    end
  end
figure(1);
plot(theta * 180/pi,FH1(1,:)/max(FH1(1,:)),'k');
axis([−90 90 0 1]);
grid on;
hold on;
plot(theta * 180/pi,FH1(2,:)/max(FH1(2,:)),'−.r');hold on;
plot(theta * 180/pi,FH1(3,:)/max(FH1(3,:)),'−−b');
xlabel('\theta/(\rm^o)');
ylabel('F_H(\theta)');
legend('\phi_m＝0','\phi_m＝\pi/2','\phi_m＝3\pi/2');
title('立方律相位偏移对矩形口径方向图的影响');
hold off;
％％定义积分函数
function f＝cshift(x)
global a phim THT
f＝exp(−j * (2 * x/a).^3 * phim). * exp(j * 2 * pi * x * sin(THT));
```

计算结果：计算结果如例 2−15−6 解图所示。

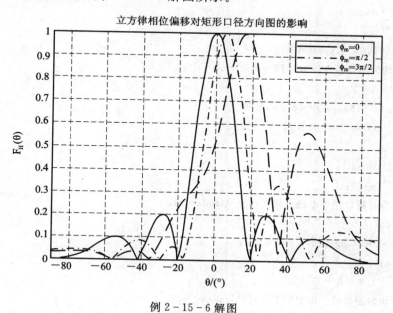

例 2−15−6 解图

例 2−15−7　计算圆口径的立体方向图。

题解说明：在圆形同相平面口径情况下，如果口径场均匀分布，即 $E_y＝E_0$，则两个主平面的方向函数为

$$F_E(\theta) = F_H(\theta) = \left| \frac{(1+\cos\theta)}{2} \right| \cdot \left| \frac{2J_1(\psi_3)}{\psi_3} \right|$$

式中，θ 为射线与口径法线之间的夹角；$J_1(\cdot)$ 为一阶贝塞尔函数；$\psi_3 = ka\sin\theta$；a 为口径半径。

计算程序示例：

```
%%计算均匀相位分布的圆口径的立体方向图
clear all;
clc;
a=5;                        %圆口径半径的电长度
theta=meshgrid(-pi/2+1e-10:pi/360:pi/2+1e-10);
phi=meshgrid(-pi/2+1e-10:pi/360:pi/2+1e-10)';
FE_u=abs((1+cos(theta))./2*2.*besselj(1,2*pi*a.*sin(theta))./(2*pi*a...
        *sin(theta)+eps));
FH_u=abs((1+cos(phi))./2*2.*besselj(1,2*pi*a.*sin(phi)).
            /(2*pi*a.*sin(phi)+eps));
F_u=FE_u.'*FH_u;
F_u=F_u/max(max(F_u));
[x,y,z]=pol2cart(theta,phi,F_u);
figure(1);
mesh(x*180/pi,y*180/pi,10*log10(z));
xlabel('\theta');
ylabel('\phi');
zlabel('F(\theta,\phi) dB');
title('均匀圆口径立体方向图(a=5\lambda)');
figure(2);
contour(x*180/pi,y*180/pi,z,60);
axis([-90 90 -90 90]);
axis equal;
xlabel('\theta');
ylabel('\phi');
title('均匀圆口径等电场方向图(a=5\lambda)');
figure(3);
plot(phi,10*log10(z(:,12)),'b');
grid on;
axis([-1.8 1.8 -30 0]);
title('均匀圆口径二维方向图(a=5\lambda)');
xlabel('\phi');
ylabel('主平面方向图(dB)');
```

计算结果：计算结果如例 2-15-7 解图所示。

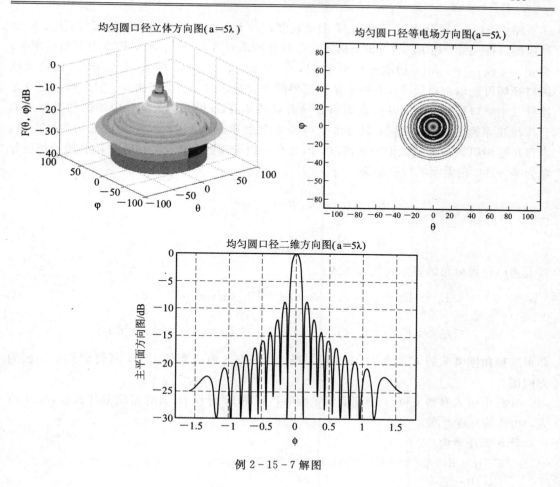

例 2－15－7 解图

2.16　喇　叭　天　线

例 2－16－1　计算 E 面喇叭和角锥喇叭的通用 E 面方向图。

题解说明：喇叭天线及其坐标系如例 2－16－1 图所示。

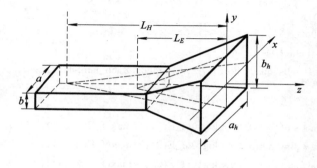

例 2－16－1 图　角锥喇叭及其坐标系

　　图中，L_E、L_H 分别为 E 面和 H 面的长度；a、b 为波导的宽边和窄边尺寸；a_h、b_h 为相应的口径尺寸。当 $L_E \neq L_H$ 时，构成楔形角锥喇叭；当 $L_E = L_H$ 时，构成尖顶角锥喇叭；当 $a_h = a$ 或 $L_H = \infty$ 时，构成 E 面喇叭；当 $b_h = b$ 或 $L_E = \infty$ 时，构成 H 面喇叭。喇叭天线的口径场可近似由矩形波导至喇叭结构波导的相应截面的导波场来决定。如果忽略波导连接处及喇叭口径处的反射并假设矩形波导内只传输 TE_{10} 模式，则喇叭内场结构可以近似看作与波导的内场结构相同，只是由于喇叭逐渐张开，所以扇形喇叭内传输的为柱面波，尖顶角锥喇叭内传输的近似为球面波，因此在一级近似的条件下，喇叭口径上场的相位分布为平方律，角锥喇叭口径场为

$$E_s = E_y = E_0 \cos\left(\frac{\pi x_s}{a_h}\right) \mathrm{e}^{-\mathrm{j}\frac{\pi}{\lambda}\left(\frac{x_s^2}{L_H} + \frac{y_s^2}{L_E}\right)}$$

$$H_s = H_x \approx -\frac{E_y}{120\pi}$$

将上述口径场分布的表达式代入下式：

$$E_E = E_\theta = \mathrm{j}\frac{1}{2r\lambda}(1 + \cos\theta)\mathrm{e}^{-\mathrm{j}kr}\iint_s E_y(x_s, y_s)\mathrm{e}^{\mathrm{j}k y_s \sin\theta}\,\mathrm{d}x_s\,\mathrm{d}y_s$$

$$E_H = E_\varphi = \mathrm{j}\frac{1}{2r\lambda}(1 + \cos\theta)\mathrm{e}^{-\mathrm{j}kr}\iint_s E_y(x_s, y_s)\mathrm{e}^{\mathrm{j}k x_s \sin\theta}\,\mathrm{d}x_s\,\mathrm{d}y_s$$

即可求得角锥喇叭的 E 面和 H 面的辐射场，并根据方向函数的定义，可得到相应平面的方向图。

　　计算中引入参数 s 和 t，分别表示了喇叭口径的 E 面和 H 面的相位偏移长度，s、t 越大，相位偏移越严重。

　　计算程序示例：

```
%%计算 E 面喇叭和角锥喇叭的通用 E 面方向图
clear all; clc;
global THT LLE LLH ah_lambda
bh_lambda＝6;                  %口径宽边的电长度
s＝[0,1/8,1/2,3/4,1];          %s 参数
LE＝bh_lambda^2/8. /s;         %E 面长度的电尺寸
theta＝linspace(0.01,pi/2,100);
for i＝1:5
    LLE＝LE(i);
    for L＝1:100
        THT＝theta(L);
        f_E(i,L)＝abs(quad('horn1',－bh_lambda/2,bh_lambda/2));
    end
end
plot(bh_lambda * sin(theta),20 * log10(f_E(1,:)/max(f_E(1,:))),'－');hold on;
plot(bh_lambda * sin(theta),20 * log10(f_E(2,:)/max(f_E(2,:))),'－－');hold on;
plot(bh_lambda * sin(theta),20 * log10(f_E(3,:)/max(f_E(3,:))),'－.');hold on;
plot(bh_lambda * sin(theta),20 * log10(f_E(4,:)/max(f_E(4,:))),':');hold on;
plot(bh_lambda * sin(theta),20 * log10(f_E(5,:)/max(f_E(5,:))),'.');grid on;
```

```
axis([0 6 −40 0]);
legend('s=0','s=1/8','s=1/2','s=3/4','s=1');
xlabel('b_h/\lambda * sin(\theta)');
ylabel('归一化场强幅度/dB');
title('E面喇叭和角锥喇叭的通用方向图');
%%定义积分函数
function f=horn1(y)
global THT LLE
f=exp(−j * pi * y.^2./LLE+j * 2 * pi * y. * sin(THT));
```

计算结果：计算结果如例 2 − 16 − 1 解图所示。

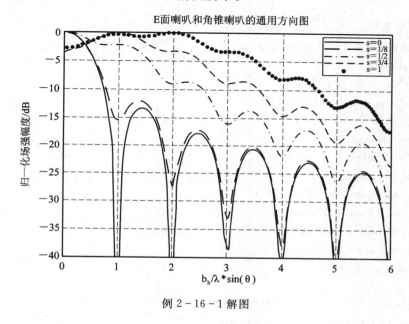

例 2 − 16 − 1 解图

2.17　抛 物 面 天 线

例 2 - 17 - 1　计算抛物面天线的增益因子。

题解说明：如果抛物面天线的馈源是旋转对称的，设其归一化方向函数为 $F(\psi)$，则其口径面上的场分布为

$$E_s = \frac{\sqrt{60 P_r D_{f_{\max}}}}{\rho} F(\psi)$$

根据口径面面积利用系数的定义，可得面积利用系数为

$$v = \frac{\left| \iint_s E_s \, ds \right|^2}{S \iint_s |E_s|^2 \, ds} = 2 \cot^2 \frac{\psi_0}{2} \frac{\left| \int_0^{\psi_0} F(\psi) \tan \frac{\psi}{2} \, d\psi \right|^2}{\int_0^{\psi_0} F^2(\psi) \sin\psi \, d\psi}$$

式中，S 为口径面的几何面积；ψ_0 为口径张角。

口径截获效率为

$$\eta_A = \frac{P_{rs}}{P_r} = \frac{\int_0^{\psi_0} F^2(\psi)\sin\psi\ \mathrm{d}\psi}{\int_0^{\pi} F^2(\psi)\ \sin\psi\ \mathrm{d}\psi}$$

因此,抛物面天线的增益因子为

$$g = \nu\eta_A$$

在多数情况下,馈源的方向函数可以近似表示为

$$\begin{cases} F(\psi) = \cos^n\psi & 0 \leqslant \psi \leqslant \dfrac{\pi}{2} \\ F(\psi) = 0 & \psi \geqslant \dfrac{\pi}{2} \end{cases}$$

计算程序示例:

```
%%计算抛物面天线的增益因子 g
clear all; clc;
global Nn
psi0=linspace(0.01,pi/2,100);
N=(2:2:10);
for n=1:length(N)
    Nn=N(n);
    for i=1:100
        v1=quad('pa1',0,psi0(i));
        v2=quad('pa2',0,psi0(i));
        v(n,i)=2*cot(psi0(i)/2).^2*abs(v1).^2/v2;
        eta(n,i)=v2/quad('pa2',0,pi/2);
    end
end
g=v.*eta;                    %计算增益因子 g
plot(psi0*180/pi,g(1,:),'-');hold on;
plot(psi0*180/pi,g(2,:),'--');hold on;
plot(psi0*180/pi,g(3,:),':');hold on;
plot(psi0*180/pi,g(4,:),'-.');hold on;
plot(psi0*180/pi,g(5,:),'.');grid on;
axis([0 90 0 1]);
xlabel('\psi_0 /(\rm^o)');ylabel('g');
legend('n=2','n=4','n=6','n=8','n=10');
%%定义积分函数
function f=pa1(psi)
global Nn
f=cos(psi).^(Nn/2).*tan(psi/2);
%%定义积分函数
function f=pa2(psi)
global Nn
f=cos(psi).^Nn.*sin(psi);
```

计算结果：计算结果如例 2-17-1 解图所示。

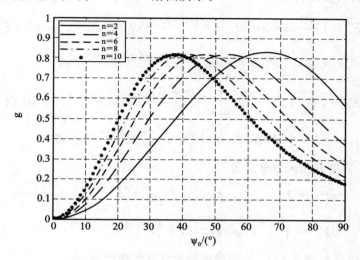

例 2-17-1 解图

例 2-17-2　计算馈源为带圆盘反射器的偶极子的抛物面天线的 E 面和 H 面方向图。

题解说明：在抛物面天线上建立如例 2-17-2 图所示的坐标系。根据旋转抛物面的几何特性，如果馈源的相位中心位于抛物面的焦点，且辐射球面波，则口径面上的场近似为同相分布。再由几何光学法，可求得口径面上场的振幅分布为

$$E_s(R,\ \xi) = \frac{\sqrt{60P_r D_{f_{\max}}}}{2f}(1+\cos\psi)F(\psi,\ \xi)$$

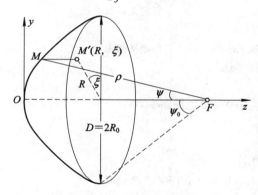

例 2-17-2 图　抛物面天线及其坐标系

利用口径上的坐标关系

$$R = \rho\ \sin\psi = \frac{2f}{1+\cos\psi}\ \sin\psi = 2f\ \tan\frac{\psi}{2}$$

$$\mathrm{d}R = f\ \sec^2\frac{\psi}{2}\cdot\mathrm{d}\psi = \rho\ \mathrm{d}\psi$$

$$x_s = R\ \sin\xi$$

$$y_s = R\ \cos\xi$$

$$\mathrm{d}s = R\ \mathrm{d}R\ \mathrm{d}\xi = \rho^2\ \sin\psi\ \mathrm{d}\psi\ \mathrm{d}\xi$$

可得 E 面和 H 面的辐射场为

$$E_E = \text{j} \frac{e^{-jkr}}{2\lambda r}(1 + \cos\theta) \iint_s \frac{\sqrt{60 P_r D_f}}{\rho} F(\psi, \xi) e^{jkR \sin\theta \cos\xi} R \ \text{d}R \ \text{d}\xi$$

$$= C \int_0^{2\pi} \int_0^{\psi_0} F(\psi, \xi) \ \tan\left(\frac{\psi}{2}\right) e^{j2kf \tan\left(\frac{\psi}{2}\right) \sin\theta \cos\xi} \ \text{d}\psi \ \text{d}\xi$$

$$E_H = \text{j} \frac{e^{-jkr}}{2\lambda r}(1 + \cos\theta) \iint_s \frac{\sqrt{60 P_r D_f}}{\rho} F(\psi, \xi) e^{jkR \sin\theta \sin\xi} R \ \text{d}R \ \text{d}\xi$$

$$= C \int_0^{2\pi} \int_0^{\psi_0} F(\psi, \xi) \ \tan\left(\frac{\psi}{2}\right) e^{j2kf \tan\left(\frac{\psi}{2}\right) \sin\theta \sin\xi} \ \text{d}\psi \ \text{d}\xi$$

因此，E 面和 H 面的方向函数分别为

$$F_E = \int_0^{2\pi} \int_0^{\psi_0} F(\psi, \xi) \ \tan\left(\frac{\psi}{2}\right) e^{j2kf \tan\left(\frac{\psi}{2}\right) \sin\theta \cos\xi} \ \text{d}\psi \ \text{d}\xi$$

$$F_H = \int_0^{2\pi} \int_0^{\psi_0} F(\psi, \xi) \ \tan\left(\frac{\psi}{2}\right) e^{j2kf \tan\left(\frac{\psi}{2}\right) \sin\theta \sin\xi} \ \text{d}\psi \ \text{d}\xi$$

式中，各参数的含义如例 $2-17-2$ 的抛物面天线及坐标图所示。

如果馈源为沿 y 轴放置的带圆盘反射器的偶极子，则其归一化方向函数为

$$F(\psi, \xi) = \sqrt{1 - \sin^2(\psi)\cos^2(\xi)} \ \sin\left(\frac{\pi}{2} \cos\psi\right)$$

计算程序示例：

```
%%计算馈源为带圆盘反射器的偶极子的抛物面天线的 E 面和 H 面方向图
clear all; clc;
global THT F
R0_lambda=10/2/pi;                    %定义口面半径
a=[0.8,1.2,1.6,2];
f_lambda=R0_lambda. /a;               %定义焦距
theta=linspace(0,pi/2,60);
for i=1:4
    psi0=2 * atan(R0_lambda/2/f_lambda(i));
    F=f_lambda(i);
    for L=1:60
        THT=theta(L);
        f_E(i,L)=dblquad('par3',0,psi0,0,2 * pi);
        f_H(i,L)=dblquad('par4',0,psi0,0,2 * pi);
    end
end
figure(1);
plot(2 * pi * R0_lambda * sin(theta),f_E(1,:)/max(f_E(1,:)),'-');hold on;
plot(2 * pi * R0_lambda * sin(theta),f_E(2,:)/max(f_E(2,:)),'--');hold on;
plot(2 * pi * R0_lambda * sin(theta),f_E(3,:)/max(f_E(3,:)),'-.');hold on;
plot(2 * pi * R0_lambda * sin(theta),f_E(4,:)/max(f_E(4,:)),':');hold on;
grid on;axis([0 10 -0.4 1]);
xlabel('2\pi/\lambda * R_0 * sin\theta');ylabel('F_E(\theta)');
```

legend('R_0=0. 8f','R_0=1. 2f','R_0=1. 6f','R_0=2f');

figure(2);

plot(2 * pi * R0_lambda * sin(theta),f_H(1,:)/max(f_H(1,:)),'-');hold on;

plot(2 * pi * R0_lambda * sin(theta),f_H(2,:)/max(f_H(2,:)),'- -');hold on;

plot(2 * pi * R0_lambda * sin(theta),f_H(3,:)/max(f_H(3,:)),'- .');hold on;

plot(2 * pi * R0_lambda * sin(theta),f_H(4,:)/max(f_H(4,:)),':');hold on;

grid on;axis([0 10 -0. 4 1]);

xlabel('2\pi/\lambda * R_0 * sin\theta');ylabel('F_H(\theta)');

legend('R_0=0. 8f','R_0=1. 2f','R_0=1. 6f','R_0=2f');

%%定义 E 面的二重积分函数

function f=par3(psi,xi)

global THT F

f=sqrt(1-sin(psi).^2. * cos(xi).^2). * sin(pi/2 * cos(psi)). * tan(psi/2). * exp(j * 4 * pi * F * ...
　　　 tan(psi/2). * sin(THT). * cos(xi));

%%定义 H 面的二重积分函数

function f=par4(psi,xi)

global THT F

f=sqrt(1-sin(psi).^2. * cos(xi).^2). * sin(pi/2 * cos(psi)). * tan(psi/2). * exp(j * 4 * pi * F * ...
　　　 tan(psi/2). * sin(THT). * sin(xi));

计算结果：计算结果如例 2-17-2 解图所示。

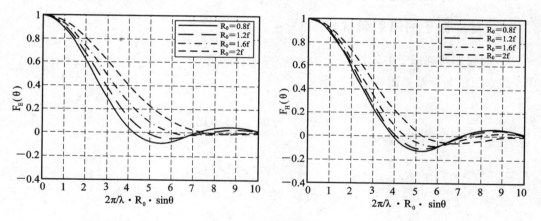

例 2-17-2 解图

第 3 章　线天线的矩量法计算

　　在第 1、2 章内已经利用基本理论或是根据解析解分析了一些简单天线的基本特性,然而对于实际工程需求来说,这是远远不够的。针对不同的目的而设计的天线,其结构千变万化,绝大多数都无法获知辐射场的解析解,而只能借助于数值计算方法得到数值解。专门的数值计算理论需要专门著作去解读,这里不去涉及。对于学有余力的大学本科生,或者希望通过实例程序尽快掌握一些简单的数值计算技术的天线设计人员而言,线天线的矩量法计算是一个很好的入门。以下的内容将助读者一臂之力。

3.1　感应电动势法求阻抗

　　本小节介绍用感应电动势法求阻抗的方法,所编程序详见本小节的附录。

3.1.1　对称振子的辐射阻抗

1. 圆柱形对称振子的近区场
建立圆柱坐标系如图 3-1-1 所示。

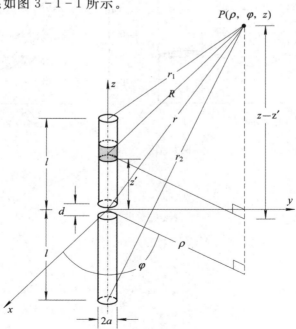

图 3-1-1　圆柱对称振子近区场的计算

设观测点 P 的坐标为(ρ,φ,z)，在距对称振子中心 z' 处取电流元段 dz'，假设：(1) 对称振子的电流集中在轴线上且为正弦分布；(2) 因馈电间隙 $d\ll\lambda$，故其影响可忽略。

电流元 dz' 到 P 点的距离为

$$R=\sqrt{(z-z')^2+\rho^2} \tag{3-1-1}$$

天线中心和上、下两端到 P 点的距离分别为

$$r=\sqrt{z^2+\rho^2}, \quad r_1=\sqrt{(z-l)^2+\rho^2}, \quad r_2=\sqrt{(z+l)^2+\rho^2} \tag{3-1-2}$$

P 点的矢量磁位为

$$\boldsymbol{A}=\boldsymbol{e}_z\frac{\mu}{4\pi}\int_{-l}^{l}I(z')\frac{\mathrm{e}^{-jkR}}{R}\,dz' \tag{3-1-3}$$

其中

$$I(z')=I_m\sin k(l-|z'|)=I_m\frac{\mathrm{e}^{jk(l-|z'|)}-\mathrm{e}^{-jk(l-|z'|)}}{2j} \tag{3-1-4}$$

由 $\boldsymbol{H}=\dfrac{1}{\mu}\nabla\times\boldsymbol{A}=\boldsymbol{e}_\varphi\left[-\dfrac{\partial A_z}{\partial\rho}\right]$，$\boldsymbol{E}=\dfrac{\nabla\times\boldsymbol{H}}{j\omega\varepsilon_0}$，并考虑到

$$\frac{\partial}{\partial\rho}\left[\frac{\mathrm{e}^{-jk(R\pm z')}}{R}\right]=\frac{\partial}{\partial z'}\left\{\frac{\rho\mathrm{e}^{-jk(R\pm z')}}{R[R\pm(z'-z)]}\right| \tag{3-1-5}$$

可求得

$$H_\varphi=j\frac{30I_m}{\eta_0\rho}(\mathrm{e}^{-jkr_1}+\mathrm{e}^{-jkr_2}-2\cos kl\cdot\mathrm{e}^{-jkr}) \tag{3-1-6}$$

$$E_z=-j30I_m\left(\frac{\mathrm{e}^{-jkr_1}}{r_1}+\frac{\mathrm{e}^{-jkr_2}}{r_2}-2\cos kl\cdot\frac{\mathrm{e}^{-jkr}}{r}\right) \tag{3-1-7}$$

$$E_\rho=\frac{j30I_m}{\rho}\left(\frac{\mathrm{e}^{-jkr_1}}{r_1}(z-l)+\frac{\mathrm{e}^{-jkr_2}}{r_2}(z+l)-2\cos kl\cdot\frac{\mathrm{e}^{-jkr}}{r}z\right) \tag{3-1-8}$$

出乎意料的是，近区场表达式很简单。事实上，由于 r、r_1 和 r_2 分别是对称振子中心和两端到场点 P 的距离，因此近区场几乎可看作是上述三处点源作用的结果。

当 $\rho=a$ 时，上式便给出对称振子表面的场强。然而计算结果却表明，此时 $E_z|_{\rho=a}\neq0$，这与理想导体表面电场切向分量为零的边界条件相矛盾，说明电流正弦分布的假设是有误差的。但是，当 $\rho\to0$ 且 $z\neq\pm l$ 时，E_z 值有限，$E_\rho\to\infty$，因此电力线与对称振子表面垂直。所以，当 $a\to0$ 时，正弦律是真实电流分布的良好近似。

2. 对称振子的辐射阻抗

对称振子归于波腹电流的辐射阻抗为

$$Z_r=\frac{2P_r}{|I_m|^2} \tag{3-1-9}$$

式中，对称振子的辐射总功率 P_r（复功率）可由坡印廷矢量积分法来计算

$$P_r=\oiint_S\boldsymbol{S}_{\mathrm{av}}\cdot d\boldsymbol{s} \tag{3-1-10}$$

其中，封闭曲面取为贴近振子表面的封闭圆柱面；$\boldsymbol{S}_{\mathrm{av}}$ 为坡印廷矢量平均值的复数形式。

在圆柱坐标系中，坡印廷矢量平均值的复数形式 $\boldsymbol{S}_{\mathrm{av}}=\dfrac{1}{2}(\boldsymbol{E}\times\boldsymbol{H}^*)$ 的外法线分量分别为

$$\begin{cases} S_{\text{av}\rho} = -\dfrac{1}{2}E_z H_\varphi^* \quad（侧面） \\[2mm] S_{\text{av}z} = \dfrac{1}{2}E_\rho H_\varphi^* \quad（上、下底面） \end{cases} \tag{3-1-11}$$

忽略上、下底面的辐射（细导线），并计及两臂的对称性，对称振子的全辐射功率为

$$P_r = 2\int_{z=0}^{l}\int_{\varphi=0}^{2\pi} S_{\text{av}\rho}\,a\,\mathrm{d}\varphi\,\mathrm{d}z \tag{3-1-12}$$

把式（3-1-11）代入式（3-1-12），并考虑到场量 E_z 和 H_φ 均与坐标变量 φ 无关，可得

$$\begin{aligned} P_r &= -\int_0^l\int_0^{2\pi} E_z(a)H_\varphi^*(a)a\,\mathrm{d}\varphi\,\mathrm{d}z \\ &= -\int_0^l E_z(a)\big[2\pi a H_\varphi^*(a)\big]\,\mathrm{d}z \\ &= -\int_0^l E_z(a)I_z^*\,\mathrm{d}z \end{aligned} \tag{3-1-13}$$

式中，$-E_z(a)\mathrm{d}z$ 表示驱动对称振子 $\mathrm{d}z$ 段表面电流 I_z 流动的感应电动势，此即感应电动势法（或全坡印廷矢量法）命名的由来。至此，对称振子归于波腹电流的辐射阻抗为

$$Z_r = \frac{2P_r}{|I_m|^2} = -\frac{2}{I_m^2}\int_0^l E_z(a)I_z^*\,\mathrm{d}z \tag{3-1-14}$$

把式（3-1-7）和电流表达式 $I(z)=I_m\sin k(l-|z|)$ 代入式（3-1-14），并考虑到 $\mathrm{j}e^{-\mathrm{j}kr}=\sin kr+\mathrm{j}\cos kr$，可得

$$\begin{aligned} Z_r &= 60\int_0^l \sin\big[k(l-z)\big]\left[\frac{\mathrm{j}e^{-\mathrm{j}kr_1}}{r_1}+\frac{\mathrm{j}e^{-\mathrm{j}kr_2}}{r_2}-2\cos(kl)\frac{\mathrm{j}e^{-\mathrm{j}kr}}{r}\right]\mathrm{d}z \\ &= 60\left\{\int_0^l \sin\big[k(l-z)\big]\left[\frac{\sin(kr_1)}{r_1}+\frac{\sin(kr_2)}{r_2}-2\cos(kl)\frac{\sin(kr)}{r}\right]\mathrm{d}z\right. \\ &\quad \left.+\mathrm{j}\int_0^l \sin\big[k(l-z)\big]\left[\frac{\cos(kr_1)}{r_1}+\frac{\cos(kr_2)}{r_2}-2\cos(kl)\frac{\cos(kr)}{r}\right]\mathrm{d}z\right\} \\ &= R_r+\mathrm{j}X_r \end{aligned} \tag{3-1-15}$$

式（3-1-15）的积分结果给出：

辐射电阻

$$\begin{aligned} R_r = 30\big\{ & 2\big[C+\ln(2kl)-\mathrm{Ci}(2kl)\big] \\ & +\cos(2kl)\big[C+\ln(kl)+\mathrm{Ci}(4kl)-2\mathrm{Ci}(2kl)\big] \\ & +\sin(2kl)\big[\mathrm{Si}(4kl)-2\mathrm{Si}(2kl)\big]\big\} \quad \Omega \end{aligned} \tag{3-1-16}$$

辐射电抗

$$\begin{aligned} X_r = 30\Big\{ & \sin(2kl)\left[C-\ln\!\left(\frac{l}{ka^2}\right)-2\mathrm{Ci}(2kl)+\mathrm{Ci}(4kl)\right] \\ & +\cos(2kl)\big[2\mathrm{Si}(2kl)-\mathrm{Si}(4kl)\big]+2\mathrm{Si}(2kl)\Big\} \quad \Omega \end{aligned} \tag{3-1-17}$$

式中，$C\approx 0.5772$，为欧拉常数；$\mathrm{Ci}(x)=C+\ln x+\int_0^x\frac{\cos t-1}{t}\,\mathrm{d}t$，为余弦积分函数；$\mathrm{Si}(x)=\int_0^x\frac{\sin t}{t}\,\mathrm{d}t$，为正弦积分函数，$\mathrm{Ci}(x)$、$\mathrm{Si}(x)$ 可分别由 Matlab/Symbolic Math Toolbox/cosint 与 sinint 函数直接求解。图 3-1-2 给出了余弦积分函数与正弦积分函数

的曲线。Matlab 脚本程序见**附录：正(余)弦积分函数**。

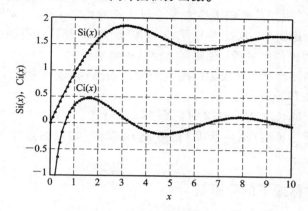

图 3 - 1 - 2　正弦积分函数和余弦积分函数

图 3 - 1 - 3 给出了由式(3 - 1 - 16)计算的辐射电阻 R_r 与 $2l/\lambda$ 的关系曲线。Matlab 脚本程序见**附录：辐射电阻**。图 3 - 1 - 4 给出了由式(3 - 1 - 17)计算的以半径 a/λ 为参量的辐射电抗 X_r 与 $2l/\lambda$ 的关系曲线。Matlab 脚本程序见**附录：辐射电抗**。

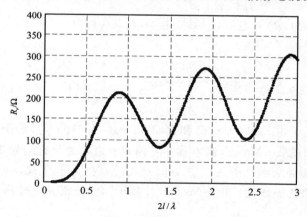

图 3 - 1 - 3　对称振子的辐射电阻与 $2l/\lambda$ 的关系曲线

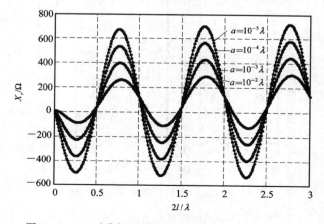

图 3 - 1 - 4　对称振子的辐射电抗与 $2l/\lambda$ 的关系曲线

图 3-1-4 的结果表明：

（1）辐射电抗 X_r 强烈地依赖于导线半径与波长的比值 a/λ，a/λ 值越小，X_r 值越大，且 X_r 随 $2l/\lambda$ 的变化越剧烈。这是因为 X_r 值取决于与近区感应场有关的虚功率，感应场是一种"束缚"在天线周围的电磁场，受辐射器形状的影响很大。

（2）近区感应场随着离开导线轴线距离的增加而迅速减小，因此，可通过提高 a/λ 值来展宽对称振子的工作频带。

（3）当对称振子的长度 $2l = n\lambda/2$ 时，X_r 与 a/λ 无关。

（4）当对称振子的长度（谐振长度）稍短于 $n\lambda/2$ 时（缩短的程度与 a/λ 有关），X_r 值为零。

3.1.2 两平行对称振子的互阻抗

1. 边靠边平行对称振子的互阻抗

边靠边平行对称振子如图 3-1-5(a)所示，由感应电动势法求得互阻抗为

$$Z_{21} = R_{21} + jX_{21}$$

其中，互电阻

$$R_{21} = 30\left\{2\mathrm{Ci}(kd) - \mathrm{Ci}[k(\sqrt{d^2 + L^2} + L)] - \mathrm{Ci}[k(\sqrt{d^2 + L^2} - L)]\right\} \quad \Omega$$

$$(3-1-18)$$

互电抗

$$X_{21} = -30\left\{2\mathrm{Si}(kd) - \mathrm{Si}[k(\sqrt{d^2 + L^2} + L)] - \mathrm{Si}[k(\sqrt{d^2 + L^2} - L)]\right\} \quad \Omega$$

$$(3-1-19)$$

图 3-1-6 给出了由式(3-1-18)和式(3-1-19)计算的半波振子的互电阻 R_{21} 与互电抗 X_{21} 随 d/λ 的变化曲线。Matlab 脚本程序见**附录：边靠边平行对称振子的互阻抗**，读者可自行验证感应电动势法求互阻抗的原始积分式的直接数值实现，与式(3-1-18)和式(3-1-19)计算结果的一致性。由于 Matlab 计算正(余)弦积分耗时较多，程序执行速度后者明显优于前者。

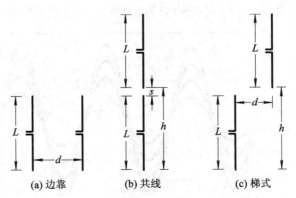

图 3-1-5　两平行对称振子的三种构型

（对称振子的长度均为 $L = (2n+1)\dfrac{\lambda}{2}$，$n \in N$）

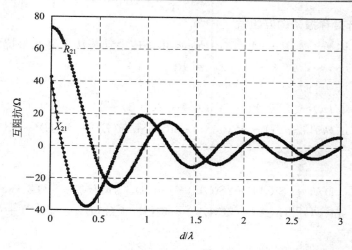

图 3-1-6　两边靠边平行半波振子的互阻抗与 d/λ 的变化曲线

2. 共线平行对称振子的互阻抗

共线平行对称振子如图 3-1-5(b)所示，$h>L$，由感应电动势法求得互阻抗为

$$Z_{21} = R_{21} + \mathrm{j}X_{21}$$

其中，互电阻

$$R_{21} = -15\cos(kh)\left\{ -2\mathrm{Ci}(2kh) + 2\mathrm{Ci}[2k(h-L)] + \mathrm{Ci}[2k(h+L)] - \ln\left(\frac{h^2-L^2}{h^2}\right) \right\}$$
$$+ 15\sin(kh)\{ 2\mathrm{Si}(2kh) - 2\mathrm{Si}[2k(h-L)] - \mathrm{Si}[2k(h+L)] \} \quad \Omega \qquad (3-1-20)$$

互电抗

$$X_{21} = -15\cos(kh)\{ 2\mathrm{Si}(2kh) - \mathrm{Si}[2k(h-L)] - \mathrm{Si}[2k(h+L)] \}$$
$$+ 15\sin(kh)\left\{ 2\mathrm{Ci}(2kh) - \mathrm{Ci}[2k(h-L)] - \mathrm{Ci}[2k(h+L)] - \ln\left(\frac{h^2-L^2}{h^2}\right) \right\} \quad \Omega$$
$$(3-1-21)$$

图 3-1-7 给出了由式(3-1-20)和式(3-1-21)计算的半波振子的互电阻 R_{21} 与互电抗 X_{21} 随 s/λ 的变化曲线，其中 $s=h-L$。Matlab 脚本程序见**附录：共线平行对称振子的互阻抗。**

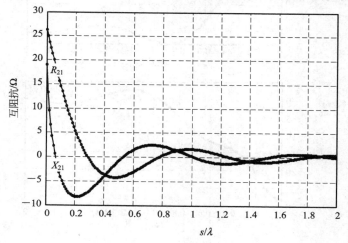

图 3-1-7　两共线平行半波振子的互阻抗与 s/λ 的变化曲线

3. 梯式平行对称振子的互阻抗

梯式平行对称振子如图 3 - 1 - 5(c)所示，由感应电动势法求得互阻抗为

$$Z_{21} = R_{21} + jX_{21}$$

其中，互电阻

$$R_{21} = -15\cos(kh)[-2\mathrm{Ci}(A) - 2\mathrm{Ci}(A') + 2\mathrm{Ci}(B) + 2\mathrm{Ci}(B') + 2\mathrm{Ci}(C) + 2\mathrm{Ci}(C')]$$
$$+ 15\sin(kh)[2\mathrm{Si}(A) - 2\mathrm{Si}(A') - \mathrm{Si}(B) + \mathrm{Si}(B') - \mathrm{Si}(C) + \mathrm{Si}(C')] \quad \Omega$$

$$(3 - 1 - 22)$$

互电抗

$$X_{21} = -15\cos(kh)[2\mathrm{Si}(A) + 2\mathrm{Si}(A') - \mathrm{Si}(B) - \mathrm{Si}(B') - \mathrm{Si}(C) - \mathrm{Si}(C')]$$
$$+ 15\sin(kh)[2\mathrm{Ci}(A) - 2\mathrm{Ci}(A') - \mathrm{Ci}(B) + \mathrm{Ci}(B') - \mathrm{Ci}(C) + \mathrm{Ci}(C')] \quad \Omega$$

$$(3 - 1 - 23)$$

其中，

$$A = k(\sqrt{d^2 + h^2} + h)$$
$$A' = k(\sqrt{d^2 + h^2} - h)$$
$$B = k[\sqrt{d^2 + (h - L)^2} + (h - L)]$$
$$B' = k[\sqrt{d^2 + (h - L)^2} - (h - L)]$$
$$C = k[\sqrt{d^2 + (h + L)^2} + (h + L)]$$
$$C' = k[\sqrt{d^2 + (h + L)^2} - (h + L)]$$

图 3 - 1 - 8 给出了 $d/\lambda = 0.25$，由式(3 - 1 - 22)和式(3 - 1 - 23)计算的半波振子的互电阻 R_{21} 与互电抗 X_{21} 随 h/λ 的变化曲线。Matlab 脚本程序见**附录：梯式平行对称振子的互阻抗。**

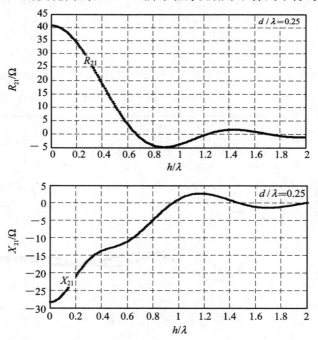

图 3 - 1 - 8　两梯式平行半波振子的互阻抗与 h/λ 的变化曲线

3.1.3　任意布置的两圆柱导线振子间的互阻抗

如图 3-1-9 所示，本节我们考察任意相对位置、任意空间取向、长度不等的两非对称细圆柱导线振子间的互阻抗。对这种最一般情形的研究，为矩量法（Method of Moment）的广泛应用奠定了坚实的理论基础。

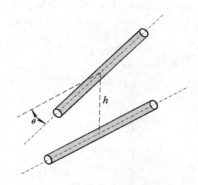

图 3-1-9　任意布置的两圆柱导线振子

1. 基本情形

如图 3-1-10 所示，设振子'1'的上、下臂长分别为 c_2、c_1，以其馈电点为坐标原点 O，轴线为 z 轴，建立空间直角坐标系 $\Sigma(x, y, z)$，若输入电流为 $I_1(0)$，则振子上的 e_z 向电流分布表示式为

$$I_1(z) = \frac{I_1(0)}{\sin(kc_1)} \sin[k(c_1 + z)] \qquad -c_1 \leqslant z \leqslant 0 \qquad (3-1-24a)$$

$$I_1(z) = \frac{I_1(0)}{\sin(kc_2)} \sin[k(c_2 - z)] \qquad 0 \leqslant z \leqslant c_2 \qquad (3-1-24b)$$

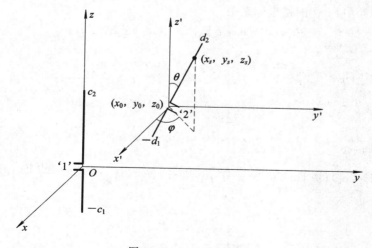

图 3-1-10　基本情形

设振子'2'的上、下臂长分别为 d_2、d_1，以其馈电点（$\Sigma(x_0, y_0, z_0)$）为坐标原点 O'，建立空间直角坐标系 $\Sigma(x', y', z') /\!/ \Sigma(x, y, z)$，其轴线与 $+z'$ 轴的夹角为 θ，轴线在 $x'O'y'$ 平面上的投影与 $+x'$ 轴成 φ 角，若输入电流为 $I_2(0)$，则振子上的 e_s 向电流分布表示式为

$$I_2(s) = \frac{I_2(0)}{\sin(kd_1)} \sin[k(d_1+s)] \qquad -d_1 \leqslant s \leqslant 0 \qquad (3-1-25\text{a})$$

$$I_2(s) = \frac{I_2(0)}{\sin(kd_2)} \sin[k(d_2-s)] \qquad 0 \leqslant s \leqslant d_2 \qquad (3-1-25\text{b})$$

其中 $s(\Sigma(x_s, y_s, z_s))$ 为振子'2'上的任意一点，

$$e_s = e_x \sin\theta \cos\varphi + e_y \sin\theta \sin\varphi + e_z \cos\theta \qquad (3-1-26)$$

根据感应电动势法，归算于 $I_2(0)$、$I_1(0)$ 的振子'1'对振子'2'的互阻抗为

$$Z_{21} = -\frac{1}{I_1(0) \cdot I_2(0)} \int_{-d_1}^{d_2} I_2(s) \cdot E_{21}(s) \, \mathrm{d}s \qquad (3-1-27)$$

其中，$E_{21}(s)$ 为振子'1'上的电流 $I_1(z)$ 在振子'2'上 s 处线元 ds 表面上产生的切向电场分量。

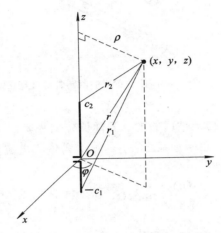

图 3-1-11　振子'1'的圆柱坐标系

参看图 3-1-11，在圆柱坐标系中

$$E_{21}(s) = e_s \cdot e_\rho E_{21\rho}(s) + e_s \cdot e_z E_{21z}(s) \qquad (3-1-28)$$

其中

$$E_{21z} = -\frac{\mathrm{j}}{4\pi\omega\varepsilon}\left[I'(-c_1)\frac{\mathrm{e}^{-\mathrm{j}kr_1}}{r_1} - I'(c_2)\frac{\mathrm{e}^{-\mathrm{j}kr_2}}{r_2} + I(-c_1)\frac{\partial}{\partial z}\left(\frac{\mathrm{e}^{-\mathrm{j}kr_1}}{r_1}\right) - I(c_2)\frac{\partial}{\partial z}\left(\frac{\mathrm{e}^{-\mathrm{j}kr_2}}{r_2}\right) \right]$$
$$(3-1-29)$$

$$E_{21\rho} = -\frac{\mathrm{j}}{4\pi\omega\varepsilon\rho}\left[I'(c_2)\mathrm{e}^{-\mathrm{j}kr_2}\cos\alpha - I'(-c_1)\mathrm{e}^{-\mathrm{j}kr_1}\cos\alpha_1 \right.$$
$$\left. + I(-c_1)\left(\mathrm{j}k\cos^2\alpha_1 - \frac{\sin^2\alpha_1}{r_1}\right)\mathrm{e}^{-\mathrm{j}kr_1} - I(c_2)\left(\mathrm{j}k\cos^2\alpha_2 - \frac{\sin^2\alpha_2}{r_2}\right)\mathrm{e}^{-\mathrm{j}kr_2} \right]$$
$$(3-1-30)$$

式中

$$I' = \frac{\partial I}{\partial z}, \ \rho = \sqrt{x^2+y^2}, \ r_1 = \sqrt{\rho^2+(z+c_1)^2}, \ r = \sqrt{\rho^2+z^2}, \ r_2 = \sqrt{\rho^2+(z-c_2)^2}$$

$$\cos\alpha_1 = \frac{z+c_1}{r_1}, \ \cos\alpha = \frac{z}{r}, \ \cos\alpha_2 = \frac{z-c_2}{r_2}$$

即

$$E_{21z} = \mathrm{j}30I_1(0)\left[-\frac{\mathrm{e}^{-\mathrm{j}kr_1}}{r_1\,\mathrm{sin}kc_1} + \frac{\mathrm{e}^{-\mathrm{j}kr}}{r}\frac{\mathrm{sin}k(c_1+c_2)}{\mathrm{sin}kc_1\,\mathrm{sin}kc_2} - \frac{\mathrm{e}^{-\mathrm{j}kr_2}}{r_2\,\mathrm{sin}kc_2} \right] \tag{3-1-31}$$

$$E_{21\rho} = \frac{\mathrm{j}30I_1(0)}{\rho}\left[\frac{\mathrm{e}^{-\mathrm{j}kr_1}\,\mathrm{cos}\alpha_1}{\mathrm{sin}kc_1} - \frac{\mathrm{e}^{-\mathrm{j}kr}\,\mathrm{cos}\alpha\,\mathrm{sin}k(c_1+c_2)}{\mathrm{sin}kc_1\,\mathrm{sin}kc_2} + \frac{\mathrm{e}^{-\mathrm{j}kr_2}\,\mathrm{cos}\alpha_2}{\mathrm{sin}kc_2} \right] \tag{3-1-32}$$

下面考虑单极子的情形,

(1) 当 $c_1 = 0$, $c_2 \neq 0$ 时,

$$E_{21z} = \mathrm{j}30I_1(0)\left[\frac{\mathrm{cos}kc_2}{\mathrm{sin}kc_2}\frac{\mathrm{e}^{-\mathrm{j}kr}}{r} - \frac{1}{\mathrm{sin}kc_2}\frac{\mathrm{e}^{-\mathrm{j}kr_2}}{r_2} + \frac{(1+\mathrm{j}kr)z\mathrm{e}^{-\mathrm{j}kr}}{kr^3} \right] \tag{3-1-33}$$

$$E_{21\rho} = \frac{\mathrm{j}30I_1(0)}{\rho}\left[\frac{\mathrm{cos}\alpha_2}{\mathrm{sin}kc_2}\mathrm{e}^{-\mathrm{j}kr_2} - \frac{\mathrm{cos}kc_2\,\mathrm{cos}\alpha}{\mathrm{sin}kc_2}\mathrm{e}^{-\mathrm{j}kr} - \left(\mathrm{j}\,\mathrm{cos}^2\alpha - \frac{\mathrm{sin}^2\alpha}{kr} \right)\mathrm{e}^{-\mathrm{j}kr} \right] \tag{3-1-34}$$

(2) 当 $c_1 \neq 0$, $c_2 = 0$ 时,

$$E_{21z} = \mathrm{j}30I_1(0)\left[-\frac{1}{\mathrm{sin}kc_1}\frac{\mathrm{e}^{-\mathrm{j}kr_1}}{r_1} + \frac{\mathrm{cos}kc_1}{\mathrm{sin}kc_1}\frac{\mathrm{e}^{-\mathrm{j}kr}}{r} - \frac{(1+\mathrm{j}kr)z\mathrm{e}^{-\mathrm{j}kr}}{kr^3} \right] \tag{3-1-35}$$

$$E_{21\rho} = \frac{\mathrm{j}30I_1(0)}{\rho}\left[-\frac{\mathrm{cos}kc_1}{\mathrm{sin}kc_1}\mathrm{cos}\alpha\mathrm{e}^{-\mathrm{j}kr} + \frac{\mathrm{cos}\alpha_1}{\mathrm{sin}kc_1}\mathrm{e}^{-\mathrm{j}kr_1} + \left(\mathrm{j}\,\mathrm{cos}^2\alpha - \frac{\mathrm{sin}^2\alpha}{kr} \right)\mathrm{e}^{-\mathrm{j}kr} \right]$$
$$\tag{3-1-36}$$

考虑到直角坐标系与圆柱坐标系坐标变量间的转换关系:

$$\begin{bmatrix} E_x \\ E_y \\ E_z \end{bmatrix} = \begin{bmatrix} \mathrm{cos}\varphi & -\mathrm{sin}\varphi & 0 \\ \mathrm{sin}\varphi & \mathrm{cos}\varphi & 0 \\ 0 & 0 & 1 \end{bmatrix} \begin{bmatrix} E_\rho \\ E_\varphi \\ E_z \end{bmatrix} \tag{3-1-37}$$

可求得在直角坐标系 $\Sigma(x, y, z)$ 中,

$$\boldsymbol{E}_{21} = \boldsymbol{e}_x E_\rho\,\mathrm{cos}\varphi + \boldsymbol{e}_y E_\rho\,\mathrm{sin}\varphi + \boldsymbol{e}_z E_z \tag{3-1-38}$$

式中

$$\mathrm{cos}\varphi = \frac{x}{\rho}, \quad \mathrm{sin}\varphi = \frac{y}{\rho}$$

故

$$E_{21}(s) = \boldsymbol{E}_{21} \cdot \boldsymbol{e}_s = E_\rho(\mathrm{sin}\theta\,\mathrm{cos}^2\varphi + \mathrm{sin}\theta\,\mathrm{sin}^2\varphi) + E_z\,\mathrm{cos}\theta \tag{3-1-39}$$

至此,互阻抗 Z_{21} 已可由式 (3-1-27) 数值积分求解,基本情形得到圆满解决。

2. 任意情形

如图 3-1-12 所示,给定空间直角坐标系 $\Sigma(x, y, z)$,设振子'1'的上、下臂长分别为 c_2、c_1,以其馈电点 ($\Sigma(x_1, y_1, z_1)$) 为坐标原点,建立空间直角坐标系 $\Sigma'(x', y', z')\,/\!/$ $\Sigma(x, y, z)$,其轴线与 $+z$ 轴的夹角为 θ_1,轴线在 $x'O'y'$ 平面上的投影与 $+x'$ 轴成 φ_1 角,若输入电流为 $I_1(0)$,则振子上的电流流向为

$$\boldsymbol{e}_1 = \boldsymbol{e}_x\,\mathrm{sin}\theta_1\,\mathrm{cos}\varphi_1 + \boldsymbol{e}_y\,\mathrm{sin}\theta_1\,\mathrm{sin}\varphi_1 + \boldsymbol{e}_z\,\mathrm{cos}\theta_1 \tag{3-1-40}$$

设振子'2'的上、下臂长分别为 d_2、d_1,以其馈电点 ($\Sigma(x_2, y_2, z_2)$) 为坐标原点,建立空间直角坐标系 $\Sigma''(x'', y'', z'')\,/\!/\,\Sigma(x, y, z)$,其轴线与 $+z''$ 轴的夹角为 θ_2,轴线在 $x''O''y''$ 平面上的投影与 $+x''$ 轴成 φ_2 角,若输入电流为 $I_2(0)$,则振子上的电流流向为

$$\boldsymbol{e}_s = \boldsymbol{e}_x\,\mathrm{sin}\theta_2\,\mathrm{cos}\varphi_2 + \boldsymbol{e}_y\,\mathrm{sin}\theta_2\,\mathrm{sin}\varphi_2 + \boldsymbol{e}_z\,\mathrm{cos}\theta_2 \tag{3-1-41}$$

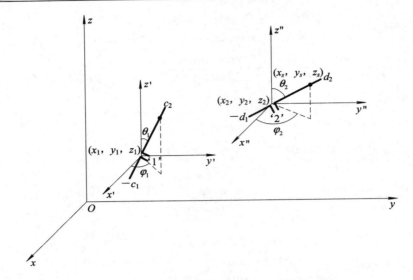

图 3-1-12　任意情形

我们可以通过坐标平移和旋转将图 3-1-12 任意情形互阻抗 Z_{21} 的求解转换为图 3-1-10 的基本情形处理，具体过程如下：

(1) 将 $\Sigma(x, y, z)$ 系平移到 $\Sigma'(x', y', z')$ 系，获得 $\Sigma_1'(x_1', y_1', z_1')$ 系，Σ 系到 Σ_1' 系的坐标变换关系为

$$[x_1' \quad y_1' \quad z_1' \quad 1] = [x \quad y \quad z \quad 1] \begin{bmatrix} 1 & 0 & 0 & 0 \\ 0 & 1 & 0 & 0 \\ 0 & 0 & 1 & 0 \\ -x_1 & -y_1 & -z_1 & 1 \end{bmatrix} \qquad (3-1-42)$$

(2) 将 $\Sigma_1'(x_1', y_1', z_1')$ 系绕 z_1' 轴逆时针旋转 φ_1，获得 $\Sigma_2'(x_2', y_2', z_2')$ 系，振子'1'位于坐标面 $x_2'O_2'z_2'$，Σ_1' 系到 Σ_2' 系的坐标变换关系为

$$[x_2' \quad y_2' \quad z_2' \quad 1] = [x_1' \quad y_1' \quad z_1' \quad 1] \begin{bmatrix} \cos\varphi_1 & -\sin\varphi_1 & 0 & 0 \\ \sin\varphi_1 & \cos\varphi_1 & 0 & 0 \\ 0 & 0 & 1 & 0 \\ 0 & 0 & 0 & 1 \end{bmatrix} \qquad (3-1-43)$$

(3) 将 $\Sigma_2'(x_2', y_2', z_2')$ 系绕 y_2' 轴逆时针旋转 θ_1 角，获得 $\Sigma_3'(x_3', y_3', z_3')$ 系，振子'1'位于坐标轴 z_3'，Σ_2' 系到 Σ_3' 系的坐标变换关系为

$$[x_3' \quad y_3' \quad z_3' \quad 1] = [x_2' \quad y_2' \quad z_2' \quad 1] \begin{bmatrix} \cos\theta_1 & 0 & \sin\theta_1 & 0 \\ 0 & 1 & 0 & 0 \\ -\sin\theta_1 & 0 & \cos\theta_1 & 0 \\ 0 & 0 & 0 & 1 \end{bmatrix} \qquad (3-1-44)$$

综合(1)、(2)、(3)，Σ 系到 Σ_3' 系的坐标变换关系为

$$\begin{bmatrix} x_3' & y_3' & z_3' & 1 \end{bmatrix} = \begin{bmatrix} x & y & z & 1 \end{bmatrix} \begin{bmatrix} 1 & 0 & 0 & 0 \\ 0 & 1 & 0 & 0 \\ 0 & 0 & 1 & 0 \\ -x_1 & -y_1 & -z_1 & 1 \end{bmatrix}$$

$$\times \begin{bmatrix} \cos\varphi_1 & -\sin\varphi_1 & 0 & 0 \\ \sin\varphi_1 & \cos\varphi_1 & 0 & 0 \\ 0 & 0 & 1 & 0 \\ 0 & 0 & 0 & 1 \end{bmatrix} \begin{bmatrix} \cos\theta_1 & 0 & \sin\theta_1 & 0 \\ 0 & 1 & 0 & 0 \\ -\sin\theta_1 & 0 & \cos\theta_1 & 0 \\ 0 & 0 & 0 & 1 \end{bmatrix} \quad (3-1-45)$$

（4）利用前面获得的坐标变换关系，求解振子'2'的轴线与 Σ_3' 系的 $+z_3'$ 轴的夹角 θ_2'，轴线在 $x_3'O_3'y_3'$ 平面上的投影与 $+x_3'$ 轴成的角 φ_2'。

至此，任意布置的两圆柱导线振子间的互阻抗问题得到圆满解决。

3. 数值计算结果示例

例 3 - 1 - 1　图 3 - 1 - 14 给出了如图 3 - 1 - 13 所示的长度不等（$2l_1/\lambda = 0.475$，$2l_2/\lambda = 0.45$）的边靠边平行对称振子的互电阻 R_{21} 与互电抗 X_{21} 随 d/λ 的变化曲线。依据任意情形的理论编制的 Matlab 脚本程序见**附录：不等长平行对称振子的互阻抗**。

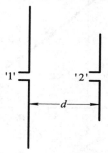

图 3 - 1 - 13　长度不等的边靠边平行对称振子

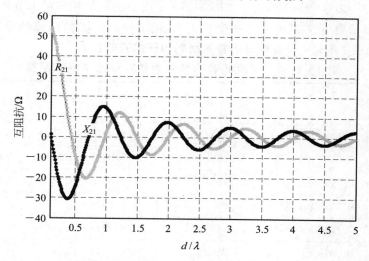

图 3 - 1 - 14　两边靠边长度不等的平行对称振子的互阻抗随 d/λ 的变化曲线

例 3 - 1 - 2　图 3 - 1 - 16 给出了如图 3 - 1 - 15 所示的长度相等($2l/\lambda=0.5$)的共面斜对称振子的互电阻 R_{21} 与互电抗 X_{21} 随 θ 的变化曲线。依据任意情形的理论编制的 Matlab 脚本程序见**附录：共面斜对称振子的互阻抗。**

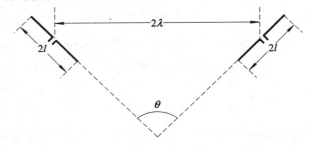

图 3 - 1 - 15　两长度相等的共面斜对称振子

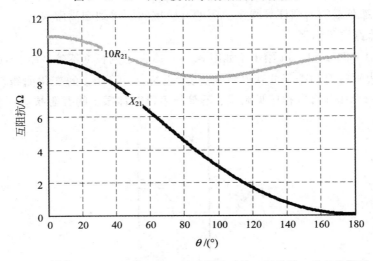

图 3 - 1 - 16　两长度相等的共面斜对称振子的互阻抗随 θ 的变化曲线

例 3 - 1 - 3　表 3 - 1 - 1 给出了如图 3 - 1 - 9 所示的长度相等的非共面斜对称振子的互阻抗 Z_{21} 随振子臂长 l/λ 和夹角 θ 变化的取值($h=\lambda$)。依据任意情形的理论编制的 Matlab 脚本程序见**附录：长度相等的非共面斜振子的互阻抗。**

表 3 - 1 - 1　长度相等的非共面斜对称振子的互阻抗　　　　　单位：Ω

$\theta/(°)$ \ l/λ	0.10	0.15	0.20	0.25
0	0.3371+j1.9516	0.8796+j4.7579	1.9323+j9.5459	4.0115+j17.7414
15	0.3258+j1.8853	0.8503+j4.5969	1.8695+j9.2248	3.8856+j17.1493
30	0.2923+j1.6908	0.7641+j4.1242	1.6836+j8.2809	3.5103+j15.4058
45	0.2390+j1.3811	0.6259+j3.3705	1.3830+j6.7726	2.8958+j12.6124
60	0.1692+j0.9767	0.4439+j2.3851	0.9838+j4.7966	2.0686+j8.9418
75	0.0876+j0.5054	0.2302+j1.2351	0.5114+j2.4856	1.0787+j4.6373
90	0.0000+j0.0000	0.0000+j0.0000	0.0000+j0.0000	0.0000+j0.0000

例 3 - 1 - 4　如图 3 - 1 - 17 所示任意角模间的互阻抗为

$$Z_{21} = Z_{ac} + Z_{ad} + Z_{bc} + Z_{bd} \tag{3-1-46}$$

表 3 - 1 - 2 给出了如图 3 - 1 - 18 所示的臂长相等($l_1/\lambda = l_2/\lambda = 0.25$)角模的自阻抗 Z_{11} 随夹角 θ 变化的取值。依据任意情形的理论编制的 Matlab 脚本程序见**附录：臂长相等角模的自阻抗**。

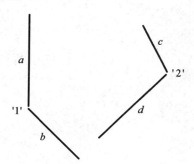

图 3 - 1 - 17　任意角模

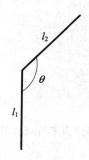

图 3 - 1 - 18　单个角模

表 3 - 1 - 2　臂长相等角模的自阻抗

$\theta/(°)$	45	90	135	180
Z_{11}/Ω	$-28.63 - j134969.65$	$-21.52 - j381858.42$	$17.97 - j325956.47$	$73.13 + j42.53$

例 3 - 1 - 5　表 3 - 1 - 3 给出了如图 3 - 1 - 19 所示的任意布置的两臂长相等($l_1/\lambda = l_2/\lambda = 0.25$)角模间的互阻抗 Z_{21} 的取值，其中 $\theta = 135°$。依据任意情形的理论编制的 Matlab 脚本程序见**附录：任意布置臂长相等角模的互阻抗**。

表 3 - 1 - 3　两臂长相等角模间的互阻抗

图 3 - 1 - 19	图(a)	图(b)	图(c)
Z_{21}/Ω	$36.96 - j17.08$	$-0.32 + j6.55$	$0.67 + j5.52$

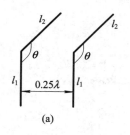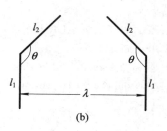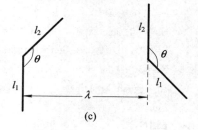

图 3 - 1 - 19　两角模间的互阻抗

附　录

%**正（余）弦积分函数**，此程序可计算图 3 - 1 - 2

%Sine integral function

%Cosine integral function

```
clear; clc;
x=[0:0.1:10]; len=length(x);
y_si=zeros(1,len); y_si=sinint(x);
y_ci=zeros(1,len); y_ci=cosint(x);
figure(1)
plot(x,y_si,'r.-');
hold on;
plot(x,y_ci,'b.-');
hold on;
grid on;
axis([0 10 -1 2]);


%辐射电阻，此程序可计算图 3-1-3
clear; clc;
j=sqrt(-1);
C=0.5772;                      %Euler constant
c=3.0e8; f=3.0e8; k=2*pi*f/c;
l=0.1:0.01:3.0; len=length(l); Rr=zeros(1,len);
Rr=60*(C+log(k*l)-cosint(k*l)...
    +1/2*cos(k*l).*(C+log(k*l/2)+cosint(2*k*l)-2*cosint(k*l))...
    +1/2*sin(k*l).*(sinint(2*k*l)-2*sinint(k*l)));
figure(1)
plot(l,Rr,'r.-'); hold on; axis([0 3.0 0 400]); grid on;


%辐射电抗，此程序可计算图 3-1-4
clear; clc;
j=sqrt(-1);
C=0.5772;                      %Euler constant
c=3.0e8; f=3.0e8; k=2*pi*f/c;
rho0=1.0e-2;                   %1.0e-3 1.0e-4 1.0e-5
l=0.01:0.01:3.0; len=length(l); Xr=zeros(1,len);
Xr=30*(2*sinint(k*l)+cos(k*l).*(2*sinint(k*l)-sinint(2*k*l))...
    -sin(k*l).*(2*cosint(k*l)-cosint(2*k*l)-cosint(2*k*rho0^2./l)));
figure(1)
plot(l,Xr,'r.-'); hold on;
axis([0 3.0 -600 800]); grid on;


%边靠边平行对称振子的互阻抗，此程序可计算图 3-1-6
%sinint cosint
clear;clc;
j=sqrt(-1);
c=3.0e8; f=3.0e8; k=2*pi*f/c;
l=0.5;
```

```
d=[0:0.01:3.0]; len=length(d);
R21=zeros(1,len); X21=zeros(1,len);
u0=k * d;
u1=k * (sqrt(d.^2+l^2)+l);
u2=k * (sqrt(d.^2+l^2)-l);
R21=30 * (2 * cosint(u0)-cosint(u1)-cosint(u2));
X21=-30 * (2 * sinint(u0)-sinint(u1)-sinint(u2));
figure(1)
plot(d,R21,'r. -'); hold on;
plot(d,X21,'b. -'); hold on;
grid on;
axis([0 3.0 -40 80]);
```

%**边靠边平行对称振子的互阻抗**，此程序是利用互阻抗的原始积分公式来计算图 3-1-6 的
```
%direct integral
clear; clc;
global k l dp;
j=sqrt(-1);
C=0.5772;                        %Euler constant
c=3.0e8; f=3.0e8; k=2 * pi * f/c;
l=0.5;
d=[0:0.01:3.0]; len=length(d); Zr=zeros(1,len);
for num=1:len
    dp=d(1,num);
    Zr(1,num)=j * 30 * (quad('myfun01',-l/2,0)+quad('myfun02',0,l/2));
end
figure(1)
plot(d,real(Zr),'r. -'); hold on;
plot(d,imag(Zr),'b. -'); hold on;
grid on;
axis([0 3.0 -40 80]);


function y = myfun01(z)
global k l dp;
j=sqrt(-1);
R1=sqrt(dp^2+(z-l/2).^2);
r=sqrt(dp^2+z.^2);
R2=sqrt(dp^2+(z+l/2).^2);
y=sin(k * (l/2+z)). * (exp(-j * k * R1)./R1+exp(-j * k * R2).
                /R2-2 * cos(k * l/2) * exp(-j * k * r)./r);


function y = myfun02(z)
global k l dp;
```

```
j=sqrt(-1);
R1=sqrt(dp^2+(z-l/2).^2);
r=sqrt(dp^2+z.^2);
R2=sqrt(dp^2+(z+l/2).^2);
y=sin(k*(l/2-z)).*(exp(-j*k*R1)./R1+exp(-j*k*R2).
                   /R2-2*cos(k*l/2)*exp(-j*k*r)./r);
```

%**共线平行对称振子的互阻抗，此程序计算图 3-1-7**

```
%sinint cosint
clear; clc;
j=sqrt(-1);
c=3.0e8; f=3.0e8; k=2*pi*f/c;
l=0.5;
s=[0.001:0.01:2.0]; len=length(s);
R21=zeros(1,len); X21=zeros(1,len);
h=l+s;
v0=k*h;
v1=2*k*(h+l);
v2=2*k*(h-l);
v3=(h.^2-l^2)./(h.^2);
R21=-15*cos(v0).*(-2*cosint(2*v0)+cosint(v2)+cosint(v1)-log(v3))...
    +15*sin(v0).*(2*sinint(2*v0)-sinint(v2)-sinint(v1));
X21=-15*cos(v0).*(2*sinint(2*v0)-sinint(v2)-sinint(v1))...
    +15*sin(v0).*(2*cosint(2*v0)-cosint(v2)-cosint(v1)-log(v3));
figure(1)
plot(s,R21,'r.-'); hold on;
plot(s,X21,'b.-'); hold on;
grid on;
axis([0 2.0 -10 30]);
```

%**共线平行对称振子的互阻抗，此程序是利用原始积分法来计算图 3-1-7 的**

```
%direct integral
clear; clc;
global k l h d;
j=sqrt(-1);
c=3.0e8; f=3.0e8; k=2*pi*f/c;
l=0.5;
d=0;
s=[0.001:0.01:2.0]; len=length(s); Zr=zeros(1,len);
for num=1:len
    h=l+s(1,num);
    Zr(1,num)=j*30*(quad('myfun01',-l/2,0)+quad('myfun02',0,l/2));
end
```

```
figure(1)
plot(s,real(Zr),'r. −'); hold on;
plot(s,imag(Zr),'b. −'); hold on;
grid on;
axis([0 2.0 −10 30]);


function y = myfun01(z)
global k l h d;
j=sqrt(−1);
R1=sqrt(d^2+(z−(h−l/2)).^2);
r=sqrt(d^2+(z−h).^2);
R2=sqrt(d^2+(z−(h+l/2)).^2);
y=sin(k * (l/2+z)). * (exp(−j * k * R1)./R1+exp(−j * k * R2).
                /R2−2 * cos(k * l/2) * exp(−j * k * r)./r);


function y = myfun02(z)
global k l h d;
j=sqrt(−1);
R1=sqrt(d^2+(z−(h−l/2)).^2);
r=sqrt(d^2+(z−h).^2);
R2=sqrt(d^2+(z−(h+l/2)).^2);
y=sin(k * (l/2−z)). * (exp(−j * k * R1)./R1+exp(−j * k * R2).
                /R2−2 * cos(k * l/2) * exp(−j * k * r)./r);
```

%梯式平行对称振子的互阻抗，计算图 3 − 1 − 8

```
%sinint cosint
clear;clc;
j=sqrt(−1);
c=3.0e8; f=3.0e8; k=2 * pi * f/c;
l=0.5;
d=0.25;
h=[0:0.01:2.0]; len=length(h);
R21=zeros(1,len); X21=zeros(1,len);
w0=k * h;
w1=k * (sqrt(d^2+h.^2)+h);
w1p=k * (sqrt(d^2+h.^2)−h);
w2=k * (sqrt(d^2+(h−l).^2)+(h−l));
w2p=k * (sqrt(d^2+(h−l).^2)−(h−l));
w3=k * (sqrt(d^2+(h+l).^2)+(h+l));
w3p=k * (sqrt(d^2+(h+l).^2)−(h+l));
R21=−15 * cos(w0). * (−2 * cosint(w1)−2 * cosint(w1p)+cosint(w2)+cosint(w2p)
        +cosint(w3)+cosint(w3p))...
    +15 * sin(w0). * (2 * sinint(w1)−2 * sinint(w1p)−sinint(w2)+sinint(w2p)
```

```
    −sinint(w3)+sinint(w3p));
X21=−15 * cos(w0). * (2 * sinint(w1)+2 * sinint(w1p)−sinint(w2)−sinint(w2p)
           −sinint(w3)−sinint(w3p))...
+15 * sin(w0). * (2 * cosint(w1)−2 * cosint(w1p)−cosint(w2)+cosint(w2p)
    −cosint(w3)+cosint(w3p));
figure(1)
plot(h,R21,'r. −'); hold on;
figure(2)
plot(h,X21,'b. −'); hold on;
```

%梯式平行对称振子的互阻抗，此程序利用原始积分法计算图 3−1−8

```
%direct integral
clear; clc;
global k l hp d;
j=sqrt(−1);
c=3.0e8; f=3.0e8; k=2 * pi * f/c;
l=0.5;
d=0.25;
h=[0:0.01:2.0]; len=length(h); Zr=zeros(1,len);
for num=1:len
    hp=h(1,num);
    Zr(1,num)=j * 30 * (quad('myfun01',−1/2,0)+quad('myfun02',0,1/2));
end
figure(1)
plot(h,real(Zr),'r. −'); hold on; grid on;
figure(2)
plot(h,imag(Zr),'b. −'); hold on; grid on;


function y = myfun01(z)
global k l hp d;
j=sqrt(−1);
R1=sqrt(d^2+(z−(hp−l/2)).^2);
r=sqrt(d^2+(z−hp).^2);
R2=sqrt(d^2+(z−(hp+l/2)).^2);
y=sin(k * (l/2+z)). * (exp(−j * k * R1). /R1+exp(−j * k * R2).
                /R2−2 * cos(k * l/2) * exp(−j * k * r). /r);


function y = myfun02(z)
global k l hp d;
j=sqrt(−1);
R1=sqrt(d^2+(z−(hp−l/2)).^2);
r=sqrt(d^2+(z−hp).^2);
R2=sqrt(d^2+(z−(hp+l/2)).^2);
```

```
y＝sin(beta * (l/2－z)). * (exp(－j * beta * R1). /R1＋exp(－j * beta * R2).
    /R2－2 * cos(beta * l/2) * exp(－j * beta * r). /r);
```

%**不等长平行对称振子的互阻抗，此程序计算图** 3－1－14
%**简化**

```
clear;
clc;
global k c1 c2 d1 d2 rho;
j＝sqrt(－1);
k＝2 * pi;
L1＝0. 475; c1＝L1/2; c2＝L1/2;
L2＝0. 45; d1＝L2/2; d2＝L2/2;
d＝[0. 10:0. 01:5. 0];
len＝length(d); Z21＝zeros(1,len);
for num＝1:len
    rho＝d(1,num);
    Z21(1,num)＝－j * 30 * (quad('fun01',－d1,0)＋quad('fun02',0,d2));
end
disp(Z21)
figure(1)
plot(d,real(Z21),'r. －');
hold on;
plot(d,imag(Z21),'b. －');
grid on;
axis([0. 1 5. 0 －40 60]);


function y＝fun01(z)
global k c1 c2 d1 d2 rho;
j＝sqrt(－1);
r1＝sqrt(rho^2＋(z＋c1). ^2);
r＝sqrt(rho^2＋z. ^2);
r2＝sqrt(rho^2＋(z－c2). ^2);
y＝sin(k * (d1＋z))/sin(k * d1). * (－exp(－j * k * r1). /(r1 * sin(k * c1))...
    ＋exp(－j * k * r) * sin(k * (c1＋c2)). /(r * sin(k * c1) * sin(k * c2))...
    －exp(－j * k * r2). /(r2 * sin(k * c2)));


function y＝fun02(z)
global k c1 c2 d1 d2 rho;
j＝sqrt(－1);
r1＝sqrt(rho^2＋(z＋c1). ^2);
r＝sqrt(rho^2＋z. ^2);
r2＝sqrt(rho^2＋(z－c2). ^2);
```

```
y＝sin(k*(d2−z))/sin(k*d2). *(−exp(−j*k*r1)./(r1*sin(k*c1))...
    ＋exp(−j*k*r)*sin(k*(c1＋c2))./(r*sin(k*c1)*sin(k*c2))...
    −exp(−j*k*r2)./(r2*sin(k*c2)));


%不等长平行对称振子的互阻抗，利用原始积分法计算图 3-1-14
%任意情况
clear;
clc;
global k c1 c2 d1 d2 x1 y1 z1 theta1 phi1 x2 y2 z2 theta2 phi2;
j＝sqrt(−1);
k＝2*pi;
%振子 1 有关参数
l1＝0.475; c1＝l1/2; c2＝l1/2;
x1＝0; z1＝0;
phi1＝pi/2; theta1＝0;
%振子 2 有关参数
l2＝0.45; d1＝l2/2; d2＝l2/2;
x2＝0; z2＝0;
phi2＝pi/2; theta2＝0;
d＝[0.10:0.01:5.0]; len＝length(d); Z21＝zeros(1,len);
for num＝1:len
    y1＝−d(1,num)/2;
    y2＝d(1,num)/2;
    Z21(1,num)＝−j*30*(quad('fun01',−d1,0)＋quad('fun02',0,d2));
end
disp(Z21)
figure(1)
plot(d,real(Z21),'r. −');
hold on;
plot(d,imag(Z21),'b. −');
grid on;
axis([0.1 5.0 −40 60]);


function y＝fun01(s)
global k c1 c2 d1 d2 x1 y1 z1 theta1 phi1 x2 y2 z2 theta2 phi2;
j＝sqrt(−1);
eps＝1.0e−200;
%任意情况转换成基本情况
%变换矩阵 1
A1＝[1 0 0 0; 0 1 0 0; 0 0 1 0; −x1 −y1 −z1 1];
B1＝[cos(phi1) −sin(phi1) 0 0; sin(phi1) cos(phi1) 0 0; 0 0 1 0; 0 0 0 1];
C1＝[cos(theta1) 0 sin(theta1) 0; 0 1 0 0; −sin(theta1) 0 cos(theta1) 0; 0 0 0 1];
%变换矩阵 2
```

```
A2＝[1 0 0 0；0 1 0 0；0 0 1 0；−x2 −y2 −z2 1]；
B2＝[cos(phi2) −sin(phi2) 0 0；sin(phi2) cos(phi2) 0 0；0 0 1 0；0 0 0 1]；
C2＝[cos(theta2) 0 sin(theta2) 0；0 1 0 0；−sin(theta2) 0 cos(theta2) 0；0 0 0 1]；
%源点坐标
x0＝0；y0＝0；z0＝0；
P0＝[x2 y2 z2 1] * A1 * B1 * C1；
x0＝P0(1,1)；y0＝P0(1,2)；z0＝P0(1,3)；
%振子 2 上 s 点坐标
xs＝0；ys＝0；zs＝0；
Ts＝inv(C2) * inv(B2) * inv(A2) * A1 * B1 * C1；
xs＝s * Ts(3,1)＋Ts(4,1)；
ys＝s * Ts(3,2)＋Ts(4,2)；
zs＝s * Ts(3,3)＋Ts(4,3)；
theta＝acos((zs−z0)./(s+eps))；
phi＝atan((ys−y0)/(xs−x0+eps))；
%＝＝＝＝＝＝＝＝＝＝＝＝＝＝＝＝＝＝＝＝＝＝＝＝＝＝＝＝＝＝＝＝
%基本情况的处理
rho＝sqrt(xs.^2＋ys.^2)；
r1＝sqrt(rho.^2＋(zs+c1).^2)；
r＝sqrt(rho.^2＋zs.^2)；
r2＝sqrt(rho.^2＋(zs−c2).^2)；
y＝sin(k * (d1+s))/sin(k * d1). * ((exp(−j * k * r1)/sin(k * c1). * (zs+c1)./r1...
        −exp(−j * k * r) * sin(k * (c1+c2))/(sin(k * c1) * sin(k * c2)). * zs./r...
        ＋exp(−j * k * r2)/sin(k * c2). * (zs−c2)./r2)./rho...
        . * (xs./rho. * sin(theta). * cos(phi)＋ys./rho. * sin(theta). * sin(phi))...
        −(exp(−j * k * r1)./(r1 * sin(k * c1))...
        −exp(−j * k * r) * sin(k * (c1+c2))./(r * sin(k * c1) * sin(k * c2))...
        ＋exp(−j * k * r2)./(r2 * sin(k * c2))). * cos(theta))；


function y＝fun02(s)
global k c1 c2 d1 d2 x1 y1 z1 theta1 phi1 x2 y2 z2 theta2 phi2；
j＝sqrt(−1)；
eps＝1.0e−200；
%任意情况转换成基本情况
%变换矩阵 1
A1＝[1 0 0 0；0 1 0 0；0 0 1 0；−x1 −y1 −z1 1]；
B1＝[cos(phi1) −sin(phi1) 0 0；sin(phi1) cos(phi1) 0 0；0 0 1 0；0 0 0 1]；
C1＝[cos(theta1) 0 sin(theta1) 0；0 1 0 0；−sin(theta1) 0 cos(theta1) 0；0 0 0 1]；
%变换矩阵 2
A2＝[1 0 0 0；0 1 0 0；0 0 1 0；−x2 −y2 −z2 1]；
B2＝[cos(phi2) −sin(phi2) 0 0；sin(phi2) cos(phi2) 0 0；0 0 1 0；0 0 0 1]；
C2＝[cos(theta2) 0 sin(theta2) 0；0 1 0 0；−sin(theta2) 0 cos(theta2) 0；0 0 0 1]；
%源点坐标
```

```
x0＝0；y0＝0；z0＝0；
P0＝[x2 y2 z2 1] * A1 * B1 * C1；
x0＝P0(1,1)；y0＝P0(1,2)；z0＝P0(1,3)；
%振子2上s点坐标
xs＝0；ys＝0；zs＝0；
Ts＝inv(C2) * inv(B2) * inv(A2) * A1 * B1 * C1；
xs＝s * Ts(3,1)＋Ts(4,1)；
ys＝s * Ts(3,2)＋Ts(4,2)；
zs＝s * Ts(3,3)＋Ts(4,3)；
theta＝acos((zs－z0)./(s＋eps))；
phi＝atan((ys－y0)/(xs－x0＋eps))；
%============================================
%基本情况的处理
rho＝sqrt(xs.^2＋ys.^2)；
r1＝sqrt(rho.^2＋(zs＋c1).^2)；
r＝sqrt(rho.^2＋zs.^2)；
r2＝sqrt(rho.^2＋(zs－c2).^2)；
y＝sin(k * (d2－s))/sin(k * d2). * ((exp(－j * k * r1)/sin(k * c1). * (zs＋c1)./r1...
        －exp(－j * k * r) * sin(k * (c1＋c2))/(sin(k * c1) * sin(k * c2)). * zs./r...
        ＋exp(－j * k * r2)/sin(k * c2). * (zs－c2)./r2)./rho...
        . * (xs./rho. * sin(theta). * cos(phi)＋ys./rho. * sin(theta). * sin(phi))...
        －(exp(－j * k * r1)./(r1 * sin(k * c1)))...
        －exp(－j * k * r) * sin(k * (c1＋c2))./(r * sin(k * c1) * sin(k * c2))...
        ＋exp(－j * k * r2)./(r2 * sin(k * c2))). * cos(theta))；


%共面斜对称振子的互阻抗，此程序计算图3－1－16
%任意情况
clear；
clc；
global k c1 c2 d1 d2 x1 y1 z1 theta1 phi1 x2 y2 z2 theta2 phi2；
j＝sqrt(－1)；
k＝2 * pi；
%振子1有关参数
l1＝0.5；c1＝l1/2；c2＝l1/2；
x1＝0；y1＝－1.0；z1＝0；
phi1＝pi/2；
%振子2有关参数
l2＝0.5；d1＝l2/2；d2＝l2/2；
x2＝0；y2＝1.0；z2＝0；
phi2＝pi/2；
Psi＝[0:1:180]；len＝length(Psi)；Z21＝zeros(1,len)；
for num＝1:len
    theta1＝－Psi(1,num) * pi/360；
```

```
        theta2＝Psi(1,num) * pi/360;
        Z21(1,num)＝－j * 30 * (quad('fun01',－d1,0)＋quad('fun02',0,d2));
    end
    figure(1)
    plot(Psi,real(Z21) * 10,'r.－');
    hold on;
    plot(Psi,imag(Z21),'b.－');
    hold on;
    grid on;
    axis([0 180 0 12]);


function y＝fun01(s)
global k c1 c2 d1 d2 x1 y1 z1 theta1 phi1 x2 y2 z2 theta2 phi2;
j＝sqrt(－1);
eps＝1.0e－200;
%任意情况转换成基本情况
%变换矩阵 1
A1＝[1 0 0 0; 0 1 0 0; 0 0 1 0; －x1 －y1 －z1 1];
B1＝[cos(phi1) －sin(phi1) 0 0; sin(phi1) cos(phi1) 0 0; 0 0 1 0; 0 0 0 1];
C1＝[cos(theta1) 0 sin(theta1) 0; 0 1 0 0; －sin(theta1) 0 cos(theta1) 0; 0 0 0 1];
%变换矩阵 2
A2＝[1 0 0 0; 0 1 0 0; 0 0 1 0; －x2 －y2 －z2 1];
B2＝[cos(phi2) －sin(phi2) 0 0; sin(phi2) cos(phi2) 0 0; 0 0 1 0; 0 0 0 1];
C2＝[cos(theta2) 0 sin(theta2) 0; 0 1 0 0; －sin(theta2) 0 cos(theta2) 0; 0 0 0 1];
%源点坐标
x0＝0; y0＝0; z0＝0;
P0＝[x2 y2 z2 1] * A1 * B1 * C1;
x0＝P0(1,1); y0＝P0(1,2); z0＝P0(1,3);
%振子 2 上 s 点坐标
xs＝0; ys＝0; zs＝0;
Ts＝inv(C2) * inv(B2) * inv(A2) * A1 * B1 * C1;
xs＝s * Ts(3,1)＋Ts(4,1);
ys＝s * Ts(3,2)＋Ts(4,2);
zs＝s * Ts(3,3)＋Ts(4,3);
theta＝acos((zs－z0)./(s+eps));
phi＝atan((ys－y0)/(xs－x0+eps));
%＝＝＝＝＝＝＝＝＝＝＝＝＝＝＝＝＝＝＝＝＝＝＝＝＝＝＝＝＝＝＝＝＝＝＝＝＝＝＝＝
%基本情况的处理
rho＝sqrt(xs.^2+ys.^2);
r1＝sqrt(rho.^2+(zs+c1).^2);
r＝sqrt(rho.^2+zs.^2);
r2＝sqrt(rho.^2+(zs－c2).^2);
y＝sin(k * (d1+s))/sin(k * d1). * ((exp(－j * k * r1)/sin(k * c1). * (zs+c1)./r1...
```

```matlab
      −exp(−j * k * r) * sin(k * (c1+c2))/(sin(k * c1) * sin(k * c2)). * zs. /r...
      +exp(−j * k * r2)/sin(k * c2). * (zs−c2). /r2). /rho...
      . * (xs. /rho. * sin(theta). * cos(phi)+ys. /rho. * sin(theta). * sin(phi))...
      −(exp(−j * k * r1). /(r1 * sin(k * c1)))...
      −exp(−j * k * r) * sin(k * (c1+c2)). /(r * sin(k * c1) * sin(k * c2))...
      +exp(−j * k * r2). /(r2 * sin(k * c2))). * cos(theta));


function y=fun02(s)
global k c1 c2 d1 d2 x1 y1 z1 theta1 phi1 x2 y2 z2 theta2 phi2;
j=sqrt(−1);
eps=1. 0e−200;
%任意情况转换成基本情况
%变换矩阵 1
A1=[1 0 0 0; 0 1 0 0; 0 0 1 0; −x1 −y1 −z1 1];
B1=[cos(phi1) −sin(phi1) 0 0; sin(phi1) cos(phi1) 0 0; 0 0 1 0; 0 0 0 1];
C1=[cos(theta1) 0 sin(theta1) 0; 0 1 0 0; −sin(theta1) 0 cos(theta1) 0; 0 0 0 1];
%变换矩阵 2
A2=[1 0 0 0; 0 1 0 0; 0 0 1 0; −x2 −y2 −z2 1];
B2=[cos(phi2) −sin(phi2) 0 0; sin(phi2) cos(phi2) 0 0; 0 0 1 0; 0 0 0 1];
C2=[cos(theta2) 0 sin(theta2) 0; 0 1 0 0; −sin(theta2) 0 cos(theta2) 0; 0 0 0 1];
%源点坐标
x0=0; y0=0; z0=0;
P0=[x2 y2 z2 1] * A1 * B1 * C1;
x0=P0(1,1); y0=P0(1,2); z0=P0(1,3);
%振子 2 上 s 点坐标
xs=0; ys=0; zs=0;
Ts=inv(C2) * inv(B2) * inv(A2) * A1 * B1 * C1;
xs=s * Ts(3,1)+Ts(4,1);
ys=s * Ts(3,2)+Ts(4,2);
zs=s * Ts(3,3)+Ts(4,3);
theta=acos((zs−z0). /(s+eps));
phi=atan((ys−y0)/(xs−x0+eps));
%=============================================
%基本情况的处理
rho=sqrt(xs. ^2+ys. ^2);
r1=sqrt(rho. ^2+(zs+c1). ^2);
r=sqrt(rho. ^2+zs. ^2);
r2=sqrt(rho. ^2+(zs−c2). ^2);
y=sin(k * (d2−s))/sin(k * d2). * ((exp(−j * k * r1)/sin(k * c1). * (zs+c1). /r1...
      −exp(−j * k * r) * sin(k * (c1+c2))/(sin(k * c1) * sin(k * c2)). * zs. /r...
      +exp(−j * k * r2)/sin(k * c2). * (zs−c2). /r2). /rho...
      . * (xs. /rho. * sin(theta). * cos(phi)+ys. /rho. * sin(theta). * sin(phi))...
      −(exp(−j * k * r1). /(r1 * sin(k * c1)))...
```

```
    －exp(－j * k * r) * sin(k * (c1＋c2))./(r * sin(k * c1) * sin(k * c2))...
    ＋exp(－j * k * r2)./(r2 * sin(k * c2)))). * cos(theta));


%长度相等的非共面斜振子的互阻抗，此程序计算表 3 - 1 - 1
%任意情况
clear;
clc;
global k c1 c2 d1 d2 x1 y1 z1 theta1 phi1 x2 y2 z2 theta2 phi2;
j＝sqrt(－1);
k＝2 * pi;
%振子间距离
h＝1.0;
%振子臂长
d＝[0.10:0.05:0.25]; M＝length(d);
psi＝[0:15:90]; N＝length(psi);
Z21＝zeros(M,N);
for m＝1:M
    %振子 1 有关参数
    c1＝d(1,m); c2＝d(1,m);
    x1＝0; y1＝0; z1＝0;
    theta1＝pi/2; phi1＝0;
    %振子 2 有关参数
    d1＝d(1,m); d2＝d(1,m);
    x2＝0; y2＝0; z2＝h;
    theta2＝pi/2;
    for n＝1:N
        phi2＝psi(1,n) * pi/180;
        Z21(m,n)＝－j * 30 * (quad('fun01',－d1,0)＋quad('fun02',0,d2));
    end
end
disp(Z21.')
figure(1)
subplot(2,2,1)
mesh(psi,d,real(Z21));
subplot(2,2,2)
mesh(psi,d,imag(Z21));
subplot(2,2,3)
mesh(psi,d,abs(Z21));
subplot(2,2,4)
mesh(psi,d,angle(Z21) * 180/pi);
function y＝fun01(s)
global k c1 c2 d1 d2 x1 y1 z1 theta1 phi1 x2 y2 z2 theta2 phi2;
j＝sqrt(－1);
```

```
eps=1.0e−200;
%任意情况转换成基本情况
%变换矩阵1
A1=[1 0 0 0; 0 1 0 0; 0 0 1 0; −x1 −y1 −z1 1];
B1=[cos(phi1) −sin(phi1) 0 0; sin(phi1) cos(phi1) 0 0; 0 0 1 0; 0 0 0 1];
C1=[cos(theta1) 0 sin(theta1) 0; 0 1 0 0; −sin(theta1) 0 cos(theta1) 0; 0 0 0 1];
%变换矩阵2
A2=[1 0 0 0; 0 1 0 0; 0 0 1 0; −x2 −y2 −z2 1];
B2=[cos(phi2) −sin(phi2) 0 0; sin(phi2) cos(phi2) 0 0; 0 0 1 0; 0 0 0 1];
C2=[cos(theta2) 0 sin(theta2) 0; 0 1 0 0; −sin(theta2) 0 cos(theta2) 0; 0 0 0 1];
%源点坐标
x0=0; y0=0; z0=0;
P0=[x2 y2 z2 1] * A1 * B1 * C1;
x0=P0(1,1); y0=P0(1,2); z0=P0(1,3);
%振子2上 s 点坐标
xs=0; ys=0; zs=0;
Ts=inv(C2) * inv(B2) * inv(A2) * A1 * B1 * C1;
xs=s * Ts(3,1)+Ts(4,1);
ys=s * Ts(3,2)+Ts(4,2);
zs=s * Ts(3,3)+Ts(4,3);
theta=acos((zs−z0)./(s+eps));
phi=atan((ys−y0)/(xs−x0+eps));
%===========================================
%基本情况的处理
rho=sqrt(xs.^2+ys.^2);
r1=sqrt(rho.^2+(zs+c1).^2);
r=sqrt(rho.^2+zs.^2);
r2=sqrt(rho.^2+(zs−c2).^2);
y=sin(k * (d1+s))/sin(k * d1). * ((exp(−j * k * r1)/sin(k * c1). * (zs+c1)./r1...
    −exp(−j * k * r) * sin(k * (c1+c2))/(sin(k * c1) * sin(k * c2)). * zs./r...
    +exp(−j * k * r2)/sin(k * c2). * (zs−c2)./r2)./rho...
    . * (xs./rho. * sin(theta). * cos(phi)+ys./rho. * sin(theta). * sin(phi))...
    −(exp(−j * k * r1)./(r1 * sin(k * c1))...
    −exp(−j * k * r) * sin(k * (c1+c2))./(r * sin(k * c1) * sin(k * c2))...
    +exp(−j * k * r2)./(r2 * sin(k * c2))). * cos(theta));


function y=fun02(s)
global k c1 c2 d1 d2 x1 y1 z1 theta1 phi1 x2 y2 z2 theta2 phi2;
j=sqrt(−1);
eps=1.0e−200;
%任意情况转换成基本情况
%变换矩阵1
A1=[1 0 0 0; 0 1 0 0; 0 0 1 0; −x1 −y1 −z1 1];
```

```
B1=[cos(phi1) −sin(phi1) 0 0; sin(phi1) cos(phi1) 0 0; 0 0 1 0; 0 0 0 1];
C1=[cos(theta1) 0 sin(theta1) 0; 0 1 0 0; −sin(theta1) 0 cos(theta1) 0; 0 0 0 1];
%变换矩阵 2
A2=[1 0 0 0; 0 1 0 0; 0 0 1 0; −x2 −y2 −z2 1];
B2=[cos(phi2) −sin(phi2) 0 0; sin(phi2) cos(phi2) 0 0; 0 0 1 0; 0 0 0 1];
C2=[cos(theta2) 0 sin(theta2) 0; 0 1 0 0; −sin(theta2) 0 cos(theta2) 0; 0 0 0 1];
%源点坐标
x0=0; y0=0; z0=0;
P0=[x2 y2 z2 1] * A1 * B1 * C1;
x0=P0(1,1); y0=P0(1,2); z0=P0(1,3);
%振子 2 上 s 点坐标
xs=0; ys=0; zs=0;
Ts=inv(C2) * inv(B2) * inv(A2) * A1 * B1 * C1;
xs=s * Ts(3,1)+Ts(4,1);
ys=s * Ts(3,2)+Ts(4,2);
zs=s * Ts(3,3)+Ts(4,3);
theta=acos((zs−z0)./(s+eps));
phi=atan((ys−y0)/(xs−x0+eps));
%===========================================
%基本情况的处理
rho=sqrt(xs.^2+ys.^2);
r1=sqrt(rho.^2+(zs+c1).^2);
r=sqrt(rho.^2+zs.^2);
r2=sqrt(rho.^2+(zs−c2).^2);
y=sin(k * (d2−s))/sin(k * d2). * ((exp(−j * k * r1)/sin(k * c1). * (zs+c1)./r1...
      −exp(−j * k * r) * sin(k * (c1+c2))/(sin(k * c1) * sin(k * c2)). * zs./r...
      +exp(−j * k * r2)/sin(k * c2). * (zs−c2)./r2)./rho...
      . * (xs./rho. * sin(theta). * cos(phi)+ys./rho. * sin(theta). * sin(phi))...
      −(exp(−j * k * r1)./(r1 * sin(k * c1)))...
      −exp(−j * k * r) * sin(k * (c1+c2))./(r * sin(k * c1) * sin(k * c2))...
      +exp(−j * k * r2)./(r2 * sin(k * c2)). * cos(theta));


%臂长相等角模的自阻抗，此程序计算表 3-1-2
clear;
clc;
global k;
global c2_a theta_a phi_a c1_b theta_b phi_b x_ab y_ab z_ab;
global c2_c theta_c phi_c c1_d theta_d phi_d x_cd y_cd z_cd;
j=sqrt(−1);
k=2 * pi;
theta=[45:45:180]; len=length(theta); Z11=zeros(1,len);
for num=1:len
    %角模 1 有关参数
```

```
        c2_a＝0.25；theta_a＝(180－theta(1,num)) * pi/180；phi_a＝pi/2；
        c1_b＝0.25；theta_b＝0；phi_b＝0；
        x_ab＝0；y_ab＝0；z_ab＝0；
        %角模2有关参数
        c2_c＝0.25；theta_c＝(180－theta(1,num)) * pi/180；phi_c＝pi/2；
        c1_d＝0.25；theta_d＝0；phi_d＝0；
        x_cd＝0；y_cd＝2.5e－5；z_cd＝0；
        %＝＝＝＝＝＝＝＝＝＝＝＝＝＝＝＝＝＝＝＝＝＝＝＝＝＝＝＝＝
        Zca＝－j * 30 * quad('fun01',0,c2_c)；
        Zcb＝－j * 30 * quad('fun02',0,c2_c)；
        Zda＝－j * 30 * quad('fun03',－c1_d,0)；
        Zdb＝－j * 30 * quad('fun04',－c1_d,0)；
        Z11(1,num)＝Zca＋Zcb＋Zda＋Zdb；
    end
    disp(Z11)


function y＝fun01(s)
global k；
global c2_a theta_a phi_a c1_b theta_b phi_b x_ab y_ab z_ab；
global c2_c theta_c phi_c c1_d theta_d phi_d x_cd y_cd z_cd；
j＝sqrt(－1)；
eps＝1.0e－200；
%任意情况转换成基本情况
%变换矩阵1
A1＝[1 0 0 0；0 1 0 0；0 0 1 0；－x_ab －y_ab －z_ab 1]；
B1＝[cos(phi_a) －sin(phi_a) 0 0；sin(phi_a) cos(phi_a) 0 0；0 0 1 0；0 0 0 1]；
C1＝[cos(theta_a) 0 sin(theta_a) 0；0 1 0 0；－sin(theta_a) 0 cos(theta_a) 0；0 0 0 1]；
%变换矩阵2
A2＝[1 0 0 0；0 1 0 0；0 0 1 0；－x_cd －y_cd －z_cd 1]；
B2＝[cos(phi_c) －sin(phi_c) 0 0；sin(phi_c) cos(phi_c) 0 0；0 0 1 0；0 0 0 1]；
C2＝[cos(theta_c) 0 sin(theta_c) 0；0 1 0 0；－sin(theta_c) 0 cos(theta_c) 0；0 0 0 1]；
%源点坐标
x0＝0；y0＝0；z0＝0；
P0＝[x_cd y_cd z_cd 1] * A1 * B1 * C1；
x0＝P0(1,1)；y0＝P0(1,2)；z0＝P0(1,3)；
%振子2上s点坐标
xs＝0；ys＝0；zs＝0；
Ts＝inv(C2) * inv(B2) * inv(A2) * A1 * B1 * C1；
xs＝s * Ts(3,1)＋Ts(4,1)；
ys＝s * Ts(3,2)＋Ts(4,2)；
zs＝s * Ts(3,3)＋Ts(4,3)；
theta＝acos((zs－z0)./(s＋eps))；
phi＝atan((ys－y0)/(xs－x0＋eps))；
```

```
%==============================================
%基本情况的处理
%c1 equal to zero
%c2 not equal to zero
rho=sqrt(xs.^2+ys.^2);
r=sqrt(rho.^2+zs.^2);
r2=sqrt(rho.^2+(zs-c2_a).^2);
y=sin(k*(c2_c-s))/sin(k*c2_c).*((exp(-j*k*r2)/sin(k*c2_a).*((zs-c2_a)./r2)...
        -exp(-j*k*r)*cos(k*c2_a)/sin(k*c2_a).*(zs./r)...
        -(j*(zs./r).^2-((rho./r).^2)./(k*r)).*exp(-j*k*r))...
        .*(xs./rho.*sin(theta).*cos(phi)+ys./rho.*sin(theta).*sin(phi))...
        +(cos(k*c2_a)/sin(k*c2_a)*exp(-j*k*r)./r...
        -1/sin(k*c2_a)*exp(-j*k*r2)./r2...
        +(1+j*k*r)./(k*r.^3).*zs.*exp(-j*k*r)).*cos(theta));


function y=fun02(s)
global k;
global c2_a theta_a phi_a c1_b theta_b phi_b x_ab y_ab z_ab;
global c2_c theta_c phi_c c1_d theta_d phi_d x_cd y_cd z_cd;
j=sqrt(-1);
eps=1.0e-200;
%任意情况转换成基本情况
%变换矩阵 1
A1=[1 0 0 0; 0 1 0 0; 0 0 1 0; -x_ab -y_ab -z_ab 1];
B1=[cos(phi_b) -sin(phi_b) 0 0; sin(phi_b) cos(phi_b) 0 0; 0 0 1 0; 0 0 0 1];
C1=[cos(theta_b) 0 sin(theta_b) 0; 0 1 0 0; -sin(theta_b) 0 cos(theta_b) 0; 0 0 0 1];
%变换矩阵 2
A2=[1 0 0 0; 0 1 0 0; 0 0 1 0; -x_cd -y_cd -z_cd 1];
B2=[cos(phi_c) -sin(phi_c) 0 0; sin(phi_c) cos(phi_c) 0 0; 0 0 1 0; 0 0 0 1];
C2=[cos(theta_c) 0 sin(theta_c) 0; 0 1 0 0; -sin(theta_c) 0 cos(theta_c) 0; 0 0 0 1];
%源点坐标
x0=0; y0=0; z0=0;
P0=[x_cd y_cd z_cd 1]*A1*B1*C1;
x0=P0(1,1); y0=P0(1,2); z0=P0(1,3);
%振子 2 上 s 点坐标
xs=0; ys=0; zs=0;
Ts=inv(C2)*inv(B2)*inv(A2)*A1*B1*C1;
xs=s*Ts(3,1)+Ts(4,1);
ys=s*Ts(3,2)+Ts(4,2);
zs=s*Ts(3,3)+Ts(4,3);
theta=acos((zs-z0)./(s+eps));
phi=atan((ys-y0)/(xs-x0+eps));
%==============================================
```

```
%基本情况的处理
%c1 not equal to zero
%c2 equal to zero
rho=sqrt(xs.^2+ys.^2);
r1=sqrt(rho.^2+(zs+c1_b).^2);
r=sqrt(rho.^2+zs.^2);
y=sin(k*(c2_c-s))/sin(k*c2_c).*((-cos(k*c1_b)/sin(k*c1_b)*(zs./r).*exp(-j*k*r)...
    +exp(-j*k*r1)/sin(k*c1_b).*((zs+c1_b)./r)...
    +(j*(zs./r).^2-((rho./r).^2)./(k*r)).*exp(-j*k*r))...
    .*(xs./rho.*sin(theta).*cos(phi)+ys./rho.*sin(theta).*sin(phi))...
    +(-1/sin(k*c1_b)*exp(-j*k*r1)./r1...
    +cos(k*c1_b)/sin(k*c1_b)*exp(-j*k*r)./r...
    -(1+j*k*r)./(k*r.^3).*zs.*exp(-j*k*r)).*cos(theta));


function y=fun03(s)
global k;
global c2_a theta_a phi_a c1_b theta_b phi_b x_ab y_ab z_ab;
global c2_c theta_c phi_c c1_d theta_d phi_d x_cd y_cd z_cd;
j=sqrt(-1);
eps=1.0e-200;
%任意情况转换成基本情况
%变换矩阵1
A1=[1 0 0 0; 0 1 0 0; 0 0 1 0; -x_ab -y_ab -z_ab 1];
B1=[cos(phi_a) -sin(phi_a) 0 0; sin(phi_a) cos(phi_a) 0 0; 0 0 1 0; 0 0 0 1];
C1=[cos(theta_a) 0 sin(theta_a) 0; 0 1 0 0; -sin(theta_a) 0 cos(theta_a) 0; 0 0 0 1];
%变换矩阵2
A2=[1 0 0 0; 0 1 0 0; 0 0 1 0; -x_cd -y_cd -z_cd 1];
B2=[cos(phi_d) -sin(phi_d) 0 0; sin(phi_d) cos(phi_d) 0 0; 0 0 1 0; 0 0 0 1];
C2=[cos(theta_d) 0 sin(theta_d) 0; 0 1 0 0; -sin(theta_d) 0 cos(theta_d) 0; 0 0 0 1];
%源点坐标
x0=0; y0=0; z0=0;
P0=[x_cd y_cd z_cd 1]*A1*B1*C1;
x0=P0(1,1); y0=P0(1,2); z0=P0(1,3);
%振子2上s点坐标
xs=0; ys=0; zs=0;
Ts=inv(C2)*inv(B2)*inv(A2)*A1*B1*C1;
xs=s*Ts(3,1)+Ts(4,1);
ys=s*Ts(3,2)+Ts(4,2);
zs=s*Ts(3,3)+Ts(4,3);
theta=acos((zs-z0)./(s+eps));
phi=atan((ys-y0)/(xs-x0+eps));
%=========================================
%基本情况的处理
```

```
%c1 equal to zero
%c2 not equal to zero
rho＝sqrt(xs.^2＋ys.^2);
r＝sqrt(rho.^2＋zs.^2);
r2＝sqrt(rho.^2＋(zs−c2_a).^2);
y＝sin(k * (c1_d＋s))/sin(k * c1_d). * ((exp(−j * k * r2)/sin(k * c2_a). * ((zs−c2_a)./r2)...
        −exp(−j * k * r) * cos(k * c2_a)/sin(k * c2_a). * (zs./r)...
        −(j * (zs./r).^2−((rho./r).^2)./(k * r)). * exp(−j * k * r))...
        . * (xs./rho. * sin(theta). * cos(phi)＋ys./rho. * sin(theta). * sin(phi))...
        ＋(cos(k * c2_a)/sin(k * c2_a) * exp(−j * k * r)./r...
        −1/sin(k * c2_a) * exp(−j * k * r2)./r2...
        ＋(1＋j * k * r)./(k * r.^3). * zs. * exp(−j * k * r)). * cos(theta));


function y＝fun04(s)
global k;
global c2_a theta_a phi_a c1_b theta_b phi_b x_ab y_ab z_ab;
global c2_c theta_c phi_c c1_d theta_d phi_d x_cd y_cd z_cd;
j＝sqrt(−1);
eps＝1.0e−200;
%任意情况转换成基本情况
%变换矩阵 1
A1＝[1 0 0 0; 0 1 0 0; 0 0 1 0; −x_ab −y_ab −z_ab 1];
B1＝[cos(phi_b) −sin(phi_b) 0 0; sin(phi_b) cos(phi_b) 0 0; 0 0 1 0; 0 0 0 1];
C1＝[cos(theta_b) 0 sin(theta_b) 0; 0 1 0 0; −sin(theta_b) 0 cos(theta_b) 0; 0 0 0 1];
%变换矩阵 2
A2＝[1 0 0 0; 0 1 0 0; 0 0 1 0; −x_cd −y_cd −z_cd 1];
B2＝[cos(phi_d) −sin(phi_d) 0 0; sin(phi_d) cos(phi_d) 0 0; 0 0 1 0; 0 0 0 1];
C2＝[cos(theta_d) 0 sin(theta_d) 0; 0 1 0 0; −sin(theta_d) 0 cos(theta_d) 0; 0 0 0 1];
%源点坐标
x0＝0; y0＝0; z0＝0;
P0＝[x_cd y_cd z_cd 1] * A1 * B1 * C1;
x0＝P0(1,1); y0＝P0(1,2); z0＝P0(1,3);
%振子 2 上 s 点坐标
xs＝0; ys＝0; zs＝0;
Ts＝inv(C2) * inv(B2) * inv(A2) * A1 * B1 * C1;
xs＝s * Ts(3,1)＋Ts(4,1);
ys＝s * Ts(3,2)＋Ts(4,2);
zs＝s * Ts(3,3)＋Ts(4,3);
theta＝acos((zs−z0)./(s＋eps));
phi＝atan((ys−y0)/(xs−x0＋eps));
%==========================================
%基本情况的处理
%c1 not equal to zero
```

```
%c2 equal to zero
rho＝sqrt(xs.^2＋ys.^2);
r1＝sqrt(rho.^2+(zs＋c1_b).^2);
r＝sqrt(rho.^2+zs.^2);
y＝sin(k*(c1_d＋s))/sin(k*c1_d).*((−cos(k*c1_b)/sin(k*c1_b)*(zs./r).*exp(−j*k*r)...
    ＋exp(−j*k*r1)/sin(k*c1_b).*((zs＋c1_b)./r)...
    ＋(j*(zs./r).^2−((rho./r).^2)./(k*r)).*exp(−j*k*r))...
    .*(xs./rho.*sin(theta).*cos(phi)＋ys./rho.*sin(theta).*sin(phi))...
    ＋(−1/sin(k*c1_b)*exp(−j*k*r1)./r1...
    ＋cos(k*c1_b)/sin(k*c1_b)*exp(−j*k*r)./r...
    −(1＋j*k*r)./(k*r.^3).*zs.*exp(−j*k*r)).*cos(theta));
```

%任意布置臂长相等角模的互阻抗，此程序计算表 3 - 1 - 3

```
clear;
clc;
global k;
global c2_a theta_a phi_a c1_b theta_b phi_b x_ab y_ab z_ab;
global c2_c theta_c phi_c c1_d theta_d phi_d x_cd y_cd z_cd;
j＝sqrt(−1);
k＝2*pi;
%角模 1 有关参数
c2_a＝0.25; theta_a＝pi/4; phi_a＝pi/2;
c1_b＝0.25; theta_b＝0; phi_b＝0;
x_ab＝0; y_ab＝0; z_ab＝0;
%角模 2 有关参数 a
c2_c＝0.25; theta_c＝pi/4; phi_c＝pi/2;
c1_d＝0.25; theta_d＝0; phi_d＝0;
x_cd＝0; y_cd＝0.25; z_cd＝0;
%角模 2 有关参数 b
%c2_c＝0.25; theta_c＝pi/4; phi_c＝3/2*pi;
%c1_d＝0.25; theta_d＝0; phi_d＝0;
%x_cd＝0; y_cd＝1.0; z_cd＝0;
%角模 2 有关参数 c
%c2_c＝0.25; theta_c＝0; phi_c＝0;
%c1_d＝0.25; theta_d＝pi/4; phi_d＝3/2*pi;
%x_cd＝0; y_cd＝1.0; z_cd＝0;
%＝＝＝＝＝＝＝＝＝＝＝＝＝＝＝＝＝＝＝＝＝＝＝＝＝＝＝＝＝＝＝
Zca＝−j*30*quad('fun01',0,c2_c);
Zcb＝−j*30*quad('fun02',0,c2_c);
Zda＝−j*30*quad('fun03',−c1_d,0);
Zdb＝−j*30*quad('fun04',−c1_d,0);
Z21＝Zca＋Zcb＋Zda＋Zdb;
disp(Z21)
```

3.2　矩　量　法

对于细线天线，其电流分布可假设为正弦分布，但对于有限直径（一般直径大于 0.05λ）的线天线，正弦电流分布的假设就不精确了。为了求出天线的电流分布，一般需要导出电流满足的积分方程，并求解积分方程。求解积分方程的一种重要的数值计算方法是矩量法（Method of Moment，MoM），电磁学中的矩量法是由 R. F. Harrington 于 1968 年系统提出。

3.2.1　积分方程

求解天线电流分布最常用的两个积分方程是坡克林顿（Pocklington）积分方程和海伦（Hallen）积分方程，海伦方程把激励源限制为 δ 函数，简化了求解计算，然而也给计算输入阻抗的虚部的精度带来了不利影响，而坡克林顿方程更具普遍性。

1. 坡克林顿积分方程

假设长度为 L 的天线导线半径 a 远小于波长，参考图 3-2-1，在此条件下，天线表面电流仅有轴向分量即 z 分量 J_z，且圆周对称，可以用位于轴线上的电流 $I(z)=2\pi a J_z$ 来代替圆柱表面的电流。洛伦兹条件变成

$$\nabla \cdot \boldsymbol{A} = \frac{\partial A_z}{\partial z} = -\mathrm{j}\omega\mu_0\varepsilon_0\phi$$

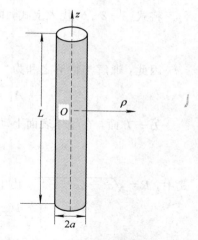

由方程 $E_z=-\mathrm{j}\omega A_z-\dfrac{\partial \phi}{\partial z}$，可得

$$E_z = \frac{1}{\mathrm{j}\omega\mu_0\varepsilon_0}\left(\frac{\partial^2 A_z}{\partial z^2} + k^2 A_z\right) \qquad (3-2-1)$$

式中，$k^2=\omega^2\mu_0\varepsilon_0$。将 $I(z)$ 的辐射场记为 E_z^s，而 $I(z)$ 是由外加的入射场 E_z^i 激励的，空间的总场为 $E_z^i +$

图 3-2-1　天线坐标示意图

E_z^s。根据理想导体表面总切向电场为零的边界条件有 $(E_z^i + E_z^s)_{\text{导体表面}}=0$。当源 $I(z)$ 位于轴线而场点在天线表面时，源点和场点之间的距离 $R=\sqrt{a^2+(z-z')^2}$，对应的矢位

$$A_z(z)_{\text{导体表面}} = \frac{\mu_0}{4\pi}\int_{-\frac{L}{2}}^{\frac{L}{2}} \frac{I(z')\exp[-\mathrm{j}kR]}{R}\,\mathrm{d}z' \qquad (3-2-2)$$

代入式(3-2-1)，可得

$$E_z^i(z)_{\text{导体表面}} = -E_z^s(z)_{\text{导体表面}}$$

$$= -\frac{1}{\mathrm{j}\omega\varepsilon_0}\int_{-\frac{L}{2}}^{\frac{L}{2}} I(z')\left[\frac{\partial^2 G(z,z')}{\partial z^2} + k^2 G(z,z')\right]\mathrm{d}z' \qquad (3-2-3)$$

其中

$$G(z,z') = \frac{I(z')\exp[-\mathrm{j}kR]}{4\pi R} \qquad (3-2-4)$$

上式称为细直线的坡克林顿积分方程，是坡克林顿于 1897 年导出的。

2. 海伦积分方程

假设天线被一个极薄的片电压激励，即设 $E_z^i = V\delta(z)$。由方程(3-2-1)，对于细直线天线，偏微分可以用全微分代替，在导体表面有

$$\frac{\mathrm{d}^2 A_z}{\mathrm{d}z^2} + k^2 A_z = -\mathrm{j}\omega\mu_0\varepsilon_0 E_{z\text{导体表面}}^i = -\mathrm{j}\omega\mu_0\varepsilon_0 V\delta(z) \tag{3-2-5}$$

该方程的右端是已知的，因此可以先求出 A_z。方程的解应为齐次方程的通解加非齐次方程的特解。对于对称振子，齐次方程的通解是 $A_z(z) = B\cos(kz)$，由于对称性，不考虑正弦项。非齐次方程的特解可写成

$$A_z = \begin{cases} A_1\exp(-\mathrm{j}kz) & z \geqslant 0 \\ A_2\exp(\mathrm{j}kz) & z \leqslant 0 \end{cases} \tag{3-2-6}$$

式中，A_1、A_2 为待求常数。因为 A_z 在 $z=0$ 处连续，故有 $A_1 = A_2$。在 $z=0$ 的 Δ 邻域内对方程(3-2-5)两边积分并让 Δ 趋于零，可得

$$\frac{\mathrm{d}A_z}{\mathrm{d}z}\bigg|_{-\Delta}^{\Delta} = -\mathrm{j}\omega\mu_0\varepsilon_0 V \tag{3-2-7}$$

将式(3-2-6)代入上式，即可求出常数

$$A_1 = A_2 = \frac{1}{2}\sqrt{\mu_0\varepsilon_0}V$$

因此，通解与特解之和为

$$A_z = \frac{1}{2}\sqrt{\mu_0\varepsilon_0}V\mathrm{e}^{-\mathrm{j}k|z|} + B\cos(kz) \tag{3-2-8}$$

另一方面，在导体表面上动态矢位的计算公式是

$$A_z = \frac{\mu_0}{4\pi}\int_{-\frac{L}{2}}^{\frac{L}{2}}\frac{I(z')\mathrm{e}^{-\mathrm{j}kR}}{R}\,\mathrm{d}z' \tag{3-2-9}$$

式中，$R = \sqrt{a^2 + (z-z')^2}$。由上两式相等即得天线电流 $I(z)$ 的积分方程

$$\int_{-\frac{L}{2}}^{\frac{L}{2}}\frac{I(z')\mathrm{e}^{-\mathrm{j}kR}}{4\pi R}\,\mathrm{d}z' = \frac{V}{2\eta_0}\mathrm{e}^{-\mathrm{j}k|z|} + C\cos(kz) \tag{3-2-10}$$

式中，$\eta_0 = \sqrt{\mu_0/\varepsilon_0}$，$C$ 为待定常数，由导线端点电流为零的边界条件确定。方程(3-2-10)称为海伦积分方程，是海伦在 1938 年提出的。将右边第一项写成正弦项和余弦项之和，并将余弦项与第二项合并，得海伦方程的另一种形式

$$\int_{-\frac{L}{2}}^{\frac{L}{2}}\frac{I(z')\mathrm{e}^{-\mathrm{j}kR}}{4\pi R}\,\mathrm{d}z' = -\mathrm{j}\frac{V}{2\eta_0}\sin(k|z|) + D\cos(kz) \tag{3-2-11}$$

3. 反应积分方程

1) 反应(Reaction)与互易定理(Reciprocity Theorem)

考察简单媒质中两组(频率相同电磁流)源(产生)场 ($\boldsymbol{J}^a$, $\boldsymbol{M}^a$, $\boldsymbol{E}^a$, $\boldsymbol{H}^a$) 与 ($\boldsymbol{J}^b$, $\boldsymbol{M}^b$, $\boldsymbol{E}^b$, $\boldsymbol{H}^b$) 间相互作用，引入(Rumsey, 1954)源 a 对场 b 的电磁反应

$$\langle a, b\rangle = \int_V (\boldsymbol{J}^a\cdot\boldsymbol{E}^b - \boldsymbol{M}^a\cdot\boldsymbol{H}^b)\,\mathrm{d}\tau \tag{3-2-12}$$

源 b 对场 a 的电磁反应

$$\langle b, a\rangle = \int_V (\boldsymbol{J}^b\cdot\boldsymbol{E}^a - \boldsymbol{M}^b\cdot\boldsymbol{H}^a)\,\mathrm{d}\tau \tag{3-2-13}$$

据此，互易定理为

$$\langle a,\ b\rangle = \langle b,\ a\rangle \tag{3-2-14}$$

事实上，时谐电磁场麦克斯韦旋度方程为

$$\nabla \times \boldsymbol{H} = \sigma \boldsymbol{E} + \mathrm{j}\omega\varepsilon\boldsymbol{E} + \boldsymbol{J}^i = y\boldsymbol{E} + \boldsymbol{J}^i \tag{3-2-15}$$

$$-\nabla \times \boldsymbol{E} = \mathrm{j}\omega\mu\boldsymbol{H} + \boldsymbol{M}^i = z\boldsymbol{H} + \boldsymbol{M}^i \tag{3-2-16}$$

式中，$y\boldsymbol{E}$ 与 $z\boldsymbol{H}$ 为感应电磁流，$\boldsymbol{J}^i$ 与 $\boldsymbol{M}^i$ 为外加电磁流（场源）。

故

$$\nabla \times \boldsymbol{H}^a = y\boldsymbol{E}^a + \boldsymbol{J}^a \tag{3-2-17}$$

$$-\nabla \times \boldsymbol{E}^a = z\boldsymbol{H}^a + \boldsymbol{M}^a \tag{3-2-18}$$

$$\nabla \times \boldsymbol{H}^b = y\boldsymbol{E}^b + \boldsymbol{J}^b \tag{3-2-19}$$

$$-\nabla \times \boldsymbol{E}^b = z\boldsymbol{H}^b + \boldsymbol{M}^b \tag{3-2-20}$$

$\boldsymbol{E}^b$ 乘以式（3-2-17）加 $\boldsymbol{H}^a$ 乘以式（3-2-20），并应用矢量恒等式：

$$\nabla \cdot (\boldsymbol{A} \times \boldsymbol{B}) = \boldsymbol{B} \cdot \nabla \times \boldsymbol{A} - \boldsymbol{A} \cdot \nabla \times \boldsymbol{B}$$

得

$$-\nabla \cdot (\boldsymbol{E}^b \times \boldsymbol{H}^a) = y\boldsymbol{E}^b \cdot \boldsymbol{E}^a + \boldsymbol{E}^b \cdot \boldsymbol{J}^a + z\boldsymbol{H}^a \cdot \boldsymbol{H}^b + \boldsymbol{H}^a \cdot \boldsymbol{M}^b \tag{3-2-21}$$

对式（3-2-21）进行 $a \leftrightarrow b$，得

$$-\nabla \cdot (\boldsymbol{E}^a \times \boldsymbol{H}^b) = y\boldsymbol{E}^a \cdot \boldsymbol{E}^b + \boldsymbol{E}^a \cdot \boldsymbol{J}^b + z\boldsymbol{H}^b \cdot \boldsymbol{H}^a + \boldsymbol{H}^b \cdot \boldsymbol{M}^a \tag{3-2-22}$$

式（3-2-21）减去式（3-2-22），并取积分，应用高斯散度定理，得

$$\langle a,\ b\rangle - \langle b,\ a\rangle = \oint_S (\boldsymbol{E}^a \times \boldsymbol{H}^b - \boldsymbol{E}^b \times \boldsymbol{H}^a) \cdot \mathrm{d}s \tag{3-2-23}$$

对于理想导体边界，$\hat{\boldsymbol{n}} \times \boldsymbol{E} = 0$，应用矢量恒等式 $(\boldsymbol{A} \times \boldsymbol{B}) \cdot \boldsymbol{C} = \boldsymbol{B} \cdot (\boldsymbol{C} \times \boldsymbol{A})$，对于开（无限）域，应用的索末菲（Sommfeld）辐射条件

$$\lim_{r \to \infty} r\left(\nabla \times \frac{\boldsymbol{E}}{\boldsymbol{H}} + \mathrm{j}k\hat{\boldsymbol{r}} \times \frac{\boldsymbol{E}}{\boldsymbol{H}} \right) = 0 \tag{3-2-24}$$

均有式（3-2-23）右边面积分为零，从而式（3-2-14）成立。

2）反应积分方程（任意情形）

考察如图 3-2-2 所示场源（$\boldsymbol{J}^i,\ \boldsymbol{M}^i$）照射（简单媒质背景中）目标（边界面 S）产生散射场（$\boldsymbol{E}^s,\ \boldsymbol{H}^s$）的计算问题。依据等效原理第一种表述形式，待求问题等效为仅在 S 面有等效源（$\boldsymbol{J}_s,\ \boldsymbol{M}_s$）的规则问题。

由互易定理

$$\int_V (\boldsymbol{J}^a \cdot \boldsymbol{E}^b - \boldsymbol{M}^a \cdot \boldsymbol{H}^b)\, \mathrm{d}\tau = \int_V (\boldsymbol{J}^b \cdot \boldsymbol{E}^a - \boldsymbol{M}^b \cdot \boldsymbol{H}^a)\, \mathrm{d}\tau \tag{3-2-25}$$

令 $\boldsymbol{E}^a \to \boldsymbol{E}^s$，$\boldsymbol{J}^b \to \boldsymbol{J}_m$，$\boldsymbol{H}^a \to \boldsymbol{H}^s$，$\boldsymbol{M}^b \to \boldsymbol{M}_m$，$\boldsymbol{E}^b \to \boldsymbol{E}^m$，$\boldsymbol{J}^a \to \boldsymbol{J}_s$，$\boldsymbol{H}^b \to \boldsymbol{H}^m$，$\boldsymbol{M}^a \to \boldsymbol{M}_s$，得

$$\oint_S (\boldsymbol{J}_s \cdot \boldsymbol{E}^m - \boldsymbol{M}_s \cdot \boldsymbol{H}^m)\, \mathrm{d}s = \int_{V_m} (\boldsymbol{J}_m \cdot \boldsymbol{E}^s - \boldsymbol{M}_m \cdot \boldsymbol{H}^s)\, \mathrm{d}\tau \tag{3-2-26}$$

式中，（$\boldsymbol{J}_m,\ \boldsymbol{M}_m,\ \boldsymbol{E}^m,\ \boldsymbol{H}^m$）为检验源（产生）场。

若（$\boldsymbol{J}_m,\ \boldsymbol{M}_m$）$\in V$，考虑到（$\boldsymbol{E} = \boldsymbol{E}^i + \boldsymbol{E}^s = 0$，$\boldsymbol{H} = \boldsymbol{H}^i + \boldsymbol{H}^s = 0$）$\in V$，由式（3-2-26），可得

$$\oint_S (\boldsymbol{J}_s \cdot \boldsymbol{E}^m - \boldsymbol{M}_s \cdot \boldsymbol{H}^m)\, \mathrm{d}s = -\int_{V_m} (\boldsymbol{J}_m \cdot \boldsymbol{E}^i - \boldsymbol{M}_m \cdot \boldsymbol{H}^i)\, \mathrm{d}\tau \tag{3-2-27}$$

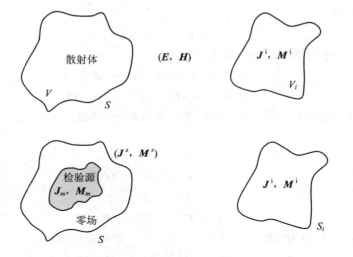

图 3 - 2 - 2 反应积分方程的推导

互易定理应用于式(3 - 2 - 27)右边,获得反应积分方程

$$\oint_S (\boldsymbol{J}_s \cdot \boldsymbol{E}^m - \boldsymbol{M}_s \cdot \boldsymbol{H}^m) \, \mathrm{d}s = -\int_{V_i} (\boldsymbol{J}_i \cdot \boldsymbol{E}^m - \boldsymbol{M}_i \cdot \boldsymbol{H}^m) \, \mathrm{d}\tau \qquad (3 - 2 - 28)$$

3) 反应积分方程(细圆柱弯曲导线)

本小节给出描述细圆柱弯曲导线电磁(散)辐射问题的反应积分方程及矩量法解。

事实上,对于细圆柱弯曲导线(长 l,半径 a),因 $a \ll \lambda$,$a \ll l$,可近似认为:

(1) 电流仅沿导线中轴线流动,线电流 $\boldsymbol{I} = \hat{l}l$;

(2) 电荷仅沿导线中轴线分布,线电荷密度为 ρ_l;

(3) 仅需对导线表面 $\boldsymbol{E}_l = \hat{l}E_l$ 实施边界条件 $\hat{\boldsymbol{n}} \times \boldsymbol{E} = 0$,故

$$\boldsymbol{J}_s = \frac{\boldsymbol{I}(l)}{2\pi a} = \hat{l}\frac{I(l)}{2\pi a} \qquad (3 - 2 - 29)$$

若导线 $\sigma < \infty$,则表面切向电场

$$\boldsymbol{E} = Z_s \boldsymbol{J}_s \neq 0 \qquad (3 - 2 - 30)$$

式中,Z_s 为导线表面阻抗率。

此时

$$\boldsymbol{M}_s = \boldsymbol{E} \times \hat{\boldsymbol{n}} = Z_s \boldsymbol{J}_s \times \hat{\boldsymbol{n}} = \boldsymbol{e}_\varphi \frac{Z_s I(l)}{2\pi a} \qquad (3 - 2 - 31)$$

将式(3 - 2 - 29)与式(3 - 2 - 31)代入式(3 - 2 - 28),并考虑到

$$\oint_S \mathrm{d}s = \int_l \mathrm{d}l' \int_0^{2\pi} a \, \mathrm{d}\varphi,$$

可得

$$-\int_l \boldsymbol{I}(l') \cdot (\boldsymbol{E}_l^m - Z_s \hat{\boldsymbol{n}} \times \boldsymbol{H}_\varphi^m) \, \mathrm{d}l' = V_m \qquad (3 - 2 - 32)$$

式中

$$V_m = \int_{V_i} (\boldsymbol{J}_i \cdot \boldsymbol{E}^m - \boldsymbol{M}_i \cdot \boldsymbol{H}^m) \, \mathrm{d}\tau \qquad (3 - 2 - 33)$$

$$\boldsymbol{E}_l^m = \hat{\boldsymbol{l}} \frac{1}{2\pi} \int_0^{2\pi} \hat{\boldsymbol{l}} \cdot \boldsymbol{E}^m \, \mathrm{d}\varphi \tag{3-2-34}$$

$$\boldsymbol{H}_\varphi^m = \boldsymbol{e}_\varphi \frac{1}{2\pi} \int_0^{2\pi} \boldsymbol{e}_\varphi \cdot \boldsymbol{H}^m \, \mathrm{d}\varphi \tag{3-2-35}$$

将待求函数 $\boldsymbol{I}(l)$ 展开为基函数簇 $\{\boldsymbol{F}_n(l),\ n=1,2,3,\cdots,N\}$ 的线性组合

$$\boldsymbol{I}(l) = \sum_{n=1}^N I_n \boldsymbol{F}_n(l) \tag{3-2-36}$$

将式(3-2-36)代入式(3-2-32)，得

$$\sum_{n=1}^N I_n Z_{mn} = V_m \qquad m=1,2,3,\cdots,N \tag{3-2-37}$$

$$Z_{mn} = -\int_l \boldsymbol{F}_n(l') \cdot (\boldsymbol{E}_l^m - Z_s \hat{\boldsymbol{n}} \times \boldsymbol{H}_\varphi^m) \, \mathrm{d}l' \tag{3-2-38}$$

Z_{mn} 实质为基函数对检验函数的电磁反应。

至此，细圆柱弯曲导线电流分布可由式(3-2-33)、式(3-2-38)与式(3-2-37)联合给出。

3.2.2　矩量法实施过程

坡克林顿(Pocklington)积分方程和海伦(Hallen)积分方程以及一般电磁场问题可以用算子方程

$$L(f) = g \tag{3-2-39}$$

表示，其中 L 为线性算子，可以是积分、微分或微积分混合算子，g 是已知的激励源，f 是待求的场量或响应。

矩量法是将连续微积分方程离散化成代数方程组的一种数值方法，具体过程如下：

1. 离散过程

将 f 在 L 的定义域中近似展开为 $f_1, f_2, f_3, \cdots, f_N$ 的组合，即

$$f \approx \sum_{n=1}^N I_n f_n \tag{3-2-40}$$

式中，I_n 为待定系数；f_n 称为基函数。

2. 选配过程

若用式(3-2-40)近似替代 f，则方程(3-2-39)必将出现残差 $R_e = L(f) - g$，令残差 R_e 的加权积分等于零，即

$$\int_\Omega W_m R_e \, \mathrm{d}\Omega = 0 \qquad m=1,2,\cdots,N \tag{3-2-41}$$

其中，$W_1, W_2, W_3, \cdots, W_N$ 为权函数或检验函数；Ω 为被积函数的定义域。上式的含义是在平均意义上令余量为零来逼近而确定 I_n 的。

定义内积运算

$$\langle W_m, R_e \rangle = \int_\Omega W_m R_e \, \mathrm{d}\Omega \tag{3-2-42}$$

式（3-2-41）可写成 $\langle W_m, R_e \rangle = 0$，则有 $\langle W_m, L\sum_{n=1}^{N} I_n f_n - g \rangle = 0$，由算子 L 的线性性质，可得

$$\sum_{n=1}^{N} I_n \langle W_m, Lf_n \rangle = \langle W_m, g \rangle \qquad m = 1, 2, \cdots, N \qquad (3-2-43)$$

这就是选配过程或检验过程。这一结果得到关于 I_n 的 N 个方程，可以写成如下矩阵形式：

$$\begin{bmatrix} \langle W_1, Lf_1 \rangle & \langle W_1, Lf_2 \rangle & \cdots & \langle W_1, Lf_N \rangle \\ \langle W_2, Lf_1 \rangle & \langle W_2, Lf_2 \rangle & \cdots & \langle W_2, Lf_N \rangle \\ \vdots & \vdots & & \vdots \\ \langle W_N, Lf_1 \rangle & \langle W_N, Lf_2 \rangle & \cdots & \langle W_N, Lf_N \rangle \end{bmatrix} \begin{bmatrix} I_1 \\ I_2 \\ \vdots \\ I_N \end{bmatrix} = \begin{bmatrix} \langle W_1, g \rangle \\ \langle W_2, g \rangle \\ \vdots \\ \langle W_N, g \rangle \end{bmatrix} \qquad (3-2-44)$$

或者简写为

$$[Z_{mn}][I_n] = [U_m] \qquad (3-2-45)$$

其中

$$Z_{mn} = \langle W_m, Lf_n \rangle \qquad (3-2-46)$$

如果矩阵 $[Z_{mn}]$ 非奇异，则其逆矩阵存在，I_n 可由下式求出：

$$[I_n] = [Z_{mn}]^{-1}[U_m] \qquad (3-2-47)$$

I_n 求出后，f 的解便由式（3-2-40）近似给出。

矩量法就是利用内积，把算子方程变换成代数方程组，通过矩阵求逆来得到解的方法。应用矩量法求解通常包括下列几个步骤：

（1）选择合适的积分方程；

（2）选择适当的基函数，将待求未知量展开成由基函数构成的级数；

（3）选择检验函数，利用内积把算子方程变换成矩阵方程；

（4）解矩阵方程，求出未知量。

基函数分为全域基和子域基。全域基是指在 f 的整个定义范围内都有定义的函数，通常用各种级数展开，如傅立叶级数、切比雪夫多项式、泰勒级数、勒让德多项式等。子域基指只在 f 的定义域的各剖分单元上才有定义的函数，通常有矩形脉冲函数、三角形函数、分段正弦函数等。

选择不同的检验函数，算子方程的余数将在不同的意义下取零值。关于检验函数的选择常见的有两种：一是选择基函数作为检验函数，这种方法称为伽辽金（Galerking）法；另一种就是选择 δ 函数（狄拉克函数）作为检验函数，这种方法称为点匹配法或点选配法。

本章中关于方程 $[I_n] = [Z_{mn}]^{-1}[U_m]$ 中各项的具体表达式，在后续特定天线的分析和计算中，都明确给出，读者可进一步关注。

3.3　激励源数学模型

在实施矩量法的过程中，给定激励源数学模型，（数值）求解合适方程，则可获得沿线电流分布。然而，激励区不均匀性突出，场分布复杂，故建立源模型颇具挑战性。本节研究矩量法常用的三种激励源数学模型，参见图 3-3-1。

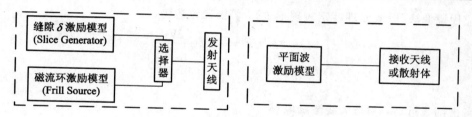

图 3 - 3 - 1　激励源数学模型简介

图 3 - 3 - 2 示出缝隙 δ 激励模型(Slice Generator)，其中 $\boldsymbol{e}_z \cdot \boldsymbol{E}^i(z) = V_A \delta(z)$，仅在天线馈电处有激励电场。此模型结构简单，计算方便，但计算输入阻抗误差较大。

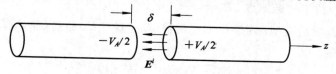

图 3 - 3 - 2　缝隙 δ 激励模型

图 3 - 3 - 3 示出计算输入阻抗较精确的磁流环激励模型(Frill Source)，天线各处均有(馈电处磁流环产生的)激励电场，原型为同轴线外导体展开为接地面，内导体延伸构成的单极天线，磁流环由同轴线内外导体间电场形成，忽略高次模，有

$$\boldsymbol{E} = \boldsymbol{e}_\rho \frac{V_A}{\rho \ln\left(\dfrac{b}{a}\right)} \qquad\qquad (3-3-1)$$

式中，V_A 为同轴线内外导体间电压。

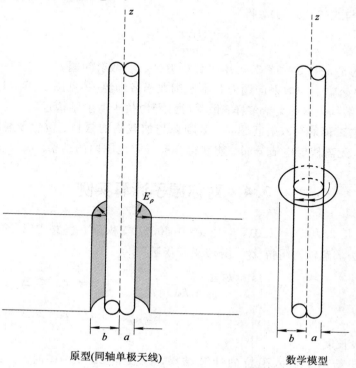

原型(同轴单极天线)　　　　数学模型

图 3 - 3 - 3　磁流环激励模型

应用镜像法(等效原理特定表现形式),等效磁流源为

$$M = 2E \times \hat{n} = -e_{\varphi} \frac{2V_A}{\rho \, \ln\left(\dfrac{b}{a}\right)} \tag{3-3-2}$$

考虑细线近似,易得天线激励电场

$$E_z^i\left(\rho = 0, -\frac{L}{2} \leqslant z \leqslant \frac{L}{2}\right) = -\frac{V_A}{\ln\left(\dfrac{b}{a}\right)}\left(\frac{e^{-jkR_1}}{R_1} - \frac{e^{-jkR_2}}{R_2}\right) \tag{3-3-3}$$

式中,磁流环中心位于坐标原点,$R_1 = \sqrt{z^2 + a^2}$,$R_2 = \sqrt{z^2 + b^2}$。

为给出平面波激励模型,考察平面电磁波($E^i \perp H^i \perp k^i$)照射(简单媒质背景中)理想导体目标的散射问题。设

$$E^i = E_0 \exp(-jk^i \cdot r) \tag{3-3-4}$$

由式(3-2-33)互易形式,得

$$V_m = \int_{l_m} F_m \cdot E^i \, dl$$

$$= \int_{l_m} F_m \cdot E_0 \exp(-jk^i \cdot r) \, dl \tag{3-3-5}$$

考虑细线近似,易得检验(电流)源在远区 $-k^i$ 向产生的电场

$$E_m = -j\omega\mu \frac{e^{-jkr'}}{4\pi r'} \int_{l_m} F_m \exp(-jk^i \cdot r) \, dl \tag{3-3-6}$$

由式(3-3-5)与式(3-3-6),得

$$V_m = \frac{4j\pi r'}{\omega\mu} e^{jkr'} E_0 \cdot E_m \tag{3-3-7}$$

值得注意的是,式(3-3-5)可用于分析近(区)场散射问题。

事实上,电磁辐射与散射问题的基本区别在于激励源(参见图3-3-1),通常辐射(激励)源位于辐射结构近区,类型多样;散射(激励)源位于散射结构远区,可视为平面波。应用矩量法分析电磁辐射与散射问题时,激励源与加载物的数目、位置及种类可任选,计入所有耦合效应,无需假定电流分布,能获得实验误差范围内的结果。

3.4 对称振子计算实例

对称振子(长 $2l$:$0.1 \sim 2.0\lambda$,半径 $a = 0.0005\lambda$),积分方程选式(3-2-38),应用分段正弦基伽辽金法求解输入阻抗 Z_{in}。分段正弦函数

$$S_n(x) = \begin{cases} \dfrac{\sin[k(\Delta - |x - x_n|)]}{\sin(k\Delta)} & |x - x_n| \leqslant \Delta \\ 0 & |x - x_n| > \Delta \end{cases} \tag{3-4-1}$$

式中,Δ 为子段长度。

图3-4-1给出了输入阻抗的计算结果,以及当 $2l = 2.0\lambda$ 时,天线电流分布与方向图。

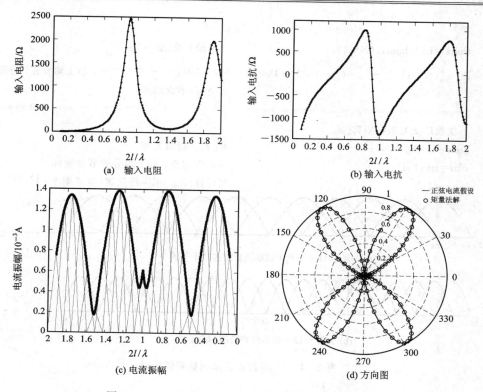

(a) 输入电阻　　　　　　　　　　　(b) 输入电抗

(c) 电流振幅　　　　　　　　　　　(d) 方向图

图 3-4-1　对称振子输入阻抗、电流分布与方向图

Matlab 脚本程序如下：

```
%应用反应积分方程(3-2-38)，采用分段正弦基函数伽辽金法获取对称振子的输入阻抗，沿线
%电流分布与方向图
clear; clc;
global beta a zzm zzn Deltz;
j=sqrt(-1);                      %虚数单位
c=3.0e8;                         %光速 c=3×10⁸ m/s
f=3.0e8;                         %频率 f=3×10⁸ Hz
beta=2*pi*f/c;                   %相位常数 β=2πf/c
a=0.0005;                        %导线半径 a=0.0005λ
L=[0.1:0.01:2.0];                %对称振子电长度 L=2l⇒0.1λ~2.0λ，间隔 0.01λ
len=length(L);                   %待计算的输入阻抗数目
ZA=zeros(1,len);                 %输入阻抗向量初值置零
for num=1:len
    if L(1,num)<=1.0             %如果 L≤1.0λ
        N=11;                    %振子均匀分割为 12 个子段，11 个分段正弦基函数跨越这些
                                 %子段，参见图 3-4-2(a)
    else                         %否则
        N=23;                    %振子均匀分割为 24 个子段，23 个分段正弦基函数跨越这些
                                 %子段，参见图 3-4-2(b)
```

其中公式部分以 LaTeX 表示：

$$\beta = \frac{2\pi f}{c}$$

```
end
Deltz=L(1,num)/(N+1);
zm=[(N-1)/2:-1:-(N-1)/2]*Deltz;
```

%子段长度 $\Delta z = \dfrac{L}{N+1}$

%振子中心位于坐标原点，沿 z 轴放置，分段节点
%坐标(不含端点)

%===
%获取广义互阻抗矩阵$[Z_{mn}]$

```
Zmn=zeros(N,N);
zzm=zm(1,1);
for n=1:N
```

%$[Z_{mn}]$初值置零
%不含端点，最上端分段节点坐标
%计算$[Z_{mn}]$第一行元素(参见图 3-4-3)

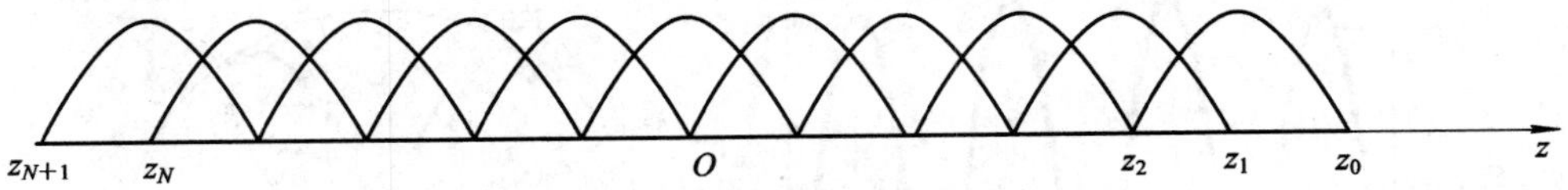

(a) 11个分段正弦基函数跨越12个子段

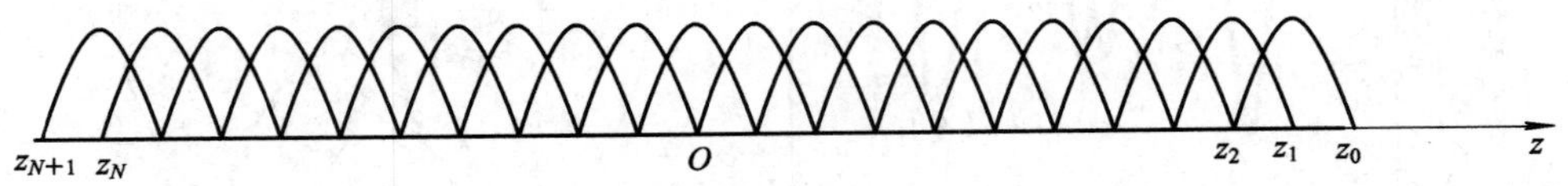

(b) 23个分段正弦基函数跨越24个子段

图 3-4-2　分段正弦基函数跨越子段

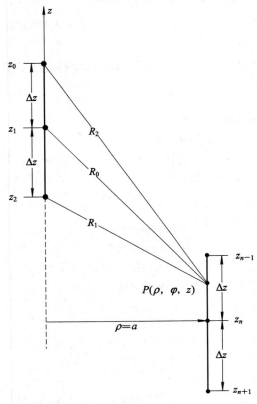

图 3-4-3　第 n 分段正弦基函数(检验函数)对第 1 分段正弦基函数的电磁反应

zzn＝zm(1,n);　　　　　%不含端点，从上到下，各分段节点坐标

$\%\ R_0 = \sqrt{(z-z_1)^2 + a^2}$

$\%\ R_1 = \sqrt{(z-z_2)^2 + a^2} = \sqrt{[z-(z_1-\Delta z)]^2 + a^2}$

$\%\ R_2 = \sqrt{(z-z_0)^2 + a^2} = \sqrt{[z-(z_1+\Delta z)]^2 + a^2}$

$$\%\ Z_{1n} = \frac{j30}{\sin^2(\beta\Delta z)} \left\{ \int_{z_n}^{z_{n-1}} \sin[\beta(z_{n-1}-z)] \left[\frac{e^{-j\beta R_1}}{R_1} - 2\cos(\beta\Delta z)\frac{e^{-j\beta R_0}}{R_0} + \frac{e^{-j\beta R_2}}{R_2} \right] dz \right.$$

$$\left. + \int_{z_{n+1}}^{z_n} \sin[\beta(z-z_{n+1})] \left[\frac{e^{-j\beta R_1}}{R_1} - 2\cos(\beta\Delta z)\frac{e^{-j\beta R_0}}{R_0} + \frac{e^{-j\beta R_2}}{R_2} \right] dz \right\}$$

$\%\ n = 1, 2, \cdots, N$

Zmn(1,n)＝−j * 30/(sin(beta * Deltz)^2) * ...

　　　(quad('Fun_Zmn01',zzn,zzn+Deltz)+quad('Fun_Zmn02',zzn−Deltz,zzn));

end

Zmn＝toeplitz(Zmn(1,:),Zmn(1,:));　%[Z_{mn}]为 Toeplitz 矩阵($Z_{mn} = Z_{1,\ |m-n|+1}$，$m \geqslant 2$，$n \geqslant 1$)

%＝＝＝＝＝＝＝＝＝＝＝＝＝＝＝＝＝＝＝＝＝＝＝＝＝＝＝＝＝＝＝＝＝＝＝

%获取广义电压向量[V_m]

VA＝1.0;　　　　　　　　　%外加激励电压

Vm＝zeros(N,1);　　　　　　%[V_m]初值置零

%缝隙 δ 激励模型(slice generator)，参见图 3−3−2

$$\%\ V_{\frac{N+1}{2}} = -\frac{1}{\sin(\beta\Delta z)} \frac{V_A}{\Delta z} \left\{ \int_0^{\Delta z} \sin[\beta(\Delta z - z)]\ dz + \int_{-\Delta z}^0 \sin[\beta(z+\Delta z)]\ dz \right\}$$

Vm((N+1)/2,1)＝−1/sin(beta * Deltz) * (VA/Deltz) * ...

　　　(quad('Fun_Vm01',0,Deltz)+quad('Fun_Vm02',−Deltz,0));

%＝＝＝＝＝＝＝＝＝＝＝＝＝＝＝＝＝＝＝＝＝＝＝＝＝＝＝＝＝＝＝＝＝＝＝

　　　%获取广义电流向量[I_n]

　　　In＝zeros(N,1);　　　　　%[I_n]初值置零

　　　In＝Zmn\Vm;　　　　　　%[I_n]＝[Z_{mn}]$^{-1}$[V_m]

%＝＝＝＝＝＝＝＝＝＝＝＝＝＝＝＝＝＝＝＝＝＝＝＝＝＝＝＝＝＝＝＝＝＝＝

　　　%获取输入阻抗向量 $Z_A = \dfrac{V_A}{I_{\frac{N+1}{2}}}$

　　　ZA(1,num)＝VA/In((N+1)/2,1);

end

%＝＝＝＝＝＝＝＝＝＝＝＝＝＝＝＝＝＝＝＝＝＝＝＝＝＝＝＝＝＝＝＝＝＝＝

figure(1)

plot(L,real(ZA),'r. −');　　　%绘制输入电阻随对称振子电长度 L 的变化曲线

axis([0 2.0 0 2500]);

hold on;

figure(2)

plot(L,imag(ZA),'b. −');　　　%绘制输入电抗随对称振子电长度 L 的变化曲线

axis([0 2.0 −1500 1200]);

hold on;

%＝＝＝＝＝＝＝＝＝＝＝＝＝＝＝＝＝＝＝＝＝＝＝＝＝＝＝＝＝＝＝＝＝＝＝

%电长度 $L=2.0$ 时，绘制对称振子沿线电流分布图

%绘制构成振子沿线电流分布的分段正弦基函数图

```
pw＝50;                          %振子均匀分割为 N＋1 子段,各子段均匀细分为 50 分段
Sn＝zeros((N＋1)＊pw,N);         %为便于获得振子沿线电流分布,特构造分段正弦电流基函数矩阵,
                                %初值置零
for n＝1:N                       %填充电流基函数矩阵
    cn＝zm(1,n);                 %第 n 节点坐标 z_n
    zp＝linspace(cn－Deltz,cn＋Deltz,2＊pw)';  %含端点,从下到上,各子段细分节点坐标向量
    %填充电流基函数矩阵第 n 列
    Sn((n－1)＊pw＋1:(n＋1)＊pw,n)＝In(n,1)＊sin(beta＊(Deltz－abs(zp－cn)))/sin(beta＊
    Deltz);
end
%＝＝＝＝＝＝＝＝＝＝＝＝＝＝＝＝＝＝＝＝＝＝＝＝＝＝＝＝＝＝＝＝＝＝＝＝＝
figure(3)                        %绘制分段正弦电流基函数图
for n＝1:N
    plot([1:(N＋1)＊pw]＊(Deltz/pw),abs(Sn(:,n)),'k－');  %绘制第 n 分段正弦电流基函数图
    hold on;
end
I＝zeros((N＋1)＊pw,1);           %对称振子沿线电流分布向量,初值置零
I＝sum(Sn,2);                    %由分段正弦电流基函数矩阵,获取对称振子沿线电流分布向量,
                                %参见图 3－4－4
plot([pw:N＊pw]＊(Deltz/pw),abs(I(pw:N＊pw)),'r.－');  %绘制对称振子沿线电流分布图
set(gca,'XDir','reverse');       %为了与图 3－4－2 的坐标系统保持一致,横坐标反转
%＝＝＝＝＝＝＝＝＝＝＝＝＝＝＝＝＝＝＝＝＝＝＝＝＝＝＝＝＝＝＝＝＝＝＝＝＝
%电长度 L＝2.0 时,绘制对称振子方向图,通过比较,说明传输线模型(正弦驻波电流分布)是
%对称振子远场特性分析(方向图)的良好近似
Theta＝0:pi/180:2＊pi;           %为绘制 E 面方向图,取子午角 0≤θ≤2π
Len＝length(Theta);
F＝zeros(1,Len);                 %矩量法方向函数向量,初值置零
Fp＝zeros(1,Len);                %传输线模型方向函数向量,初值置零
```

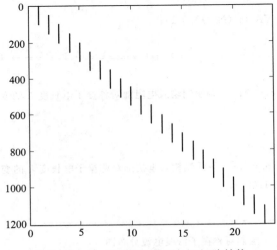

图 3－4－4　电流基函数(稀疏)矩阵结构

%获取矩量法方向函数向量，为此，将原对称振子视为由分段正弦电流基函数短对称振子构成的
%不均匀直线阵列，其方向函数的求取参见教材《天线与电波传播(第二版)》

```
for n=1:N                    %计算第 n 分段正弦电流基函数短对称振子的方向函数值
    cn=zm(1,n);              %第 n 分段正弦电流基函数短对称振子的中点(视为馈电点)坐标
    for m=1:Len              %计算第 n 分段正弦电流基函数短对称振子在 θ 处的方向函数值
        theta=(m-1)*pi/180；
        if sin(theta)~=0      %此式隐含：若 sinθ=0，则 F(θ)=0
```

$$\% \ F(\theta) = \mathrm{j}\,\frac{60}{\sin(\beta\Delta z)}\sum_{n=1}^{N} I_n \frac{\cos(\beta\Delta z\,\cos\theta) - \cos(\beta\Delta z)}{\sin\theta}\mathrm{e}^{\mathrm{j}\beta z_n\cos\theta}$$

```
        F(1,m)=F(1,m)+j*(60/sin(beta*Deltz))*((cos(beta*Deltz*cos(theta))
                -cos(beta*Deltz))/sin(theta))…
                *In(n,1)*exp(j*beta*cn*cos(theta));
        end
    end
end
```

%获取传输线模型方向函数向量，参见教材《天线与电波传播(第二版)》式(1-4-5)，其中
%$l = \dfrac{L}{2} = 1.0\lambda$

```
for m=1:Len
    theta=(m-1)*pi/180；
    if sin(theta)~=0
        Fp(1,m)=Fp(1,m)+(cos(beta*cos(theta))-cos(beta))/sin(theta);
    end
end
figure(4)
polar(Theta,abs(Fp)/max(abs(Fp)),'ko');    %绘制传输线模型归一化方向图
hold on;
polar(Theta(1,1:3:Len),abs(F(1,1:3:Len))/max(abs(F)),'r-');  %绘制矩量法方向图
hold on;
```

```
function y=Fun_Zmn01(z)
global beta a zzm zzn Deltz;
j=sqrt(-1);
R0=sqrt((z-zzm).^2+a^2);           % $R_0 = \sqrt{(z-z_1)^2 + a^2}$
R1=sqrt((z-(zzm-Deltz)).^2+a^2);   % $R_1 = \sqrt{(z-z_2)^2 + a^2} = \sqrt{[z-(z_1-\Delta z)]^2 + a^2}$
R2=sqrt((z-(zzm+Deltz)).^2+a^2);   % $R_2 = \sqrt{(z-z_0)^2 + a^2} = \sqrt{[z-(z_1+\Delta z)]^2 + a^2}$
```

$$\% \ y = \sin[\beta(z_{n-1}-z)]\left[\frac{\mathrm{e}^{-\mathrm{j}\beta R_1}}{R_1} - 2\,\cos(\beta\Delta z)\,\frac{\mathrm{e}^{-\mathrm{j}\beta R_0}}{R_0} + \frac{\mathrm{e}^{-\mathrm{j}\beta R_2}}{R_2}\right]$$

```
y=sin(beta*(zzn+Deltz-z)).*(exp(-j*beta*R1).
    /R1-2*cos(beta*Deltz)*exp(-j*beta*R0)./R0+exp(-j*beta*R2)./R2);

function y=Fun_Zmn02(z)
global beta a zzm zzn Deltz;
```

```
j=sqrt(-1);
R0=sqrt((z-zzm).^2+a^2);
R1=sqrt((z-(zzm-Deltz)).^2+a^2);
R2=sqrt((z-(zzm+Deltz)).^2+a^2);
```

$$\% \ y = \sin[\beta(z-z_{n+1})]\left[\frac{e^{-j\beta R_1}}{R_1} - 2\cos(\beta\Delta z)\frac{e^{-j\beta R_0}}{R_0} + \frac{e^{-j\beta R_2}}{R_2}\right]$$

```
y=sin(beta*(z-(zzn-Deltz))). * (exp(-j*beta*R1).
    /R1-2*cos(beta*Deltz)*exp(-j*beta*R0)./R0+exp(-j*beta*R2)./R2);


function y=Fun_Vm01(z)
global beta a Deltz;
j=sqrt(-1);
y=sin(beta*(Deltz-z));                    % y = sin[β(Δz - z)]


function y=Fun_Vm02(z)
global beta a Deltz;
j=sqrt(-1);
y=sin(beta*(z-(-Deltz)));                 % y = sin[β(z + Δz)]
```

3.5　V 形对称振子计算实例

　　V 形对称振子结构如图 3-5-1 所示，导线长度为 l，张角为 2α。采用分段正弦基函数伽辽金的方法，将天线每臂均分为 $N+1=6$ 分段，如图 3-5-2 所示，每一分段长度 $\Delta=\dfrac{L}{N+1}$。

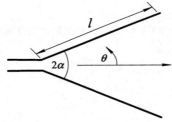

图 3-5-1　V 形对称振子　　　　　　图 3-5-2　V 形对称振子的分段正弦基函数

电流基函数取分段正弦函数 $F_n(z)$ 为

$$F_n(z) = \begin{cases} \dfrac{\sin[k(\Delta - |z - z_n|)]}{\sin(k\Delta)} & |z - z_n| \leqslant \Delta \\ 0 & |z - z_n| > \Delta \end{cases} \qquad (3-5-1)$$

其中，z 是沿导线方向的变量。天线上电流用基函数表示为

$$I(z) = \sum_{n=1}^{2N+1} I_n F_n(z) \qquad (3-5-2)$$

式中，I_n 为待求的 n 模电流。在 V 形天线的馈电端处，上、下半模不在一条直线上，如图

3-5-2 所示，这样计算时需要分角点处和非角点处两种情况来分别计算。在非角点处，
互阻抗矩阵 $\boldsymbol{Z}$ 分量计算如下：

$$Z_{mn} = -\int_{z_{m-1}}^{z_{m+1}} F_m \boldsymbol{e}_m \cdot \boldsymbol{E}_n \, \mathrm{d}z$$

$$= -\int_0^\Delta \frac{\sin[k(\Delta - l)]}{\sin(k\Delta)} \boldsymbol{e}_m \cdot \boldsymbol{E}_n \, \mathrm{d}l - \int_{-\Delta}^0 \frac{\sin[k(\Delta + l)]}{\sin(k\Delta)} \boldsymbol{e}_m \cdot \boldsymbol{E}_n \, \mathrm{d}l$$

$$= Z_1 + Z_2 \tag{3-5-3}$$

式中，$\boldsymbol{e}_m$ 为第 m 模电流的方向矢量；$\boldsymbol{E}_n$ 为第 n 段电流产生的电场，

$$\boldsymbol{E}_n = E_{\rho n} \boldsymbol{e}_\rho + E_{zn} \boldsymbol{e}_z \tag{3-5-4a}$$

$$E_{zn} = \frac{\mathrm{j}30}{\sin(k\Delta)} \left[\frac{2\cos(k\Delta)\mathrm{e}^{-\mathrm{j}kr}}{r} - \frac{\mathrm{e}^{-\mathrm{j}kr_1}}{r_1} - \frac{\mathrm{e}^{-\mathrm{j}kr_2}}{r_2} \right] \tag{3-5-4b}$$

$$E_{\rho n} = \frac{\mathrm{j}30}{\rho \sin(k\Delta)} \left[-\frac{2\cos(k\Delta)z\mathrm{e}^{-\mathrm{j}kr}}{r} + \frac{(z-\Delta)\mathrm{e}^{-\mathrm{j}kr_1}}{r_1} + \frac{(z+\Delta)\mathrm{e}^{-\mathrm{j}kr_2}}{r_2} \right] \tag{3-5-4c}$$

式中变量如图 3-5-3 所示。

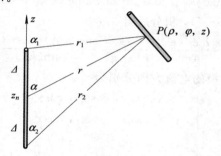

图 3-5-3　n 模电流位置示意图

在 V 形天线的馈电端处，互阻抗需要分半模来分别计算，即

$$Z_{mn} = \int_0^\Delta \frac{\sin[k(\Delta - l)]}{\sin(k\Delta)} \boldsymbol{e}_m \cdot \boldsymbol{E}_{n1} \, \mathrm{d}l + \int_{-\Delta}^0 \frac{\sin[k(\Delta + l)]}{\sin(k\Delta)} \boldsymbol{e}_m \cdot \boldsymbol{E}_{n1} \, \mathrm{d}l$$

$$+ \int_0^\Delta \frac{\sin[k(\Delta - l)]}{\sin(k\Delta)} \boldsymbol{e}_m \cdot \boldsymbol{E}_{n2} \, \mathrm{d}l + \int_{-\Delta}^0 \frac{\sin[k(\Delta + l)]}{\sin(k\Delta)} \boldsymbol{e}_m \cdot \boldsymbol{E}_{n2} \, \mathrm{d}l$$

$$= Z_{11} + Z_{12} + Z_{21} + Z_{22} \tag{3-5-5}$$

式中，$\boldsymbol{E}_n = E_{\rho n} \boldsymbol{e}_\rho + E_{zn} \boldsymbol{e}_z$。对于上半模，

$$E_{zn} = \mathrm{j}30 \left[\frac{\cot(k\Delta)\mathrm{e}^{-\mathrm{j}kr}}{r} - \frac{\mathrm{e}^{-\mathrm{j}kr_1}}{r_1 \sin(k\Delta)} + \frac{(1+\mathrm{j}kr)z\mathrm{e}^{-\mathrm{j}kr}}{kr^3} \right] \tag{3-5-6a}$$

$$E_{\rho n} = \frac{\mathrm{j}30}{\rho} \left[\frac{\cos\alpha_1 \mathrm{e}^{-\mathrm{j}kr_1}}{\sin(k\Delta)} - \cot(k\Delta)\cos\alpha\mathrm{e}^{-\mathrm{j}kr} - \left(\mathrm{j}\cos^2\alpha - \frac{\sin^2\alpha}{kr} \right)\mathrm{e}^{-\mathrm{j}kr} \right] \tag{3-5-6b}$$

对于下半模，

$$E_{zn} = \mathrm{j}30 \left[\frac{\cot(k\Delta)\mathrm{e}^{-\mathrm{j}kr}}{r} - \frac{\mathrm{e}^{-\mathrm{j}kr_2}}{r_2 \sin(k\Delta)} - \frac{(1+\mathrm{j}kr)z\mathrm{e}^{-\mathrm{j}kr}}{kr^3} \right] \tag{3-5-6c}$$

$$E_{\rho n} = \frac{\mathrm{j}30}{\rho} \left[\frac{\cos\alpha_2 \mathrm{e}^{-\mathrm{j}kr_2}}{\sin(k\Delta)} - \cot(k\Delta)\cos\alpha\mathrm{e}^{-\mathrm{j}kr} + \left(\mathrm{j}\cos^2\alpha - \frac{\sin^2\alpha}{kr} \right)\mathrm{e}^{-\mathrm{j}kr} \right] \tag{3-5-6d}$$

求出电流后，利用下述公式可以求出辐射场，n 模电流在远区产生的矢位是

$$A_n = \frac{\mu_0 I_n}{4\pi} \int_{I_n} F(l) \frac{\mathrm{e}^{-\mathrm{j}kR}}{R} \boldsymbol{e}_n \, \mathrm{d}l$$

$$\approx \frac{\mu_0 I_n \mathrm{e}^{-\mathrm{j}kr}}{4\pi r} \left[\int_0^\Delta \frac{\sin k(\Delta-l) \mathrm{e}^{\mathrm{j}k\hat{\boldsymbol{r}}\cdot\boldsymbol{r}'}}{\sin(k\Delta)} \boldsymbol{e}_{n1} \, \mathrm{d}l + \int_{-\Delta}^0 \frac{\sin k(\Delta+l) \mathrm{e}^{\mathrm{j}k\hat{\boldsymbol{r}}\cdot\boldsymbol{r}'}}{\sin(k\Delta)} \boldsymbol{e}_{n2} \, \mathrm{d}l \right] \qquad (3-5-7)$$

式中，$R = r - \hat{\boldsymbol{r}} \cdot \boldsymbol{r}'$。同样由于在 V 形天线的馈电端角处，上、下半模不在一条直线上，因此辐射场分角点处和非角点处两部分计算。

设非角点处 n 模电流方向 $\boldsymbol{e}_{n1} = \boldsymbol{e}_{n2} = (\cos\alpha_n, \cos\beta_n, \cos\gamma_n)$，场点 r 的球坐标为 (r, θ, φ)，则

$$\hat{\boldsymbol{r}} \cdot \boldsymbol{r}' = (\sin\theta \cos\varphi, \sin\theta \sin\varphi, \cos\theta) \cdot (x_n + l\cos\alpha_n, y_n + l\cos\beta_n, z_n + l\cos\gamma_n)$$

$$= f_n + \frac{g_n l}{k} \qquad\qquad (3-5-8\mathrm{a})$$

其中

$$f_n = x_n \sin\theta \cos\varphi + y_n \sin\theta \sin\varphi + z_n \cos\theta \qquad (3-5-8\mathrm{b})$$

$$g_n = k(\sin\theta \cos\varphi \cos\alpha_n + \sin\theta \sin\varphi \cos\beta_n + \cos\theta \cos\gamma_n) \qquad (3-5-8\mathrm{c})$$

将式$(3-5-8)$代入式$(3-5-7)$，积分后得

$$A_n = \frac{\mu_0 I_n \mathrm{e}^{-\mathrm{j}kr} \mathrm{e}^{\mathrm{j}kf_n}}{4\pi r} \frac{2k}{k^2 - g_n^2} \frac{\cos(g_n\Delta) - \cos(k\Delta)}{\sin(k\Delta)} \boldsymbol{e}_n \qquad (3-5-9)$$

在角点处，设上、下半模的电流方向分别为

$$\boldsymbol{e}_{n1} = (\cos\alpha_{n1}, \cos\beta_{n1}, \cos\gamma_{n1}) \qquad (3-5-10\mathrm{a})$$

$$\boldsymbol{e}_{n2} = (\cos\alpha_{n2}, \cos\beta_{n2}, \cos\gamma_{n2}) \qquad (3-5-10\mathrm{b})$$

令

$$g_{n1} = k(\sin\theta \cos\varphi \cos\alpha_{n1} + \sin\theta \sin\varphi \cos\beta_{n1} + \cos\theta \cos\gamma_{n1}) \qquad (3-5-11\mathrm{a})$$

$$g_{n2} = k(\sin\theta \cos\varphi \cos\alpha_{n2} + \sin\theta \sin\varphi \cos\beta_{n2} + \cos\theta \cos\gamma_{n2}) \qquad (3-5-11\mathrm{b})$$

同理，由式$(3-5-7)$积分，可得

$$A_n = \frac{\mu_0 I_n \mathrm{e}^{-\mathrm{j}kr} \mathrm{e}^{\mathrm{j}kf_n}}{4\pi r} (A_{n1}\boldsymbol{e}_{n1} + A_{n2}\boldsymbol{e}_{n2}) \qquad (3-5-12\mathrm{a})$$

其中

$$A_{n1} = \int_0^\Delta \frac{\sin k(\Delta-l) \mathrm{e}^{\mathrm{j}g_{n1}l}}{\sin(k\Delta)} \, \mathrm{d}l$$

$$= \frac{1}{2\sin(k\Delta)} \left(\frac{\mathrm{e}^{\mathrm{j}g_{n1}\Delta} - \mathrm{e}^{-\mathrm{j}k\Delta}}{k + g_{n1}} + \frac{\mathrm{e}^{\mathrm{j}g_{n1}\Delta} - \mathrm{e}^{\mathrm{j}k\Delta}}{k - g_{n1}} \right) \qquad (3-5-12\mathrm{b})$$

$$A_{n2} = \int_{-\Delta}^0 \frac{\sin k(\Delta+l) \mathrm{e}^{\mathrm{j}g_{n2}l}}{\sin(k\Delta)} \, \mathrm{d}l$$

$$= \frac{1}{2\sin(k\Delta)} \left(\frac{\mathrm{e}^{-\mathrm{j}g_{n2}\Delta} - \mathrm{e}^{\mathrm{j}k\Delta}}{k + g_{n2}} + \frac{\mathrm{e}^{-\mathrm{j}g_{n2}\Delta} - \mathrm{e}^{-\mathrm{j}k\Delta}}{k - g_{n2}} \right) \qquad (3-5-12\mathrm{c})$$

由上述各模电流产生的矢位，叠加得总的矢位

$$A = \sum_{n=1}^{2N+1} A_n \qquad (3-5-13)$$

再求出 A 的 θ 分量

$$A_\theta = A_x \cos\theta \cos\varphi + A_y \cos\theta \sin\varphi - A_z \sin\theta \qquad (3-5-14)$$

于是，得到天线在远区的辐射场

$$E_\theta = -j\omega A_\theta \tag{3-5-15}$$

编程如下，程序中取：导线半径 $a = 1/20$ m，导线长度 $l = 0.75\lambda$，张角 $2\alpha = 118.5°$。

```
close all;clc;clear;
global k a w1 w2 e1 e2 deta;
bc=30;                                      %波长 bc=30 m
l=0.75*bc;                                  %天线臂长 l=0.75 bc
a=1/20;                                      %导线半径 a=1/20 m
alph=118.5/2*pi/180;                        %V 形天线张角 2α=118.5°，计算中以弧度为单位
k=2*pi/bc;                                   %波数 k=2π/bc
c=3e+8;                                      %光速 c=3×10⁸ m/s
f=c/bc;                                       %频率 f=c/bc
mu=pi*4e-7;                                   %μ₀=4π×10⁻⁷
N1=5;                                        %图 3-5-2 单臂上取 5 个整模
N=2*N1+1;                                    %两臂上共有 2N₁+1 个整模
zmn=zeros(N);                                %互阻抗矩阵初值赋零
v=zeros(N,1);                                 %电压矩阵初值赋零
v(N1+1)=1;                                    %馈电点处激励电压为 1
deta=l/(N1+1);                               %半模长度 Δ=l/(N₁+1)
sita=(1:360)*pi/180-0.01*pi/180;             %定义求解空间的方向角 θ
wz=zeros(3,N);                               %天线坐标初值赋零，坐标如图 3-5-4 所示
wz(1,N1+1:2*N1+1)=(0:N1)*deta*cos(alph);    %天线下臂 x 轴坐标
wz(1,1:N1)=wz(1,2*N1+1:-1:N1+2);            %天线上臂 x 轴坐标
wz(3,N1+1:2*N1+1)=-(0:N1)*deta*sin(alph);   %天线下臂 z 轴坐标
wz(3,1:N1)=-wz(3,2*N1+1:-1:N1+2);          %天线上臂 z 轴坐标
We1=[cos(alph);0;sin(alph)];                %天线上臂坐标单位矢量
We2=[-cos(alph);0;sin(alph)];               %天线下臂坐标单位矢量
WE1(1:3,N1+1)=We1;
WE1(1:3,1:N1)=kron(ones(1,N1),We1);         %计算天线上臂每一段的坐标单位矢量
WE1(1:3,N1+2:2*N1+1)=kron(ones(1,N1),We2); %计算天线下臂每一段的坐标单位矢量
WE2=WE1;WE2(1:3,N1+1)=We2;
for m=1:N                                    %计算阻抗矩阵 Z_mn
    m                                        %m 表示模式
```

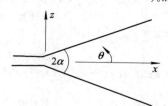

图 3-5-4　主程序中天线坐标

```
for n=m:N
    w1=wz(1:3,m);                          %m 模的坐标
    w2=wz(1:3,n);                          %n 模的坐标
    if m==N1+1|n==N1+1                     %计算 V 形顶点处 N₁+1 模的阻抗矩阵 Zₘₙ
        e1=WE1(:,m);e2=WE1(:,n);          %m、n 模的坐标单位矢量
        zz11=-quadl('z11',0,deta);        %求 Z₁₁ 的积分
        e1=WE1(:,m);e2=WE2(:,n);          %m、n 模的坐标单位矢量
        zz12=-quadl('z12',-deta,0);       %求 Z₁₂ 的积分
        e1=WE2(:,m);e2=WE1(:,n);          %m、n 模的坐标单位矢量
        zz21=-quadl('z21',0,deta);        %求 Z₂₁ 的积分
        e1=WE2(:,m);e2=WE2(:,n);          %m、n 模的坐标单位矢量
        zz22=-quadl('z22',-deta,0);       %求 Z₂₂ 的积分
        zmn(m,n)=zz11+zz12+zz21+zz22;     %计算阻抗矩阵 Zₘₙ=Z₁₁+Z₁₂+Z₂₁+Z₂₂
    else                                   %计算上下两臂的阻抗矩阵
        e1=WE1(1:3,m);e2=WE1(1:3,n);      %m、n 模的坐标单位矢量
        zz1=-quadl('z1',0,deta);          %对 Z₁ 求积分
        zz2=-quadl('z2',-deta,0);         %对 Z₂ 求积分
        zmn(m,n)=zz1+zz2;                 %计算阻抗矩阵 Zₘₙ
    end
    zmn(n,m)=zmn(m,n);                    %利用对称性计算 Zₘₙ
    end
end
I=zmn\v;                                   %计算电流矩阵 I
rin=1/I(N1+1);
figure(1);plot(1:N,abs(I));                %画每个模的电流幅值
g1=k*(cos(sita)*cos(alph)+sin(sita)*sin(alph));    %计算式(3-5-11a)
jf1=2*k*(cos(g1*deta)-cos(k*deta))./(k^2-g1.^2)/sin(k*deta);
                                           %对上臂计算式(3-5-9)中的部分算式
An1=(exp(j*g1*deta)-exp(-j*k*deta)).
    /(g1+k)-(exp(j*g1*deta)-exp(j*k*deta))./(g1-k);
An1=An1/2/sin(k*deta);                     %计算式(3-5-12b)
g2=k*(cos(sita)*cos(alph)-sin(sita)*sin(alph));    %计算式(3-5-11b)
jf2=2*k*(cos(g2*deta)-cos(k*deta))./(k^2-g2.^2)/sin(k*deta);
                                           %对下臂计算式(3-5-9)中的部分算式
An2=(exp(-j*g2*deta)-exp(-j*k*deta)).
    /(k-g2)+(exp(-j*g2*deta)-exp(j*k*deta))./(g2+k);
An2=An2/2/sin(k*deta);                     %计算式(3-5-12c)
a1=0;a2=0;
for n=1:N1                                 %针对上臂
    fn=wz(1,n)*cos(sita)+wz(2,n)*0+wz(3,n)*sin(sita);   %计算式(3-5-8b)
    a1=a1+I(n)*exp(j*k*fn);               %计算 ∑ₙ₌₁^{N₁} Iₙe^{jkfₙ}
end
```

```
for n＝N1＋2:2 * N1＋1                              %针对下臂
    fn＝wz(1,n) * cos(sita)＋wz(2,n) * 0＋wz(3,n) * sin(sita);  %计算式(3－5－8b)
```

$$
a2＝a2＋I(n) * exp(j * k * fn);\qquad \%计算 \sum_{n=1}^{N_1} I_n e^{jkf_n}
$$

```
end
a1＝a1. * jf1;                                      %计算上臂矢位的模值
a2＝a2. * jf2;                                      %计算下臂矢位的模值
A＝kron(We1,a1)＋kron(We2,a2)＋I(N1＋1) * (kron(We1,An1)＋kron(We2,An2));
                                                   %计算总的矢位 A
Esita＝A(1,:). * sin(sita)＋A(3,:). * (－cos(sita));  %计算 A_θ
fyi＝1:360;fyi＝fyi * pi/180;s2＝length(fyi);          %为计算方向系数，定义积分空间的 φ
t1＝kron(A(1,:). * sin(sita),cos(fyi). ')＋kron(A(3,:). * (－cos(sita)),ones(s2,1));
A1＝t1. * conj(t1). * kron(sin(sita),ones(s2,1)) * (pi/180)^2;
                                                   %计算方向系数公式中的被积函数
A3＝sum(sum(A1));                                    %用求和计算方向系数公式中的积分
D＝Esita(1)^2/ A3  * 4 * pi;                         %计算方向系数
Esita＝Esita * j * mu * 2 * pi * f/4/pi;             %计算 V 形天线的辐射电场 E_θ
lEsita＝20 * log10(abs(Esita/Esita(1)));             %电场的分贝值
figure(2);polar(sita,40＋lEsita);                    %天线方向图，以分贝值显示
```

子程序 1:

```
z11. m                                             %计算式(3－5－15)中的 Z11
function y＝z11(leg)
global k a w1 w2 e1 e2 deta;
A1＝sqrt(1－e1(3)^2);
Am＝[e1(1) * e1(3)/A1,e1(2) * e1(3)/A1,－A1;－e1(2)/A1,e1(1)/A1,0;
    e1(1),e1(2),e1(3)];                            %将 m 模转至 z 轴上
w＝Am * (w2－w1);e＝Am * e2;    %我们要知道，无论怎么旋转，线段或者矢量的长度是不会
                              %变化的
x＝w(1)＋leg * e(1);y＝w(2)＋leg * e(2);z＝w(3)＋leg * e(3);    %m、n 模间距坐标
ru＝sqrt(x. ^2＋y. ^2＋a^2);                          %计算 ρ＝ sqrt(x^2＋y^2＋a^2)
r＝sqrt(ru. ^2＋z. ^2);                               %计算 r＝ sqrt(ρ^2＋z^2)
r1＝sqrt(ru. ^2＋(z－deta). ^2);                       %计算 r_1＝ sqrt(ρ^2＋(z－Δ)^2)
r2＝sqrt(ru. ^2＋(z＋deta). ^2);                       %计算 r_2＝ sqrt(ρ^2＋(z＋Δ)^2)
carf＝z. ^2. /r. ^2;                                 %计算 cos^2 α＝ z^2/r^2
sarf＝1－carf;                                       %计算 sin^2 α＝1－cos^2 α
Ez＝j * 30 * (cot(k * deta) * exp(－j * k * r). /r－exp(－j * k * r1). /r1/sin(k * deta)
    ＋(1＋j * k * r). * z. * exp(－j * k * r). /r. ^3/k);        %计算式(3－5－6a)
Eru＝30 * j * ((z－deta). * exp(－j * k * r1). /r1/sin(k * deta)
    －cot(k * deta) * z. * exp(－j * k * r). /r...
    －(j * carf－sarf. /r/k). * exp(－j * k * r)). /ru;          %计算式(3－5－6b)
```

E2＝e(1) * Eru. * x. /ru＋e(2) * Eru. * y. /ru＋e(3) * Ez;　　%计算 $\boldsymbol{e}_m \cdot \boldsymbol{E}_{n1}$

y＝sin(k * (deta－leg))/sin(k * deta). * E2;　　%计算 $\dfrac{\sin k(\Delta - l)}{\sin k\Delta}\boldsymbol{e}_m \cdot \boldsymbol{E}_{n1}$

子程序 2:

z12. m　　　　　　　　　　　　　　　　%计算式(3－5－15)中的 Z_{12}

function y＝z12(leg)

global k a w1 w2 e1 e2 deta;

A1＝sqrt(1－e1(3)^2);

Am＝[e1(1) * e1(3)/A1,e1(2) * e1(3)/A1,－A1;－e1(2)/A1,e1(1)/A1,0;

　　　e1(1),e1(2),e1(3)];　　　　　　　　%将 m 模转至 z 轴上

w＝Am * (w2－w1);e＝Am * e2;　　%我们要知道,无论怎么旋转,线段或者矢量的长度是

　　　　　　　　　　　　　　　　　　%不会变化的

x＝w(1)＋leg * e(1);y＝w(2)＋leg * e(2);z＝w(3)＋leg * e(3);　　%m、n 模间距坐标

ru＝sqrt(x. ^2+y. ^2+a^2);　　　　　%计算 $\rho = \sqrt{x^2 + y^2 + a^2}$

r＝sqrt(ru. ^2＋z. ^2);　　　　　　　%计算 $r = \sqrt{\rho^2 + z^2}$

r1＝sqrt(ru. ^2＋(z－deta). ^2);　　　%计算 $r_1 = \sqrt{\rho^2 + (z - \Delta)^2}$

r2＝sqrt(ru. ^2＋(z＋deta). ^2);　　　%计算 $r_2 = \sqrt{\rho^2 + (z + \Delta)^2}$

carf＝z. ^2. /r. ^2;　　　　　　　　　%计算 $\cos^2 \alpha = \dfrac{z^2}{r^2}$

sarf＝1－carf;　　　　　　　　　　　%计算 $\sin^2 \alpha = 1 - \cos^2 \alpha$

Ez＝j * 30 * (cot(k * deta) * exp(－j * k * r). /r－exp(－j * k * r1). /r1/sin(k * deta)

　　＋(1＋j * k * r). * z. * exp(－j * k * r). /r. ^3/k);　　%计算式(3－5－6a)

Eru＝30 * j * ((z－deta). * exp(－j * k * r1). /r1/sin(k * deta)

　　－cot(k * deta) * z. * exp(－j * k * r). /r...

　　－(j * carf－sarf. /r/k). * exp(－j * k * r)). /ru;　　%计算式(3－5－6b)

E2＝e(1) * Eru. * x. /ru＋e(2) * Eru. * y. /ru＋e(3) * Ez;　　%计算 $\boldsymbol{e}_m \cdot \boldsymbol{E}_{n1}$

y＝sin(k * (deta＋leg))/sin(k * deta). * E2;　　%计算 $\dfrac{\sin k(\Delta + l)}{\sin k\Delta}\boldsymbol{e}_m \cdot \boldsymbol{E}_{n1}$

子程序 3:

z21. m　　　　　　　　　　　　　　　　%计算式(3－5－15)中的 Z_{21}

function y＝z21(leg)

global k a w1 w2 e1 e2 deta;

A1＝sqrt(1－e1(3)^2);

Am＝[e1(1) * e1(3)/A1,e1(2) * e1(3)/A1,－A1;－e1(2)/A1,e1(1)/A1,0;

　　　e1(1),e1(2),e1(3)];　　　　　　　　%将 m 模转至 z 轴上

w＝Am * (w2－w1);e＝Am * e2;　　%我们要知道,无论怎么旋转,线段或者矢量的长度

　　　　　　　　　　　　　　　　%是不会变化的

x＝w(1)＋leg * e(1);y＝w(2)＋leg * e(2);z＝w(3)＋leg * e(3);　　%m、n 模间距坐标

ru＝sqrt(x. ^2+y. ^2+a^2);　　　　　%计算 $\rho = \sqrt{x^2 + y^2 + a^2}$

r＝sqrt(ru. ^2＋z. ^2);　　　　　　　%计算 $r = \sqrt{\rho^2 + z^2}$

r1＝sqrt(ru.^2＋(z−deta).^2);　　　　　　　%计算 $r_1 = \sqrt{\rho^2 + (z - \Delta)^2}$

r2＝sqrt(ru.^2＋(z＋deta).^2);　　　　　　　%计算 $r_2 = \sqrt{\rho^2 + (z + \Delta)^2}$

carf＝z.^2./r.^2;　　　　　　　　　　　　%计算 $\cos^2\alpha = \dfrac{z^2}{r^2}$

sarf＝1−carf;　　　　　　　　　　　　　%计算 $\sin^2\alpha = 1 - \cos^2\alpha$

Ez＝j*30*(cot(k*deta)*exp(−j*k*r)./r−exp(−j*k*r2)./r2/sin(k*deta)
　　　−(1＋j*k*r).*z.*exp(−j*k*r)./r.^3/k);　　　　　%计算式(3−5−6c)

Eru＝30*j*((z＋deta).*exp(−j*k*r2)./r2/sin(k*deta)
　　　−cot(k*deta)*z.*exp(−j*k*r)./r...
　　　＋(j*carf−sarf./r/k).*exp(−j*k*r))./ru;　　　　%计算式(3−5−6d)

E2＝e(1)*Eru.*x./ru＋e(2)*Eru.*y./ru＋e(3)*Ez;　　　%计算 $e_m \cdot E_{n2}$

y＝sin(k*(deta−leg))/sin(k*deta).*E2;　　　　%计算 $\dfrac{\sin k(\Delta - l)}{\sin k\Delta} e_m \cdot E_{n2}$

子程序 4:

z22.m　　　　　　　　　　　　　　　%计算式(3−5−15)中的 Z_{22}

function y＝z22(leg)

global k a w1 w2 e1 e2 deta;

A1＝sqrt(1−e1(3)^2);

Am＝[e1(1)*e1(3)/A1,e1(2)*e1(3)/A1,−A1;−e1(2)/A1,e1(1)/A1,0;
　　　e1(1),e1(2),e1(3)];　　　　　　　　　%将 m 模转至 z 轴上

w＝Am*(w2−w1);e＝Am*e2;　　　%我们要知道,无论怎么旋转,线段或者矢量的长度是不
　　　　　　　　　　　　　　　%会变化的

x＝w(1)＋leg*e(1);y＝w(2)＋leg*e(2);z＝w(3)＋leg*e(3);　　　%m,n 模间距坐标

ru＝sqrt(x.^2＋y.^2＋a^2);　　　　　　　%计算 $\rho = \sqrt{x^2 + y^2 + a^2}$

r＝sqrt(ru.^2＋z.^2);　　　　　　　　　%计算 $r = \sqrt{\rho^2 + z^2}$

r1＝sqrt(ru.^2＋(z−deta).^2);　　　　　　%计算 $r_1 = \sqrt{\rho^2 + (z - \Delta)^2}$

r2＝sqrt(ru.^2＋(z＋deta).^2);　　　　　　%计算 $r_2 = \sqrt{\rho^2 + (z + \Delta)^2}$

carf＝z.^2./r.^2;　　　　　　　　　　　%计算 $\cos^2\alpha = \dfrac{z^2}{r^2}$

sarf＝1−carf;　　　　　　　　　　　　%计算 $\sin^2\alpha = 1 - \cos^2\alpha$

Ez＝j*30*(cot(k*deta)*exp(−j*k*r)./r−exp(−j*k*r2)./r2/sin(k*deta)
　　　−(1＋j*k*r).*z.*exp(−j*k*r)./r.^3/k);　　　　　%计算式(3−5−6c)

Eru＝30*j*((z＋deta).*exp(−j*k*r2)./r2/sin(k*deta)
　　　−cot(k*deta)*z.*exp(−j*k*r)./r...
　　　＋(j*carf−sarf./r/k).*exp(−j*k*r))./ru;　　　　%计算式(3−5−6d)

E2＝e(1)*Eru.*x./ru＋e(2)*Eru.*y./ru＋e(3)*Ez;　　　%计算 $e_m \cdot E_{n2}$

y＝sin(k*(deta＋leg))/sin(k*deta).*E2;　　　　%计算 $\dfrac{\sin k(\Delta + l)}{\sin(k\Delta)} e_m \cdot E_{n2}$

子程序 5:

z1.m　　　　　　　　　　　　　　　%计算式(3−5−3)中的 Z_1

function y＝z1(leg)

global k a w1 w2 e1 e2 deta;

A1＝sqrt(1－e1(3)^2);

Am＝[e1(1) * e1(3)/A1,e1(2) * e1(3)/A1,－A1;－e1(2)/A1,e1(1)/A1,0;

   e1(1),e1(2),e1(3)];   %将 m 模转至 z 轴上

w＝Am * (w2－w1);e＝Am * e2;   %我们要知道,无论怎么旋转,线段或者矢量的长度是不

                      %会变化的

x＝w(1)＋leg * e(1);y＝w(2)＋leg * e(2);z＝w(3)＋leg * e(3);   %m、n 模间距坐标

ru＝sqrt(x. ^2＋y. ^2＋a^2);   %计算 $\rho = \sqrt{x^2 + y^2 + a^2}$

r＝sqrt(ru. ^2＋z. ^2);   %计算 $r = \sqrt{\rho^2 + z^2}$

r1＝sqrt(ru. ^2＋(z－deta). ^2);   %计算 $r_1 = \sqrt{\rho^2 + (z-\Delta)^2}$

r2＝sqrt(ru. ^2＋(z＋deta). ^2);   %计算 $r_2 = \sqrt{\rho^2 + (z+\Delta)^2}$

Ez＝j * 30 * (2 * cot(k * deta) * exp(－j * k * r). /r－exp(－j * k * r1). /r1/sin(k * deta)

  －exp(－j * k * r2). /r2/sin(k * deta));   %计算式(3－5－4b)

Eru＝30 * j * ((z＋deta). * exp(－j * k * r2). /r2/sin(k * deta)

  ＋(z－deta). * exp(－j * k * r1). /r1/sin(k * deta)...

  －2 * cot(k * deta) * z. * exp(－j * k * r). /r). /ru; %计算式(3－5－4c)

E2＝e(1) * Eru. * x. /ru＋e(2) * Eru. * y. /ru＋e(3) * Ez; %计算 $e_m \cdot E_n$

I2＝sin(k * (deta－leg))/sin(k * deta);

y＝I2. * E2;   %计算 $-\dfrac{\sin[k(\Delta - l)]}{\sin(k\Delta)} e_m \cdot E_n$

子程序 6：

z2. m   %计算式(3－5－3)中的 Z_2

function y＝z2(leg)

global k a w1 w2 e1 e2 deta;

A1＝sqrt(1－e1(3)^2);

Am＝[e1(1) * e1(3)/A1,e1(2) * e1(3)/A1,－A1;－e1(2)/A1,e1(1)/A1,0;

   e1(1),e1(2),e1(3)];   %将 m 模转至 z 轴上

w＝Am * (w2－w1);e＝Am * e2;

x＝w(1)＋leg * e(1);y＝w(2)＋leg * e(2);z＝w(3)＋leg * e(3);   %m、n 模间距坐标

ru＝sqrt(x. ^2＋y. ^2＋a^2);   %计算 $\rho = \sqrt{x^2 + y^2 + a^2}$

r＝sqrt(ru. ^2＋z. ^2);   %计算 $r = \sqrt{\rho^2 + z^2}$

r1＝sqrt(ru. ^2＋(z－deta). ^2);   %计算 $r_1 = \sqrt{\rho^2 + (z-\Delta)^2}$

r2＝sqrt(ru. ^2＋(z＋deta). ^2);   %计算 $r_2 = \sqrt{\rho^2 + (z+\Delta)^2}$

Ez＝j * 30 * (2 * cot(k * deta) * exp(－j * k * r). /r－exp(－j * k * r1). /r1/sin(k * deta)

  －exp(－j * k * r2). /r2/sin(k * deta));   %计算式(3－5－4b)

Eru＝30 * j * ((z＋deta). * exp(－j * k * r2). /r2/sin(k * deta)

  ＋(z－deta). * exp(－j * k * r1). /r1/sin(k * deta)...

  －2 * cot(k * deta) * z. * exp(－j * k * r). /r). /ru;   %计算式(3－5－4c)

E2＝e(1).* Eru. * x. /ru＋e(2) * Eru. * y. /ru＋e(3) * Ez; %计算 $e_m \cdot E_n$

y＝sin(k * (leg＋deta))/sin(k * deta). * E2；　　　　　%计算 $\dfrac{\sin k(\Delta+l)}{\sin k\Delta}e_m \cdot E_n$

V 形天线的方向图计算结果如图 3－5－5 所示。

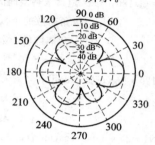

图 3－5－5　V 形对称振子方向图

3.6　菱形天线计算实例

　　菱形天线结构如图 3－6－1 所示，菱形边长为 L，张角为 2α。计算过程类似于 V 形天线，采用分段正弦基函数伽辽金的方法，将天线每边均分为 $N＋1＝24$ 分段，每一分段长度 $\Delta＝\dfrac{L}{N+1}$。电流基函数取式(3－5－1)表示的分段正弦函数，计算互阻抗的子程序 z11. m、z12. m、z21. m、z22. m、z1. m、z2. m 与 V 形天线的子程序完全相同，此处省略。主程序如下，程序中取：频率 $f＝15$ MHz，菱形边长 $L＝29$ m，导线半径 $a＝0.0025$ m，张角 $2\alpha＝82°$。

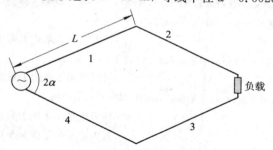

图 3－6－1　菱形天线结构示意图

```
clc；clear；tic；
global k a w1 w2 e1 e2 deta；
f＝15；                          %频率 f＝15 MHz
bc＝300/f；                      %波长 bc＝c/f(m/s)
k＝2 * pi/bc；                   %波数 k＝2π/bc
N1＝23；                         %菱形每边上取 23 个整模
N＝4 * N1＋4；                    %四边上共有 4N₁＋4 个整模
L＝29；                          %天线边长 L＝29 m
a＝0.0025；                      %导线半径 a＝0.0025 m
deta＝L/(N1＋1)；                 %半模长度 Δ＝L/(N₁＋1)
```

```
alph=41 * pi/180;                                    %菱形天线张角 2α＝41°，程序中以弧度为单位
sita=(1:180) * pi/180－0.01 * pi/180;                %定义求解空间的方向角 θ
fyi=(1:360) * pi/180－0.01 * pi/180;                 %定义求解空间的方向角 φ
s1=length(sita);                                     %θ 角离散的个数
s2=length(fyi);                                      %φ 角离散的个数
mu=4 * pi * 10^(－7);                                %μ₀＝4π×10⁻⁷
ZL=120 * log(2 * L/a－1)+120 * log(pi/2－alph);     %天线的特性阻抗
YL=1/ZL;                                             %天线的特性导纳
wz=zeros(3,N);                                       %天线坐标初值赋零
wz(1,1:2 * N1+3)=(0:2 * N1+2) * deta * cos(alph);    %天线 1、2 两条边的 x 轴坐标
wz(1,4 * N1+4:-1:2 * N1+4)=wz(1,2:2 * N1+2);         %天线 3、4 两条边的 x 轴坐标
wz(2,1:N1+2)=(0:N1+1) * deta * sin(alph);            %天线第 1 条边的 y 轴坐标
wz(2,N1+3:2 * N1+3)=wz(2,N1+1:-1:1);                 %天线第 2 条边的 y 轴坐标
wz(2,2 * N1+4:3 * N1+4)=－wz(2,2 * N1+2:-1:N1+2);    %天线第 3 条边的 y 轴坐标
wz(2,3 * N1+5:4 * N1+4)=－wz(2,N1+1:-1:2);           %天线第 4 条边的 y 轴坐标
We1=[cos(alph);sin(alph);0];                         %天线第 1 条边的坐标单位矢量
We2=[cos(alph);－sin(alph);0];                       %天线第 2 条边的坐标单位矢量
We3=[－cos(alph);－sin(alph);0];                     %天线第 3 条边的坐标单位矢量
We4=[－cos(alph);sin(alph);0];                       %天线第 4 条边的坐标单位矢量
WE1=zeros(3,N);WE2=zeros(3,N);                       %天线每小段的坐标单位矢量初值赋零
WE1(:,1:N1+1)=kron(ones(1,N1+1),We1);               %天线第 1 条边上每小段的坐标单位矢量
WE1(:,N1+2:2 * N1+2)=kron(ones(1,N1+1),We2);
                                                     %天线第 2 条边上每小段的坐标单位矢量
WE1(:,2 * N1+3:3 * N1+3)=kron(ones(1,N1+1),We3);
                                                     %天线第 3 条边上每小段的坐标单位矢量
WE1(:,3 * N1+4:4 * N1+4)=kron(ones(1,N1+1),We4);
                                                     %天线第 4 条边上每小段的坐标单位矢量
WE2=WE1;                                             %再定义一组坐标单位矢量，用于互阻抗计算
WE2(:,1)=We4;WE2(:,N1+2)=We1;WE2(:,2 * N1+3)=We2;WE2(:,3 * N1+4)=We3;
                                                     %4 个顶点的坐标单位矢量
zmn=zeros(N);                                        %互阻抗矩阵初值赋零
v=zeros(N,1);                                        %电压矩阵初值赋零
c=[1,N1+2,2 * N1+3,3 * N1+4];                        %4 个顶点的编号
for m=1:N                                            %计算阻抗矩阵 Zₘₙ
    m                                                %m 表示模式
    for n=m:N
        w1=wz(:,m);                                  %m 模的坐标
        w2=wz(:,n);                                  %n 模的坐标
        if all(c－m)==0|all(c－n)==0                 %计算菱形 4 个顶点处的阻抗矩阵 Zₘₙ
            e1=WE1(:,m);e2=WE1(:,n);                 %m、n 模的坐标单位矢量
            zz11=－quadl('z11',0,deta);              %求 Z₁₁ 的积分
```

```
            e1＝WE1(:,m);e2＝WE2(:,n);            %m、n 模的坐标单位矢量
            zz12＝－quadl('z12',－deta,0);        %求 Z₁₂ 的积分
            e1＝WE2(:,m);e2＝WE1(:,n);            %m、n 模的坐标单位矢量
            zz21＝－quadl('z21',0,deta);          %求 Z₂₁ 的积分
            e1＝WE2(:,m);e2＝WE2(:,n);            %m、n 模的坐标单位矢量
            zz22＝－quadl('z22',－deta,0);        %求 Z₂₂ 的积分
            zmn(m,n)＝zz11＋zz12＋zz21＋zz22;      %计算阻抗矩阵 Z_{mn}＝Z₁₁＋Z₁₂＋Z₂₁＋Z₂₂
        else                                    %计算菱形 4 条边的阻抗矩阵 Z_{mn}
            e1＝WE1(:,m);e2＝WE1(:,n);            %m、n 模的坐标单位矢量
            zz1＝－quadl('z1',0,deta);            %对 Z₁ 求积分
            zz2＝－quadl('z2',－deta,0);          %对 Z₂ 求积分
            zmn(m,n)＝zz1＋zz2;                   %计算阻抗矩阵 Z_{mn}
        end
        zmn(n,m)＝zmn(m,n);                      %利用对称性计算 Z_{mn}
    end
end
ymn＝inv(zmn);                                   %计算导纳矩阵 Y_{mn}
YA＝zeros(2);YT＝zeros(2);YT(2,2)＝YL;           %天线加匹配负载 YL
Is＝zeros(2,1);Is(1,1)＝1;
YA(1,1)＝ymn(1,1);YA(1,2)＝ymn(1,2*N1+3);YA(2,1)＝YA(1,2);YA(2,2)＝YA(1,1);
                                                %定义二端口导纳矩阵
VA＝(YA＋YT)\Is;
v(1)＝VA(1);                                     %计算输入端电压
v(2*N1+3)＝VA(2);                                %计算负载端电压
I＝zmn\v;                                        %计算电流矩阵 I
p1＝kron(sin(sita),cos(fyi).');                  %计算 sinθ cosφ
p2＝kron(sin(sita),sin(fyi).');                  %计算 sinθ sinφ
p3＝kron(cos(sita),ones(s2,1));                  %计算 cosθ
b1＝0;b2＝0;
for m＝1:4                                       %针对 4 条边计算矢位
    WE＝WE1(:,(m－1)*N1+N1);                      %4 条边的坐标单位矢量
    a1＝0;
    for n＝1:N1                                  %计算每条边的矢位
        n1＝(m－1)*N1+m+n;                        %所计算的模式编号
        wzz＝wz(:,n1);                           %计算 n1 模坐标
        fn＝p1*wzz(1)+p2*wzz(2)+p3*wzz(3);       %计算式(3-5-8b)
        a1＝a1+exp(j*k*fn)*I(n1);                %计算 Σ_{n=1}^{N_1} I_n e^{jkf_n}
    end
    g＝k*(p1*WE(1)+p2*WE(2)+p3*WE(3));           %计算式(3-5-8c)
    jf＝2*k*(cos(g*deta)－cos(k*deta))./(k^2－g.^2)/sin(k*deta);
```

```
                                              %式(3-5-9)中的部分算式
      b1=b1+kron(WE,a1. * jf);                %计算式(3-5-9)
end
for n=1:4                                     %针对4个顶点计算
      n1=(n-1) * N1+n;                         %顶点的模式编号
      wx1=WE1(:,n1);                           %上半模坐标单位矢量
      wx2=WE2(:,n1);                           %下半模坐标单位矢量
      wzz=wz(:,n1);                            %顶点模式的坐标
      g1=k * (wx1(1) * p1+wx1(2) * p2+wx1(3) * p3);   %计算式(3-5-11a)
      g2=k * (wx2(1) * p1+wx2(2) * p2+wx2(3) * p3);   %计算式(3-5-11b)
      jf1=(exp(j * g1 * deta)-exp(-j * k * deta)). /(g1+k)-(exp(j * g1 * deta)
          -exp(j * k * deta)). /(g1-k);
      jf1=jf1/2/sin(k * deta);                 %计算式(3-5-12b)
      jf2=(exp(-j * g2 * deta)-exp(-j * k * deta)). /(k-g2)+(exp(-j * g2 * deta)
          -exp(j * k * deta)). /(k+g2);
      jf2=jf2/2/sin(k * deta);                 %计算式(3-5-12c)
      fn=wzz(1) * p1+wzz(2) * p2+wzz(3) * p3(3);   %计算式(3-5-8b)
      b2=b2+I(n1) * (kron(wx1,exp(j * fn * k). * jf1)+kron(wx2,exp(j * fn * k). * jf2));
                                              %计算式(3-5-12a)
end
A=-j * 2 * pi * mu * f * (b1+b2)/(4 * pi) * 10^6;   %计算电场
p1=kron(cos(sita),cos(fyi). ');              %计算 cosθ cosφ
p2=kron(cos(sita),sin(fyi). ');              %计算 cosθ sinφ
p3=kron(-sin(sita),ones(s2,1));              %计算 -sinθ
Esita=p1. * A(1:s2,:)+p2. * A(s2+1:2 * s2,:)+p3. * A(2 * s2+1:3 * s2,:);
                                              %计算电场 Eθ 分量
p1=kron(-sin(fyi). ',ones(1,s1));p2=kron(cos(fyi). ',ones(1,s1));p3=0;
Efyi=p1. * A(1:s2,:)+p2. * A(s2+1:2 * s2,:)+p3. * A(2 * s2+1:3 * s2,:);
                                              %计算电场 Eφ 分量
%下面计算方向系数
A2=(Esita. * conj(Esita)+Efyi. * conj(Efyi). * kron(sin(sita),ones(s2,1)) * (pi/180)^2;
                                              %计算方向系数公式中的被积函数
A3=sum(sum(A2));                              %用求和计算方向系数公式中的积分
E=Esita. * conj(Esita)+Efyi. * conj(Efyi);   %计算 |Eθ|²+|Eφ|²
G1=4 * pi * max(max(E))/120/pi/VA(2);        %计算增益
G2=4 * pi * max(max(E))/A3;                  %计算方向系数
Gsita1=4 * pi * E(1,:)/A3;
zin=-VA(2);
[thii,phi]=meshgrid(sita,fyi);
[xx,yy,zz]=sph2cart(phi,pi/2-thii,E);
mesh(xx,yy,zz);
axis equal;
```

菱形天线的功率方向图的计算结果如图 3 - 6 - 2 所示。

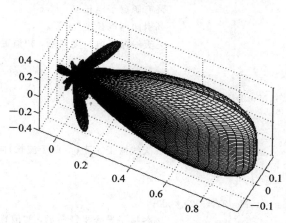

图 3 - 6 - 2　菱形天线方向图

3.7　引向天线计算实例

引向天线结构如图 3 - 7 - 1 所示，采用分段正弦基伽辽金法，积分方程式选反应积分方程(3 - 2 - 38)，磁流环激励。

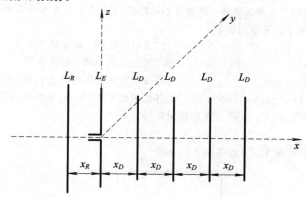

图 3 - 7 - 1　六元引向天线与坐标系

引向天线方向图的计算程序如下：

```
%Yagi—Uda 此程序给出教材图 2 - 4 - 6
clear; clc;
global a b k dz zm zn ru;
j=sqrt(-1);                        %虚数单位
c=3.0e8;                           %光速 c=3×10⁸ m/s
f=300e6;                           %频率 f=300 MHz
k=2 * pi * f/c;                    %波数 k=2πf/c
%六元引向天线与坐标系，参见图 3 - 7 - 1
N=6;                               %六单元
```

```
LR=0.5;                              %反射器电长度
LE=0.47;                             %有源振子电长度
LD=0.43;                             %引向器电长度(相等)
L=zeros(1,N);                        %天线振子电长度向量,初值置零
L(1,1)=LR;
L(1,2)=LE;
L(1,3:N)=ones(1,N-2)*LD;
xR=0.25;
xD=0.30;
D=zeros(1,N);                        %天线振子 x 坐标(归于波长)向量,初值置零
D(1)=-xR;
D(2)=0;
D(1,3:N)=linspace(1,N-2,N-2)*xD;
aa=zeros(1,N);                       %各振子导线半径向量,初值置零
aa(1:N)=0.0052/2;                    %半径相等,均为 0.0026λ
dzmin=0.03;                          %各振子预分子段长度,均为 0.03λ
mm=zeros(1,N);                       %各振子分段正弦电流基函数数目向量,初值置零
mm(1:N)=2*fix(L(1:N)/(2.*dzmin))+1;
ddz(1:N)=L(1:N)./(mm(1:N)+1);        %各振子实际分段长度
ss=sum(mm);                          %分段正弦电流基函数总数
Vm=zeros(ss,N);                      %广义电压矩阵,初值置零
```
%注意:此处将向量扩展为矩阵,颇具匠心,意在:(1)若天线各振子均有激励,便于获得
%互阻抗;(2)便于计算方向函数
```
I=zeros(ss,N);                       %广义电流矩阵,初值置零
Zmn=zeros(ss);                       %广义互阻抗矩阵,初值置零
mmp=cumsum([0,mm]);                  %各振子电流基函数数目向量(左端补零)的累加和序列
mmp1=(mm+1)/2+mmp(1:N);              %各振子馈电处(中点)电流基函数序号向量
```
%获取广义电压矩阵[V_m]与广义互阻抗矩阵[Z_{mn}]
```
for p1=1:N
```
%计算广义电压矩阵[V_m],参见图 3-7-2

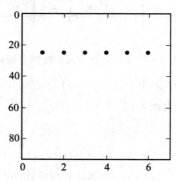

图 3-7-2 广义电压矩阵结构

%磁流环激励模型(Frill Source),参见图 3-3-3

% $R_1 = \sqrt{z^2 + a^2}$

% $R_2 = \sqrt{z^2 + b^2}$

$$\% \; V_{mmp1(2), \, p_1} = -\left\{ \int_{z_{m-1}}^{z_m} \frac{\sin[k(z-z_{m-1})]}{\sin(k\Delta z)} + \int_{z_m}^{z_{m+1}} \frac{\sin[k(z_{m+1}-z)]}{\sin(k\Delta z)} \right\} \frac{1}{2\ln(b/a)} \left(\frac{e^{-jkR_1}}{R_1} - \frac{e^{-jkR_2}}{R_2} \right) dz$$

$\% \; p_1 = 1, \, 2, \, \cdots, \, N$

```
for m=1:ss
    zm=0;
    ru=aa(p1);
    a=aa(p1);
    b=2.23*a;                  %同轴线内外导体半径分别为 a、b
    if(m==mmp1(2))
    dz=ddz(p1);
    Vm(m,p1)=quad8('Fun_Vm01',zm,zm+dz)+quad8('Fun_Vm02',zm-dz,zm);
    end
end
```

%计算广义互阻抗矩阵$[Z_{mn}]$

%$[Z_{mn}]$是对称矩阵，即$Z_{mn} = Z_{nn}$ $(m=1, 2, \cdots, ss, \; n=1, 2, \cdots, ss)$

$$\% \; [Z_{mn}] = \begin{bmatrix} [Z_{11}'] & [Z_{12}'] & \cdots & [Z_{1N}'] \\ [Z_{21}'] & [Z_{22}'] & \cdots & [Z_{2N}'] \\ \vdots & \vdots & & \vdots \\ [Z_{N1}'] & [Z_{N2}'] & \cdots & [Z_{NN}'] \end{bmatrix} \text{ 是分块对称矩阵，即}$$

%$[Z_{qp}'] = [Z_{pq}']$ $(p=1, 2, \cdots, N, \; q=1, 2, \cdots, N)$

%$[Z_{pq}']$ $(p=q=1, 2, \cdots, N)$ 是 Toeplitz 方阵

%$R_m = \sqrt{(z-z_m)^2 + \rho^2}$

%$R_{m-1} = \sqrt{(z-z_{m-1})^2 + \rho^2}$

%$R_{m+1} = \sqrt{(z-z_{m+1})^2 + \rho^2}$

$$\% \; Z_{mn} = -\frac{j30}{\sin^2(k\Delta z)} \left\{ \int_{z_n}^{z_{n+1}} \sin[k(z_{n+1}-z)] + \int_{z_{n-1}}^{z_n} \sin[k(z-z_{n-1})] \right\}$$

$$\times \left[\frac{e^{-jkR_{m-1}}}{R_{m-1}} - 2\cos(k\Delta z) \frac{e^{-jkR_m}}{R_m} + \frac{e^{-jkR_{m+1}}}{R_{m+1}} \right] dz$$

```
for m=mmp(p1)+1:mmp(p1+1)
    Zw=zeros(1,mm(p1));
    Zw=[-(mm(p1)+1)/2+1:(mm(p1)+1)/2-1].*ddz(p1);
    zm=Zw(m-mmp(p1));
```

%计算对角线子块矩阵$[Z_{pq}']$ $(p=q=1, 2, \cdots, N)$

%参见图 3 - 7 - 3

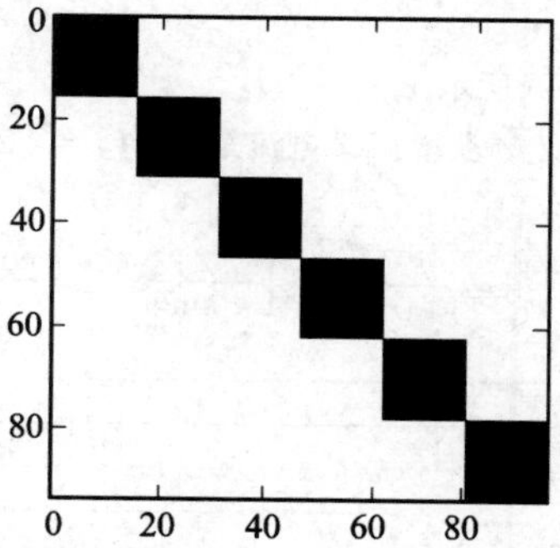

图 3 - 7 - 3　对角线子块矩阵结构

```
    for n＝m;mmp(p1＋1)
        Zw1＝zeros(1,mm(p1));
        Zw1＝[−(mm(p1)＋1)/2＋1:(mm(p1)＋1)/2−1]. * ddz(p1);
        zn＝Zw1(n−mmp(p1));
        ru＝aa(p1);
        dz＝ddz(p1);
        %第 n 分段正弦基函数(检验函数)对第 m 分段正弦基函数的电磁反应
        Zmn(m,n)＝quad8('Fun_Zmn01',zn,zn＋dz)＋quad8('Fun_Zmn02',zn−dz,zn);
        Zmn(n,m)＝Zmn(m,n);              %[Z_{mn}]是对称矩阵
    end
```

%计算非对角线子块矩阵$[Z'_{pq}]$($p=1, 2, \cdots, N, q=1, 2, \cdots, N, p\neq q$)
%参见图 3 - 7 - 4

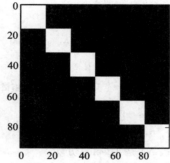

图 3 - 7 - 4　非对角线子块矩阵结构

```
    for p2＝p1＋1:N
        for n＝mmp(p2)＋1:mmp(p2＋1)
            Zw1＝zeros(1,mm(p2));
            Zw1＝[−(mm(p2)＋1)/2＋1:(mm(p2)＋1)/2−1]. * ddz(p2);
            zn＝Zw1(n−mmp(p2));
            ru＝abs(D(p2)−D(p1));
            dz＝ddz(p2);
            Zmn(m,n)＝quad8('Fun_Zmn01',zn,zn＋dz)＋quad8('Fun_Zmn02',zn−dz,zn);
            Zmn(n,m)＝Zmn(m,n);
        end
    end
end
end
```

%$[Z_{mn}]$填充方案如图 3 - 7 - 5 所示

I＝Zmn\Vm;   %获取广义电流矩阵 $[I]＝[Z_{mn}]^{-1}[V_m]$

%绘制引向天线方向图

$$\% \ \boldsymbol{E}_\theta(\theta, \varphi) = \boldsymbol{e}_\theta \sum_{i=1}^{N} \mathrm{e}^{\mathrm{j}kD_i \sin\theta \cos\varphi} \left\{ \mathrm{j}\omega\mu \frac{\mathrm{e}^{-\mathrm{j}kr}}{4\pi r} \underbrace{\sum_{n=1}^{mn(i)} I_n \left[\frac{2}{k} \frac{1}{\sin\theta} \mathrm{e}^{\mathrm{j}kz_n \cos\theta} \frac{\cos(k\Delta z \cos\theta) - \cos(k\Delta z)}{\sin(k\Delta z)} \right]}_{F_{3D}} \right\}$$

$$\% = \boldsymbol{e}_\theta \boxed{\mathrm{j}\omega\mu \frac{\mathrm{e}^{-\mathrm{j}kr}}{4\pi r}} \sum_{i=1}^{N} \mathrm{e}^{\mathrm{j}kD_i \sin\theta \cos\varphi} \sum_{n=1}^{mn(i)} I_n \left[\frac{2}{k} \frac{1}{\sin\theta} \mathrm{e}^{\mathrm{j}kz_n \cos\theta} \frac{\cos(k\Delta z \cos\theta) - \cos(k\Delta z)}{\sin(k\Delta z)} \right]$$

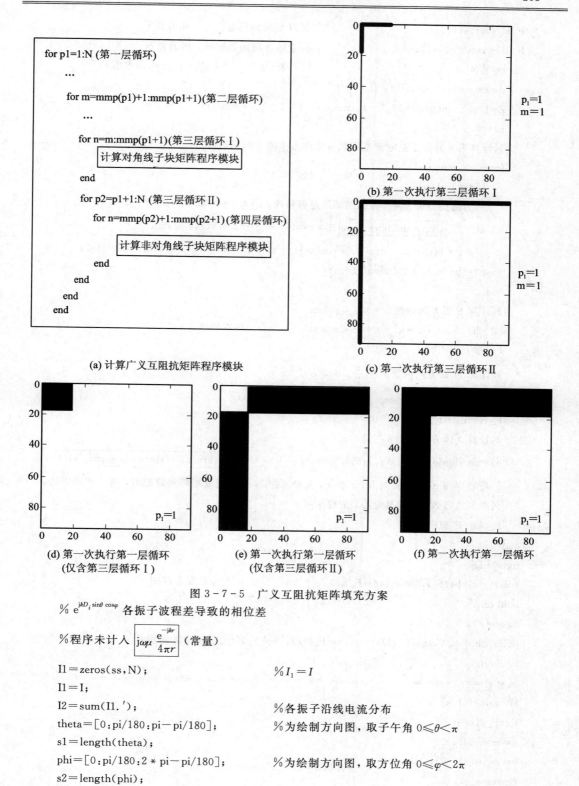

```
for p1=1:N (第一层循环)
    ...
    for m=mmp(p1)+1:mmp(p1+1)(第二层循环)
        ...
        for n=m:mmp(p1+1)(第三层循环Ⅰ)
        ┌─────────────────────┐
        │ 计算对角线子块矩阵程序模块 │
        └─────────────────────┘
        end
        for p2=p1+1:N (第三层循环Ⅱ)
            for n=mmp(p2)+1:mmp(p2+1)(第四层循环)
            ┌──────────────────────┐
            │ 计算非对角线子块矩阵程序模块 │
            └──────────────────────┘
            end
        end
    end
end
```

(a) 计算广义互阻抗矩阵程序模块

(b) 第一次执行第三层循环Ⅰ

$p_1=1$
$m=1$

(c) 第一次执行第三层循环Ⅱ

$p_1=1$
$m=1$

(d) 第一次执行第一层循环
(仅含第三层循环Ⅰ)

$p_1=1$

(e) 第一次执行第一层循环
(仅含第三层循环Ⅱ)

$p_1=1$

(f) 第一次执行第一层循环

$p_1=1$

图 3-7-5 广义互阻抗矩阵填充方案

% $e^{jkD_i \sin\theta \cos\varphi}$ 各振子波程差导致的相位差

%程序未计入 $\boxed{j\omega\mu \dfrac{e^{-jkr}}{4\pi r}}$ （常量）

I1＝zeros(ss,N);　　　　　　　　　　%$I_1=I$

I1＝I;

I2＝sum(I1.');　　　　　　　　　　　%各振子沿线电流分布

theta＝[0:pi/180:pi－pi/180];　　　　%为绘制方向图，取子午角 $0 \leqslant \theta < \pi$

s1＝length(theta);

phi＝[0:pi/180:2 * pi－pi/180];　　　%为绘制方向图，取方位角 $0 \leqslant \varphi < 2\pi$

s2＝length(phi);

F_E＝zeros(1,s2);　　　　　　　　　　%E 面方向函数向量，初值置零

```
F_H=zeros(1,s2);                          %H 面方向函数向量，初值置零
F_3D=zeros(s2,s1);                        %立体方向函数矩阵，初值置零
for i=1:N                                 %计算(编号)i 对称振子的方向函数值
    Zw1=zeros(1,mm(i));
    Zw1=[-(mm(i)+1)/2+1:(mm(i)+1)/2-1]. * ddz(i);
    b1=0;
    %计算第 n 分段正弦电流基函数短对称振子的方向函数值
    for n=1:mm(i);
        znn=Zw1(n);
        %为避免分母为零，并确保结果足够精确，引入 eps≈2.22×10⁻¹⁶→0
        a1=2./(k. * sin(phi)+eps). * exp(j * k. * znn. * cos(phi))...
            . * ((cos(k. * ddz(i). * cos(phi))-cos(k. * ddz(i)))./sin(k. * ddz(i)));
        b1=b1+a1. * I2(mmp(i)+n);
    end
    %计算 E 面方向函数 φ=0, 0≤θ<2π
    b2=b1. * exp(j. * k. * D(i). * sin(phi));        %不妨将 θ→φ
    F_E=F_E+b2;
    %计算 H 面方向函数 θ=π/2, 0≤φ<2π
    b4=b1(s1/2+1). * exp(j. * k. * D(i). * cos(phi));
    F_H=b4+F_H;
    %计算立体方向函数
    b3=meshgrid(b1(1:s1),1:s2). * exp(j. * k. * D(i). * kron(sin(theta),cos(phi.')));
    %巧妙应用 meshgrid 与 kron 命令，充分发挥 Matlab 高效矩阵运算能力，简化程序语句，
    %提高执行效率，颇具匠心，值得学习
    F_3D=F_3D+b3;
end
figure(1)
polar(phi,abs(F_E)/max(abs(F_E)),'r-');           %绘制 E 面方向图
hold on;
figure(2)
polar(phi+pi/2,abs(F_H)/max(abs(F_H)),'b-');%绘制 H 面方向图
hold on;
%================================================
F=zeros(s1,s2);
F=F_3D.';
x=zeros(s1,s2);
y=zeros(s1,s2);
z=zeros(s1,s2);
%实现立体方向函数从球坐标系映射到笛卡尔坐标系的程序模块
```

```
for ii=1:s1
    s0=(ii−1) * pi/180；
    for jj=1:s2
        f0=(jj−1) * pi/180；

x(ii,jj)=abs(F(ii,jj) * sin(s0) * cos(f0))；
y(ii,jj)=abs(F(ii,jj) * sin(s0) * sin(f0))；
        z(ii,jj)=abs(F(ii,jj) * cos(s0))；
    end
end
```

％巧妙应用 meshgrid 与 sph2cart 命令，实现立体方向函数从球坐标系映射到笛卡尔坐标系的

％程序语句

％[A B]=meshgrid(phi,pi/2−theta)；[x,y,z]=sph2cart(A,B,abs(F))；

figure(3)

mesh(x,y,z)；　　　　　　　　　　　　　　　　％绘制立体方向图

hold on；

axis('equal')；

3.8　对数周期天线计算实例

对数周期天线结构如图 3−8−1 所示，下面基于网络理论，应用导纳参数，给出矩量法处理对数周期振子阵天线(LPDA)的方法。

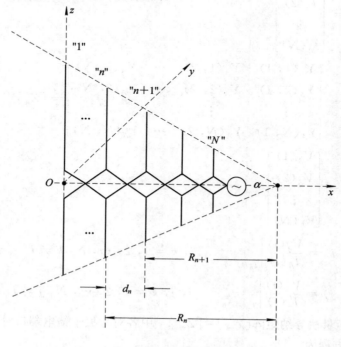

图 3−8−1　对数周期振子阵天线与坐标系

如图 3-8-2 所示，N 元 LPDA 可视为描述对称振子间耦合效应(自阻抗与互阻抗)的 N 端口网络与描述集合线的 N 端口网络的并联。图中，I_s 为外加电流源，Y_t 为终端导纳。

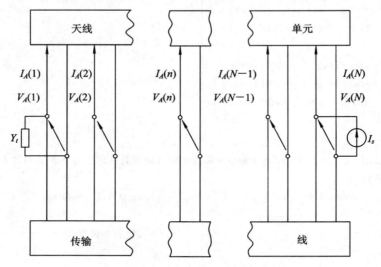

图 3-8-2 LPDA 等效网络

天线网络方程为

$$[I_A] = [Y_A][V_A] \qquad (3-8-1)$$

式中

$$[I_A] = \begin{bmatrix} I_A(1) \\ I_A(2) \\ \vdots \\ I_A(N) \end{bmatrix}$$

$$[Y_A] = \begin{bmatrix} Y_A(1,1) & Y_A(1,2) & \cdots & Y_A(1,N) \\ Y_A(2,1) & Y_A(2,2) & \cdots & Y_A(2,N) \\ \vdots & \vdots & & \vdots \\ Y_A(N,1) & Y_A(N,2) & \cdots & Y_A(N,N) \end{bmatrix} = [Z_A]^{-1}$$

$$[V_A] = \begin{bmatrix} V_A(1) \\ V_A(2) \\ \vdots \\ V_A(N) \end{bmatrix}$$

$$Z_A(i,i) = \frac{V_A(i)}{I_A(i)} \bigg|_{I_A(k)=0} \qquad i,k = 1,2,\cdots,N, k \neq i$$

$$Z_A(i,j) = \frac{V_A(i)}{I_A(j)} \bigg|_{I_A(k)=0} \qquad i,j,k = 1,2,\cdots,N, j \neq i, k \neq i$$

$Y_A(i,j)$ 由矩量法导纳矩阵 $[Y_{mn}] = [Z_{mn}]^{-1}$ 中各对称振子馈电端口对应项获得。

集合线网络方程为

$$[I_T] = [Y_T][V_A] \qquad (3-8-2)$$

式中

$$Y_T(i, i) = \frac{I_T(i)}{V_A(i)}\bigg|_{V_A(k)=0} \qquad i, k = 1, 2, \cdots, N, k \neq i$$

$$Y_T(i, j) = \frac{I_T(i)}{V_A(j)}\bigg|_{V_A(k)=0} \qquad i, j, k = 1, 2, \cdots, N, j \neq i, k \neq i$$

依据传输线理论可推得

$$[Y_T] = \begin{bmatrix} Y_t - jY_0\cot kd_1 & -jY_0\csc kd_1 & 0 & \cdots & 0 \\ -jY_0\csc kd_1 & -jY_0(\cot kd_1 + \cot kd_2) & -jY_0\csc kd_2 & \cdots & 0 \\ 0 & -jY_0\csc kd_2 & -jY_0\cot kd_2 + \cot kd_3) & \cdots & 0 \\ \cdots & \cdots & \cdots & & \cdots \\ 0 & 0 & 0 & -jY_0\csc kd_{N-1} & -jY_0\cot kd_{N-1} \end{bmatrix}$$

$$\tag{3-8-3}$$

式中，Y_0 为传输线特性导纳；$d_n(n=1, 2, \cdots, N-1)$，为相邻振子间距。

并联网络方程为

$$[I_w] = ([Y_A] + [Y_T])[V_A] \tag{3-8-4}$$

式中

$$[I_w] = \begin{bmatrix} I_s \\ 0 \\ \vdots \\ 0 \end{bmatrix}$$

故各对称振子激励端口电压为

$$[V_A] = ([Y_A] + [Y_T])^{-1}[I_w] \tag{3-8-5}$$

由式(3-8-5)易得矩量法广义电压矩阵$[V_m]$。至此，LPDA电流分布可由式(3-2-47)与式(3-2-40)联合给出。

采用分段正弦基伽辽金法，积分方程式选反应积分方程(3-2-38)，磁流环激励。对数周期振子阵天线的各振子输入端电流振幅的相对分布、输入阻抗、方向图与方向系数的计算程序如下：

```
%Log-Periodic Dipoles Antenna 此程序给出教材图4-4-2和图4-4-4
clear; clc;
global a b k dz zm zn ru;
j=sqrt(-1);
c=3.0e8;
f=300e6;
k=2*pi*f/c;
%十八元对数周期振子阵天线与坐标系，参见图3-8-1
N=18;                          %十八单元
tau=0.917;                     %比例因子 τ=0.917
alph=14.*pi/180;               %顶角 α=14°
sigma=0.169;                   %间隔因子 σ=0.169
L=zeros(1,N);                  %天线振子电长度向量，初值置零
L(1)=0.75;
```

```
R=zeros(1,N);                    %各振子中心到顶点的距离(归于波长)向量，初值置零
R(1)=(L(1)/2)./tan(alph/2);
D=zeros(1,N);
dd=zeros(1,N);                   %相邻振子间距(归于波长)向量，初值置零
dd(1)=sigma*2*L(1);
z0=83;                           %传输线特性阻抗 Z_0=83 Ω
y0=1/z0;                         %传输线特性导纳 Y_0 = 1/Z_0
yt=y0;                           %终端导纳 Y_t = Y_0
aa=zeros(1,N);
for n=1:N-1                      % L_{n+1}/L_n = R_{n+1}/R_n = d_{n+1}/d_n = τ, n = 1, 2, …, N-1
    L(n+1)=tau.*L(n);
    R(n+1)=tau.*R(n);
    dd(n+1)=tau*dd(n);
end
D(1:N)=R(1)-R(1:N);              % d_n = R_1 - R_n, n = 1, 2, …, N
aa(1:N)=1/450*L(1:N);            %半径 a_n = (1/450)L_n, n = 1, 2, …, N
mm=zeros(1,N);
dzmin=0.16*c/f;                  %各振子预分子段长度，均为 0.16λ
mm(1:N)=2*fix(L(1:N)/(2.*dzmin))+1;
ddz(1:N)=L(1:N)./(mm(1:N)+1);
ss=sum(mm);
Vm=zeros(ss,N);
I=zeros(ss,N);
Zmn=zeros(ss);
mmp=cumsum([0,mm]);
mmp1=(mm+1)/2+mmp(1:N);
%获取广义电压矩阵[V_m]与广义互阻抗矩阵[Z_mn]
for p1=1:N
%计算广义电压矩阵[V_m]，参见图 3-8-3
```

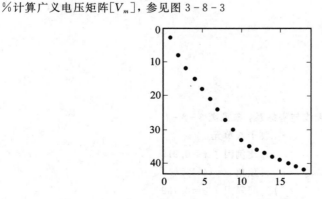

图 3-8-3 广义电压矩阵结构

```
    for m=1:ss
        zm=0;
        ru=aa(p1);
        a=aa(p1);
        b=2.23*a;
        if (m==mmp1(p1))
            dz=ddz(p1);
            Vm(m,p1)=quad8('Fun_Vm01',zm,zm+dz)+quad8('Fun_Vm02',zm-dz,zm);
        end
    end
    %计算广义互阻抗矩阵[Zmn]
    for m=mmp(p1)+1:mmp(p1+1)
        Zw=zeros(1,mm(p1));
        Zw=[-(mm(p1)+1)/2+1:(mm(p1)+1)/2-1].*ddz(p1);
        zm=Zw(m-mmp(p1));
        for n=m:mmp(p1+1)
            Zw1=zeros(1,mm(p1));
            Zw1=[-(mm(p1)+1)/2+1:(mm(p1)+1)/2-1].*ddz(p1);
            zn=Zw1(n-mmp(p1));
            ru=aa(p1);
            dz=ddz(p1);
            Zmn(m,n)=quad8('Fun_Zmn01',zn,zn+dz)+quad8('Fun_Zmn02',zn-dz,zn);
            Zmn(n,m)=Zmn(m,n);
        end
        for p2=p1+1:N
            for n=mmp(p2)+1:mmp(p2+1)
                Zw1=zeros(1,mm(p2));
                Zw1=[-(mm(p2)+1)/2+1:(mm(p2)+1)/2-1].*ddz(p2);
                zn=Zw1(n-mmp(p2));
                ru=abs(D(p2)-D(p1));
                dz=ddz(p2);
                Zmn(m,n)=quad8('Fun_Zmn01',zn,zn+dz)+quad8('Fun_Zmn02',zn-dz,zn);
                Zmn(n,m)=Zmn(m,n);
            end
        end
    end
end
I=Zmn\Vm;
```

%由矩量法导纳矩阵$[Y_{mn}]=[Z_{mn}]^{-1}$中各振子馈电端口对应项，获取描述振子间耦合效应（自阻
%抗与互阻抗）的 N 端口网络短路导纳矩阵$[Y_A]$

```
YA=I(mmp1,1:N);
```

%依据传输线理论，获取描述集合线的 N 端口网络短路导纳矩阵$[Y_T]$，参见式(3-8-3)

```
YT=zeros(N);
```

```
for n=1:N-1
    YT(n+1,n+1)=-j*y0*(1/tan(k*dd(n))+1/tan(k*dd(n+1)));
    YT(n,n+1)=-j*y0*(1/sin(k*dd(n)));
    YT(n+1,n)=YT(n,n+1);
end
YT(1,1)=yt-j*y0*1/tan(k*dd(1));
YT(N,N)=-j*y0*(1/tan(k*dd(N-1)));
%由(3-8-5)式获取各振子激励端口(真实)电压向量 VA
Iw=zeros(N,1);
VA=zeros(N,1);
Iw(N,1)=1;
VA=(YA+YT)\Iw;
%对数周期振子阵天线的输入阻抗,振子输入端电流振幅相对分布,方向图与增益
I1=zeros(ss,N);      %(真实)激励电压产生的广义电流矩阵,初值置零
I1=I.*meshgrid(VA,1:ss);
I2=sum(I1.');        %各振子(真实)沿线电流分布
%绘制方向图
theta=[0:pi/180:pi-pi/180];
s1=length(theta);
phi=[0:pi/180:2*pi-pi/180];
s2=length(phi);
F_E=zeros(1,s2);
F_H=zeros(1,s2);
F_3D=zeros(s2,s1);
for i=1:N
    Zw1=zeros(1,mm(i));
    Zw1=[-(mm(i)+1)/2+1:(mm(i)+1)/2-1].*ddz(i);
    b1=0;
    for n=1:mm(i)
        znn=Zw1(n);
        a1=2./(k.*sin(phi)+eps).*exp(j*k.*znn.*cos(phi))···
            .*((cos(k.*ddz(i).*cos(phi))-cos(k.*ddz(i)))./sin(k.*ddz(i)));
        b1=b1+a1.*I2(mmp(i)+n);
    end
    %计算 E 面方向函数
    b2=b1.*exp(j.*k.*D(i).*sin(phi));
    F_E=F_E+b2;
    %计算 H 面方向函数
    b4=b1(s1/2+1).*exp(j.*k.*D(i).*cos(phi));
    F_H=b4+F_H;
    %计算立体方向函数
    b3=meshgrid(b1(1:s1),1:s2).*exp(j.*k.*D(i).*kron(sin(theta),cos(phi.')));
    F_3D=F_3D+b3;
```

```
end
figure(1)
plot(abs(I2(mmp1(N:-1:1)))/max(abs(I2(mmp1))),'r-'); %绘制各振子输入端电流振幅相
                                                       %对分布图
grid on;
hold on;
figure(2)
polar(phi,abs(F_E)/max(abs(F_E)),'r-');
hold on;
polar(phi+pi/2,abs(F_H)/max(abs(F_H)),'b--');
hold on;
%======================================================
F=zeros(s1,s2);
F=F_3D.';
x=zeros(s1,s2);
y=zeros(s1,s2);
z=zeros(s1,s2);
[A B]=meshgrid(phi,pi/2-theta);[x,y,z]=sph2cart(A,B,abs(F));
figure(3)
mesh(x,y,z);
hold on;
axis('equal');
Zin=VA(N,1)                    %获取输入阻抗 Zin
```

%计算增益系数

$$% \ G(\theta, \ \varphi) = \eta_A D \overset{\eta_A=1}{=} D(\theta, \ \varphi) = \frac{4\pi F(\theta, \ \varphi) \cdot F^*(\theta, \ \varphi)}{\oint_s F(\theta, \ \varphi) \cdot F^*(\theta, \ \varphi)\sin\theta \ \mathrm{d}\theta \ \mathrm{d}\varphi}$$

$$% \ G(\theta, \ \varphi = 0) = \frac{4\pi F(\theta, \ \varphi = 0) \cdot F^*(\theta, \ \varphi = 0)}{\oint_s F(\theta, \ \varphi) \cdot F^*(\theta, \ \varphi)\sin\theta \ \mathrm{d}\theta \ \mathrm{d}\varphi}$$

```
G_E=4 * pi * F_E. * conj(F_E). /sum(sum((F_3D. * conj(F_3D). * meshgrid(sin(theta),1:s2).
* pi/180. * pi/180)));
```

$$% \ G\left(\theta = \frac{\pi}{2}, \ \varphi\right) = \frac{4\pi F\left(\theta = \frac{\pi}{2}, \ \varphi\right) \cdot F^*\left(\theta = \frac{\pi}{2}, \ \varphi\right)}{\oint_s F(\theta, \ \varphi) \cdot F^*(\theta, \ \varphi)\sin\theta \ \mathrm{d}\theta \ \mathrm{d}\varphi}$$

```
G_H=4 * pi * F_H. * conj(F_H). /sum(sum((F_3D. * conj(F_3D). * meshgrid(sin(theta),1:
s2). * pi/180. * pi/180)));
[abs(max(G_E)) abs(max(G_H))]               %获取增益系数
[10 * log10(max(abs(G_E))) 10 * log10(max(abs(G_H)))]        %获取增益系数分贝(dB)值
figure(4)
polar(phi,abs(G_E),'r-');                   %绘制 E 面增益方向图
hold on;
polar(phi+pi/2,abs(G_H),'b:');              %绘制 H 面增益方向图
hold on;
```

function y＝Fun_Zmn01(z)

global a b k dz zm zn ru;

j＝sqrt(−1);

% $R_m = \sqrt{(z-z_m)^2 + \rho^2}$

% $R_{m-1} = \sqrt{(z-z_{m-1})^2 + \rho^2}$

% $R_{m+1} = \sqrt{(z-z_{m+1})^2 + \rho^2}$

% $y = -\dfrac{j30}{\sin^2(k\Delta z)} \sin[k(z_{n+1}-z)]\left[\dfrac{e^{-jkR_{m-1}}}{R_{m-1}} - 2\cos(k\Delta z)\dfrac{e^{-jkR_m}}{R_m} + \dfrac{e^{-jkR_{m+1}}}{R_{m+1}}\right]$

y＝−j * 30./((sin(k * dz)).^2. * sin(k * (zn+dz−z)). * (exp(−j * k * sqrt((z−zm+dz).^2 +ru^2))...

./sqrt((z−zm+dz).^2+ru^2)−2 * cos(k * dz). * exp(−j * k * sqrt((z−zm).^2+ru^2))...

./sqrt((z−zm).^2+ru^2)+exp(−j * k * sqrt((z−zm−dz).^2+ru^2))./sqrt((z−zm−dz).^2+ru^2));

function y＝Fun_Zmn02(z)

global a b k dz zm zn ru;

j＝sqrt(−1);

y＝−j * 30./((sin(k * dz)).^2. * sin(k * (z−zn+dz)). * (exp(−j * k * sqrt((z−zm+dz).^2 +ru^2))...

./sqrt((z−zm+dz).^2+ru^2)−2 * cos(k * dz). * exp(−j * k * sqrt((z−zm).^2+ru^2))...

./sqrt((z−zm).^2+ru^2)+exp(−j * k * sqrt((z−zm−dz).^2+ru^2))./sqrt((z−zm−dz).^2+ru^2));

% $y = -\dfrac{j30}{\sin^2(k\Delta z)} \sin[k(z-z_{n-1})]\left[\dfrac{e^{-jkR_{m-1}}}{R_{m-1}} - 2\cos(k\Delta z)\dfrac{e^{-jkR_m}}{R_m} + \dfrac{e^{-jkR_{m+1}}}{R_{m+1}}\right]$

function y＝Fun_Vm01(z)

global a b k dz zm zn ru;

j＝sqrt(−1);

% $R_1 = \sqrt{z^2 + a^2}$

% $R_2 = \sqrt{z^2 + b^2}$

% $y = -\dfrac{\sin[k(z_{m+1}-z)]}{\sin(k\Delta z)} \dfrac{1}{2\ln(b/a)}\left(\dfrac{e^{-jkR_1}}{R_1} - \dfrac{e^{-jkR_2}}{R_2}\right)$

y＝−1./(2 * sin(k * dz). * log(b/a)). * sin(k * (zm+dz−z)). * (exp(−j * k * sqrt(z.^2+a.^2))...

./(sqrt(z.^2+a.^2))−exp(−j * k * sqrt(z.^2+b.^2))./(sqrt(z.^2+b.^2)));

function y＝Fun_Vm02(z)

global a b k dz zm zn ru;

j＝sqrt(−1);

% $y = -\dfrac{\sin[k(z-z_{m-1})]}{\sin(k\Delta z)} \dfrac{1}{2\ln(b/a)}\left(\dfrac{e^{-jkR_1}}{R_1} - \dfrac{e^{-jkR_2}}{R_2}\right)$

y=−1./(2 * sin(k * dz). * log(b/a)). * sin(k * (z−zm+dz)). * (exp(−j * k * sqrt(z.^2+a.^2))...
./(sqrt(z.^2+a.^2))−exp(−j * k * sqrt(z.^2+b.^2)). /(sqrt(z.^2+b.^2)));

3.9　折合振子计算实例

如图 3-9-1 所示，折合振子($d \ll L$, $d \ll \lambda$)沿线电流分布可视为传输线模式电流与辐射模式电流的组合。

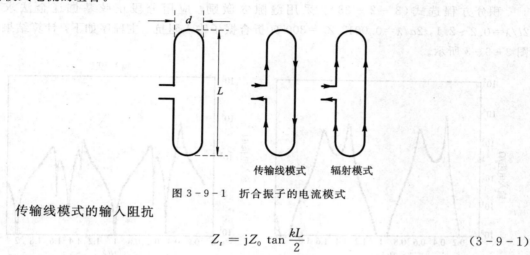

图 3-9-1　折合振子的电流模式

传输线模式的输入阻抗

$$Z_t = \mathrm{j}Z_0 \tan\frac{kL}{2} \qquad (3-9-1)$$

式中，Z_0 为传输线特性阻抗。

电压源激励折合振子的总效应取决于图 3-9-2 中传输线模式与辐射模式等效电路的叠加结果。传输线模式的电流

$$I_t = \frac{V}{2Z_t} \qquad (3-9-2)$$

天线模式的电流

$$I_a = \frac{V}{2Z_d} \qquad (3-9-3)$$

式中，Z_d 可近似为由相同导线构成，臂长 $L/2$ 的对称振子输入阻抗。

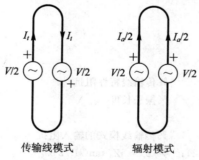

图 3-9-2　电压源激励模式电流

图 3-9-2 中，两种模式左边总电流为 $I_t + I_a/2$，总电压为 V，故折合振子输入阻抗为

$$Z_{in} = \cfrac{V}{I_t + \cfrac{I_a}{2}} \qquad (3-9-4)$$

将式(3-9-2)与式(3-9-3)代入式(3-9-4)，得

$$Z_{in} = \frac{4Z_t Z_d}{Z_t + 2Z_d} \qquad (3-9-5)$$

根据以上分析，半波折合振子($L=\lambda/2$)$Z_{in}=4Z_d$。

积分方程选式(3-2-38)，采用缝隙 δ 激励，应用分段正弦基伽辽金法求解 $2l/\lambda=0.2\sim2.1$，$2a/\lambda=0.001$，$Z_0=300~\Omega$ 折合振子输入阻抗。主程序如下，计算结果如图 3-9-3 所示。

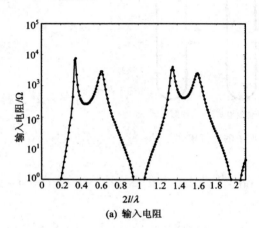

(a) 输入电阻

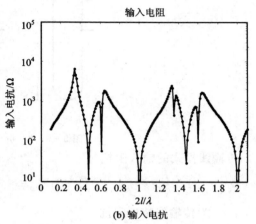

(b) 输入电抗

图 3-9-3　折合振子输入阻抗

%Folded Dipole Input Impedance

%function y＝Fun_Zmn01(z)，function y＝Fun_Zmn02(z)，function y＝Fun_Vm01(z)，function y＝Fun_Vm02(z) 参见 3.4 节对称振子计算实例

%与对称振子雷同之处未加说明

```
clear; clc;
global beta a zzm zzn Deltz;
j＝sqrt(−1);
c＝3.0e8;
f＝3.0e8;
beta＝2 * pi * f/c;
a＝0.0005;
Z0＝300;                          %传输线特性阻抗
L＝[0.1:0.01:2.1];               %振子长度
len＝length(L);
Zt＝zeros(1,len);                %传输线模式的输入阻抗
Zt＝j * Z0 * tan(beta * L/2);    % Z_t = jZ_0 tan(kL/2)
Zd＝zeros(1,len);                %Z_d 可近似为由相同导线构成，臂长 L/2 的对称振子输入阻抗
ZA＝zeros(1,len);                %折合振子输入阻抗
for num＝1:len
    if L(1,num)<＝1.0
```

```
        N=11;
    else
        N=23;
    end
    Deltz=L(1,num)/(N+1);
    zm=[(N−1)/2:−1:−(N−1)/2] * Deltz;
    %================================
    %Zmn
    Zmn=zeros(N,N);
    zzm=zm(1,1);
    for n=1:N
        zzn=zm(1,n);
        Zmn (1,n)=−j * 30/(sin(beta * Deltz)^2) * ...
            (quad('Fun_Zmn01',zzn,zzn+Deltz)+quad('Fun_Zmn02',zzn−Deltz,zzn));
    end
    Zmn=toeplitz(Zmn(1,:),Zmn(1,:));
    %================================
    %Vm
    VA=1.0;
    %Slice generator
    Vm=zeros(N,1);
    Vm((N+1)/2,1)=−1;
    %================================
    %In
    In=zeros(N,1);
    In=Zmn\Vm;
    %================================
    %Zin
    Zd(1,num)=VA/In((N+1)/2,1);
end
%================================
```

$$ZA=4 * Zt. * Zd. /(Zt+2 * Zd);　　　　\% \ Z_{in}=\frac{4Z_tZ_d}{Z_t+2Z_d}$$

```
%================================
%绘图时纵坐标采用对数标尺
figure(1)
semilogy(L,real(ZA),'r. −');
axis([0 2.1 1.0 1.0e5]);
hold on;
figure(2)
semilogy(L,abs(imag(ZA)),'b. −');
axis([0 2.1 1.0e1 1.0e5]);
hold on;
```

参 考 文 献

［1］ 宋铮，张建华，黄冶. 天线与电波传播. 2 版. 西安：西安电子科技大学出版社，2010.

［2］ 周朝栋，王元坤，周良明. 线天线理论与工程. 西安：西安电子科技大学出版社，1988.

［3］ 卢万铮. 天线理论与技术. 西安：西安电子科技大学出版社，2006.

［4］ ［美］R F Harrington. 计算电磁场的矩量法. 北京：电子工业出版社，1981.

［5］ 李世智. 电磁辐射与散射问题的矩量法. 北京：国防工业出版社，1985.

［6］ R F Harrington. Field Computation by Moment Methods. 2ed. New York：IEEE PRESS，1993.

［7］ R Mittra. 计算机技术在电磁学中的应用. 北京：人民邮电出版社，1983.

［8］ 盛新庆. 计算电磁学要论. 北京：科学出版社，2004.

［9］ 谢处方，吴先良. 电磁散射理论与计算. 合肥：安徽大学出版社，2002.

［10］ ［美］C A Balanis. 天线理论与设计. 2 版. 北京：人民邮电出版社，2006.

［11］ ［美］W L Stutzman，G A Thiele. 天线理论与设计. 2 版. 北京：人民邮电出版社，2006.

［12］ 谢处方. 近代天线理论. 成都：成都电讯工程学院出版社，1987.

［13］ 谢处方，王石安，文希理. 加载与媒质中天线. 成都：电子科技大学出版社，1990.

欢迎选购西安电子科技大学出版社教材类图书

欢迎来函来电索取本社书目和教材介绍! 通信地址: 西安市太白南路 2 号 西安电子科技大学出版社发行部
邮政编码: 710071 邮购业务电话: (029)88201467 传真电话: (029)88213675。